Thor
Hanson

索爾・漢森●著

蕭寶森●譯

種子的勝利

How Grains, Nuts, Kernels, Pulses, and Pips Conquered the Plant Kingdom and Shaped Human History

The Triumph of Seeds

目錄

作者註 007

自序 「注意！」 008

這一路上，我們會遇到各種迷人的植物與動物，以及許多與種子很有關係的人……如果我沒有失職，看到最後你將會發現，我這些年來逐漸體悟，而諾亞則是一開始就明白的一件事：種子是令人驚奇的事物，值得我們研究、讚美、訝異，也值得無數的驚歎號！

前言 強悍的能量 014

我問自己：為什麼一顆種子的殼會這麼難打開？種子存在的目的，難道不是要讓自己打開，以便讓裡面的幼苗能出得來嗎？……它之所以如此，有一個很根本的目的，就像一隻正在孵蛋的母雞守護牠那窩蛋，以及母獅子保護幼獅一般。

種子的滋養力

01 一日之所需 024

一顆種子包含了三個基本要素：植物的胚胎（嬰兒）、種皮（盒子），和某種含有營養的組織（午餐）。一般來說，盒子會在發芽時打開，然後胚胎就開始一邊吃午餐，一邊往下長出一條根，往上長出最初的幾片綠葉。

02 生命的杖 044

到了十七世紀時，「生命的杖」（staff of life）已經被用來指稱所有大宗穀物，或以這些穀物所製成的麵包了。這個現象到了二十一世紀的今天仍然沒有什麼改變：禾本科作物的種子仍是全球人口的主要糧食。

種子的防衛力

種子的移動力

12 令人難以抗拒的果肉 246

水果之所以被演化出來，為的就是要影響我們的行為。它們發展出甜美的果肉，以及引人注意的色彩和形狀，影響的範圍已經不止於我們的農場和廚房，更延伸到我們的文化與想像的交界。

13 乘風破浪 264

我們只是目送那顆種子飛走，心中充滿喜悅，因為我們看到一個美麗的東西正在做它原本該做的事。那天早上，我們父子兩人就這樣一直站在那裡，仰頭笑看天空上那一小片薄薄的種子不斷高飛遠颺，直到它飛出我們的視線為止。

結語 種子的未來 288

演化之神的行事風格很像園丁，在經過一連串的實驗後，祂只把最成功的例子留下來。種子目前雖然很成功，但這種現象不一定永遠不變。就像從前孢子植物退居配角一般，種子將來有一天可能也會讓位給某種新的事物。

附錄A 俗名／學名對照表 296

附錄B 種子保育單位 304

註釋 305

詞彙表 317

參考書目 321

作者註

在這本書當中，我對「種子」的定義乃是從功能著眼，因為有些植物的果實組織（例如堅果的殼）也具有種子的功能，因此也算是種子。書中所列的都是植物的俗名，但附錄A中收錄了完整的俗名與學名對照表。我在書中盡量少用植物學上的術語，如果用了，也會利用上下文來解釋，但在書末我也附了一個簡短的詞彙表。最後，我希望讀者不要忽略每一章的註釋，因為裡面有許多關於種子的有趣知識。我無法將這些知識放進本文，又捨不得略過不提，只好放進註釋裡了。

自序

「注意！」

老爺，我只能說，
我是您最恭順的僕人。

——莎士比亞，《皆大歡喜》（約西元一六〇五年）

達爾文隨著「小獵犬號」航行了五年，花了八年的時間研究藤壺的構造，又耗費大半時光思考「物競天擇」的意涵。本身是神職人員的知名博物學家孟德爾，花了八年的時間親手為一萬株豆子授粉，最後才寫出了遺傳學理論。李奇（Leaky）家族的兩代人花了幾十年的時間，在奧杜威峽谷（Olduvai Gorge）的砂礫與岩石之間挖掘，才找到了少許關鍵性的化石。要解開演化之謎通常都是件苦差事，得經年累月、小心翼翼的思考與觀察。但有些事情打從一開始就是清楚明白、顯而易見。比方說，任何熟悉孩童的人都知道標點符號是怎麼來的——是從驚歎號開始的。

學步期的幼兒自然而然就學會了使用加強語氣、命令式的動詞。事實上，只要聲調正確，任何字眼都可以變成一個命令——那是由驚歎號那似乎無止境的顫音放大而成的一聲歡快的、堅持的叫喊。逗號、句號或分號，這些讓我們能夠區分話語和文章中細微差異的符號，顯然都是後來才形成的。可以說，我們天生就會使用驚歎號。

我兒子諾亞就是很好的例子。他最早會說的字眼有許多都是我們可以預期的，例如「走開！」、「還要！」和「不要！」（這是他的最愛之一）。但其中有些字眼也反映出他一個比較不尋常的興趣：他對種子非常著迷。我和內人伊萊莎都不太記得他從什麼時候開始有這種熱情，感覺上他似乎一直都很喜歡它們。他無論看到什麼種子（草莓果皮上的黑點點、南瓜囊裡挖出來的籽，或他從路邊灌木叢採來嚼食的野玫瑰果種子）都會去注意，並且發表意見。事實上，他最早學到建構他的世界秩序的方法之一，就是判定哪些東西有種子，哪些東西沒有。松果？有種子。番茄？有種子。蘋果、酪梨和芝麻貝果？全都有種子。浣熊？沒有種子。

類似這樣的對話經常在我家出現，難怪我在決定寫一本新書的時候，會考慮以種子為題材。而最後的決定性因素，則是諾亞的發音。以他小小的年紀，要發出齒擦音（S音）並不容易，但他並沒有因此發出咬舌音，反而費力的以H音來取代S音。其結果就是一連串的雙重指令——每次他扒開某個無辜的水果，就會拿起那些種子對著我喊：「Heed!」（譯註：即「注意！」，與種子seed發音相近）這樣的景象日復一日的發生，最後我終於明白他所要傳達的訊息：我注意到這些種子了。畢竟，小諾亞已經是我們家裡的老大了，為什麼不乾脆讓他也負責幫我做事業上的決定呢？

幸好他指派給我的這個題目，是我衷心喜愛的。好幾年來，我一直想寫這樣一本書。我在念博士學位的時候，所做的研究就包括熱帶雨林巨木種子的散布與掠食情形，因此知道那些種子有多麼重要。它們不僅攸關那些樹木，也攸關負責散布種子的蝙蝠與猴、以種子為食的鸚鵡、囓齒目動物和野豬，以及獵捕野豬的美洲豹等等。研究種子讓我的生物學知識更加豐富，但也讓我了解它們的影響力遠遠超越森林或田野的範疇。事實上，無論在哪裡，種子都是不可或缺的。它們超越了我們所想像的自然界與人類世界之間的界限，在我們的日常生活中以各種形式頻繁出現，以至於我們無從體認自己對它們有多麼依賴。述說有關種子的故事，可以提醒我們人類與大自然的根本連結——我們與植物、動物、土壤、季節和演化過程的連結。在有一半以上的人口居住在城市中（這是史上前所未見的現象）的這個時代，重申這樣的連結已經變得更加重要。

然而，在開始述說種子的故事之前，我得先做兩點聲明。首先我得澄清一個很重要的事實，以免得罪許多研究海洋生物學的朋友。在一九六二年的電影《叛艦喋血記》（*Mutiny on the Bounty*）中，有一個令人難忘的場景：那些叛變的水手將布萊船長送上一艘大艇，讓他在海上漂流，然後立刻將他那些討人厭的麵包樹幼樹一一丟到海上（在船上淡水存量不足，船員們所分配到的水量很少時，布萊船長仍舊拿淡水定期澆灌這些幼樹）[1]。當那些幼樹落水時，電影鏡頭往後拉，只見它們漂浮在船的後方，在那平靜浩瀚的大海上看起來就像是一些微不足道的綠色小點，生死未卜，前途渺茫。這說明了一件很重要的事：種子散播的方式有其限制。種子植物在乾燥的陸地上或許得以成功繁衍，但在占地表面積將近四分之三的海洋上，情況就不一樣了。在這裡，藻類和微小的浮游植物才是老大，只有少數種子植物能在淺水地區生存（包括偶爾會掉落在海上的椰子，和被水手們丟棄的東西）。種子是在陸地上演化的，它們那許許多多引人矚目的特徵，形塑了自然界和人類的歷史。但我們不要忘記在廣闊的大洋上，它們仍是新奇的玩意兒。

其次，我要聲明的是：有一部分關於種子的爭議並不在本書所討論的範疇之內，我也無意涉及。我在念研究所時曾經修過一門一個學分的專題討論課，其目標是讓學生們熟悉遺傳學實驗室的各項設備。每個星期有一個晚上，我們會聚集在實驗室裡，穿上白色的實驗袍，然後花兩、三個小時練習使用各式各樣的試管與導管，並操作各種呼呼運轉、嗶嗶作響的機器。當時，講師曾經要我們做一個簡單的練習，他教我們如何把自己的DNA和一個細菌細胞的DNA結合在一起；然後，當那些DNA分裂、增加時，我們的DNA便會被無限複製。這是最基本的克隆（cloning）形式。當然，我們當時只用了一小片段的DNA，而且複製出來的東西也很原始粗糙，但我清楚記得當時我曾經想：「這門課只有一學分，我怎麼就已經學會複製自己了呢？」

這些相對簡單的基因操控技術，把植物和它們的種子帶入了一個新紀元。我們所熟悉的那些作物，包括玉米、大豆、萵苣和番茄等等，都在實驗室中經過改造，所用的則是取自北極魚類（因為牠們耐寒）、土壤細菌（以製作殺蟲劑），乃至人類（以製造人體的胰島素）的基因。如今種子已經被視為智慧財產權，可以申請專利，並且在改造時加入「終結者基因」（terminator genes），防止人們像古代那樣把種子留存下來供日後種植。

基因改造是一門非常重要的新科技，但在書中只占些許篇幅[2]。本書所要探討的是，為何我們會如此關切這個現象？當現代的遺傳學技術已經可以製造出沒有羽毛的雞、會在黑暗中發光的貓，以及會製造蜘蛛絲的山羊時，為什麼我們仍要把討論的焦點放在種子上？為什麼相關的意見調查都發現，人們為了醫學上的目的，比較能夠接受改變自己以及下一代的基因組，卻對改造種子基因的想法感到不安？

要回答這些問題，我們必須回顧幾百萬年來種子的演進，與人類及其文化進程緊密交錯的歷史。對我而言，撰寫本書最大的挑戰不在於如何填滿篇幅，而是在決定該將哪些材料納入，該將哪些省略。（如果你想多知道一些趣聞軼事和知識，務必要閱讀每一章的註釋。這是你在書中唯一可以聽我談到嵌齒象科、滑溜水，或「風笛手的蛆蟲」這類東西的地方。）這一路上，我們會遇到各種迷人的植物與動物，以及許多與種子很有關係的人，包括科學家、農夫、園丁、商人、探險家和廚師等。如果我沒有失職，看到最後你將會發現，我這些年來逐漸體悟，而諾亞則是一開始就明白的一件事：種子是令人驚奇的事物，值得我們研究、讚美、訝異，也值得無數的驚歎號！

前言

強悍的能量

想想看，一顆橡實裡蘊含了多麼強悍的能量！你把它埋在土裡，它就會長成一株巨大的櫟樹！你把一隻羊埋在土裡，牠只會腐敗而已。

——蕭伯納，《蕭伯納的素食法》（*The Vegetarian Diet According to Shaw*, 1918）

我把鐵鎚放下，凝視著眼前這顆種子。它毫髮無傷，黝黑的表面仍像我當初在雨林的地上發現它時那般光滑完美。當時，在四周滴答的水聲和唧唧的蟲鳴聲中，它躺在護根層的泥漿裡，看起來似乎已經準備爆開，抽芽，生根，長出濃密的綠葉。但此刻，在我辦公室發著嗡嗡聲的螢光燈底下，這玩意兒卻似乎堅不可摧。

我拾起這顆種子，它的大小恰好填滿我的掌心，比胡桃稍大一些，但形狀較扁，色澤黝黑，外殼硬得有如精鋼，邊緣有一道粗粗的、橫向的摺縫，但無論我用螺絲起子怎麼戳、怎麼撬，就是無法在上面撬出一道裂縫。接著，我又用一把長柄的管鉗扳手使勁的夾它，但還是沒有進展。此刻，我用鐵鎚敲打，似乎也不管用；顯然，我得用更重的東西。

我的學校辦公室位於森林系昔日的植物標本室的一個角落，這是個已經幾乎被遺忘的地方，沿著標本室的牆壁有一排滿布灰塵的鐵櫃，裡面放著乾燥的植物標本。每個星期有一天，一群退休的教授會到這兒聚會，一起喝咖啡、吃貝果，回憶數十年前做田野調查的往事，談論他們最喜歡的樹種和系上的人事鬥爭。我的辦公桌也是舊時代的產物，像當時的辦公室家具一樣，是用焊接鋼、鉻和加厚的麗光板做成，大得夠放好幾台油印機和電傳打字機，重得足以承受一次核子炸彈攻擊的衝擊波。

我把那顆種子放在笨重的桌腳旁，用力把桌子的一角往上抬，然後鬆手，桌子砰然落地，種子被彈到牆邊，接著又從牆邊彈了出去，飛到一座鐵櫃下面就消失了。我找到它時，發現它黝黑的外殼看起來完好無損。於是，我又試了一次——「砰！」，沒有成功，再試一次——「砰！」，仍舊不成，我的挫折感逐漸高漲。最後，我蹲了下來，把那顆種子緊緊夾在桌腳和牆壁中間，然後用鐵鎚對著它拚命敲打。

不過，我此時的怒氣遠不及那位森林系教授，只見他漲紅著臉突然衝進房間大叫：「見鬼了，這是怎麼回事？我正在隔壁上課耶！」

顯然我需要用一個比較安靜的方法來打開種子，更何況我必須打開的種子並不止這一顆。我的壁櫥裡還有兩個箱子，裡面裝著成千上百顆種子以及二千種以上的葉子和小片樹皮，全都是我在哥斯大黎加和尼加拉瓜的森林裡做田野調查時，花了好幾個月的時間辛辛苦苦蒐集來的。從這些樣本所得出的數據，將成為我博士論文的主要內容（儘管後來的情況並非如此）。

最後，我發現用大頭鎚和石鑿猛力敲打就行了，但這次的經驗（這是我所打開的第一顆種子）讓我學到關於演化的重要一課。我問自己：為什麼一顆種子的殼會這麼難打開？種子存在的目的，難道不是要讓自己打開，以便讓裡面的幼苗能出得來嗎？它之所以演化出這麼厚的殼，想必不止是為了要讓一個倒楣的研究生感到挫折。當然，它之所以如此，有一個很根本的目的，就像一隻正在孵蛋的母雞守護牠那窩蛋，以及母獅子保護幼獅一般。對於我當時在研究的那棵樹而言，繁殖下一代是最重要的事，是它為了演化而必須履行的責任，值得它投注所有的能量來進行，並且因應環境的不同發揮必要的創意。在植物的歷史中，最能夠確保它們的後代受到保護並得以散布和立足的事件，莫過於種子的發明了。

在企業界，人們在評斷一個產品是否成功時，是看它的品牌辨識度和在全球各地都能取得的方便程度（易得性）。我曾經住在烏干達的一棟泥牆茅屋裡，茅屋位於一座名叫「難以穿越的森林」（Impenetrable Forest）的叢林邊緣，要走四小時才能到達一條柏油道路，但我從大門走出去不到五分鐘就可以買到一瓶可口可樂。一個無所不在的商品——這是世界各地的行銷主管都夢想達到的目標。而在自然界，種子就做到了這一點。無論在熱帶雨林、高山草原，或北極的凍原，種子植物都占了絕大部分，決定了整個生態系統的特性。畢竟一座森林是以其樹木，而非在裡面跳來跳去的猴子，或飛來飛去的鳥兒來命名。而且大家都知道要稱呼著名的「塞倫蓋提」（Serengeti）為「草原」，而非長了草的「斑馬原」。如果我們細想什麼才是支撐大自然各種體系的基石，往往會發現，種子以及產生這些種子的植物，扮演了最重要的角色。

儘管在熱帶的午後，冰涼的汽水挺好喝，但除了「無所不在」這個特性之外，可口可樂和種子就沒有什麼相像的地方了。不過還有一點倒是真的：就如同商業界信奉唯有好的產品才能勝出，「物競天擇」也是同樣的道理；最好的適應策略能夠流傳久遠、傳遍各地，並且激發更多的創新。這個過程被英國演化生物學家理察・道金斯（Richard Dawkins）稱為「地球上最了不起的秀」。（確實如此！）有些生物特徵因為太過普遍，讓人覺得它們原本就該如此不言自明。比方說，動物的頭部都有兩隻眼睛、兩隻耳朵、一個像鼻子一樣的東西，和一個嘴巴；魚類的鰓可以從水中吸取溶氧；細菌都以分裂的方式繁殖，以及昆蟲的翅膀都成雙成對等等。就連生物學家也很容易忘掉這些很基本的東西曾經是新奇、巧妙的玩意兒，它們之所以出現純粹是演化之神反覆試驗、不斷改進的結果。在植物的世界裡，種子的存在和光合作用都已經被我們視為理所當然，即便在兒童文學裡也是如此。在繪本作家露絲・克勞斯（Ruth Krauss）的經典作品《胡蘿蔔種子》（*The Carrot Seed*）當中，一個安靜的小男孩不顧所有人的勸阻，耐心的為他所種的植物澆水、除草，最後土裡終於長出一個巨大的胡蘿蔔，「一如小男孩所預期」[1]。

克勞斯這部作品以圖案簡單聞名，並從此改變了繪本的風格，不過這個故事也顯示了我們與大自然之間的深厚關係。就連孩童都知道一個小種子裡面含有蕭伯納所謂的「強悍的能量」，能夠引爆生命的火花，啟動所有必要的程序，長出一根胡蘿蔔、一株櫟樹、小麥、芥菜、紅杉，或其他任何一種以種子來繁殖的植物（據估計，這樣的植物共有三十五萬二千種[2]）。由於我們對這樣的能力深具信心，使得種子在人類的奮鬥史上具有獨特的地位。如果人們不帶著這樣的期望栽種並收成，這世上不可能會有我們如今所知的農業，同時人類將仍然三五成群的四處狩獵、採集和放牧。有些專家甚至相信，如果這世上沒有種子，人類或許根本無法進化。這些奇妙的小種子對現代文明的貢獻，或許更勝於自然界其他的任何事物。它們那精彩的演進和發展過程，一再影響了人類演進的歷史。

我們住在一個充滿種子的世界裡，每天的生活都繞著種子打轉，從早晨的咖啡和貝果，到我們衣服裡的棉花，到睡前喝的那杯可可。種子提供了我們食物和燃料、麻醉品和毒物、油、染料、纖維和香料。如果沒有種子，就沒有麵包、米飯、豆類、玉米或堅果。它們確實是生命的支柱、全球飲食、經濟和生活方式的基礎。此外，它們也是荒野植物的主角。目前在地球上的植物中，種子植物就占了百分之九十以上。它們普遍的程度使我們很難想像其他種類的植物曾經一度稱霸地球，而且期間長達一億年以上。如果我們把時間倒轉回去，就會發現當時的植物是以孢子植物為主，各地的廣闊森林中盡是有如樹木一般的石松、木賊和蕨類植物（如今它們都已經成了煤炭）。因此，種子植物可說「出身寒微」，後來卻逐漸取得了優勢。最先是針葉樹、蘇鐵和銀杏，接著是各式各樣的開花植物；到了現在，孢子植物和水藻反而成了配角。種子植物這般戲劇性的勝利，不免讓我們想問：它們為什麼這麼成功？是什麼樣的特徵和習性，使它們得以如此徹底改變地球的面貌？這本書的目的就是要解答這幾個問題，並揭露種子植物之所以能在大自然中繁茂生長、而且對人類如此重要的原因。

種子的滋養力。種子提供植物幼苗所吃的第一頓飯，其中包含了能讓它們長出根、芽和葉子的所有必需營養素。人們把在三明治裡放上芽菜視為理所當然，但事實上這在植物的歷史上是關鍵性的一步。「把能量濃縮進一個小巧、可攜帶的包裹裡」的動作，開啟了許許多多演化的可能，並幫助種子植物得以散播各地。就人類而言，由於他們能夠汲取種子內所包含的能量，現代文明才得以誕生。直到現在，人類飲食的內容主要還是在攝取種子食物、竊取原先為植物幼苗所預備的營養。

種子的統合力。在種子到來之前，植物的性生活頗為無趣，不僅過程迅速、隱密，而且通常都是自己在玩，自體複製和無性繁殖的現象非常普遍。就連在進行有性繁殖時，基因的混合也不徹底，而且結果往往難以預料。種子出現後，植物突然開始在光天化日之下進行繁殖，它們將花粉散播到卵子上的方式也愈來愈有創意。這是一種影響深刻的創新：把母株上來自兩個親本的基因融合在一起，放進一個可攜帶的包裝裡，隨時準備發芽。相較於孢子植物只有偶爾會出現不同品種雜交的現象，種子植物的基因卻經常混合、再混合，使得它們產生了巨大的演化潛能。孟德爾（Mendel）之所以能夠藉著密切研究豌豆種子解開遺傳之謎並非偶然；如果他在做這個出名的實驗時用的是孢子植物，到現在科學界或許仍然搞不清楚遺傳學是怎麼回事。

種子的耐受力。任何一個園丁都知道，種子在貯存了一個冬天之後，第二年的春天仍舊可以栽種。事實上，許多種子都需要經過一段寒冷期、一場大火，或甚至動物的腸道才能啟動發芽的程序。有些植物的種子可以在土裡待上幾十年不壞，等到陽光、水分和養分都適合生長的時候才開始發芽。這種冬眠的習性是種子和幾乎所有其他生物不同的地方，使得它們得以出現極高程度的特化與多樣化現象。人類對冬眠種子的儲存與操控技術不僅奠定了農業的基礎，也決定了各個國家的命運。

種子的防護力。幾乎所有生物都會為保護下一代而奮鬥，但植物防護種子的手段卻多得驚人，有時甚且能夠致命，其中包括了若干令人驚訝（而且非常有用）的適應策略，例如難以穿透的外殼、尖突的刺，胡椒、肉豆蔻和多香果所含的化合物，甚至還包括砷（砒霜）和番木鱉鹼（strychnine）。在探索這個主題時，我們會發現大自然主要的演化力量為何，以及人類如何利用植物的自我防衛手段來達成他們的目的，例如做成香辣的塔巴斯科辣椒醬（Tabasco）、各種藥品，以及咖啡和巧克力（這是最受世人喜愛、由種子製成的兩種產品）等。

種子的移動力。種子有無數種散播的方法，例如在水上漂流、被風吹送，或藏在果肉當中。這許多演化策略使它們遍布全球各地，發展出極其多樣化的品種，且提供了若干人類史上最不可或缺的重要產品，包括棉花、木棉、魔鬼沾和蘋果派等。

這本書既是一個探索的過程，也是一個邀請。它就像種子一樣，剛開始時很小——只是我個人的興趣而已，但在我研究了種子在演化的進程、大自然的歷史和人類的文化中所扮演的角色後，這份興趣便與日俱增。其後，歷經我在叢林的田野調查和在實驗室中的各種實驗，並在我那個對種子著迷的兒子影響之下，我便一頭栽進了種子的世界，追索它們的故事。

這段期間，我受到了許多人指引，包括我這一路上所遇見的園丁、植物學家、探險家、農夫、歷史學家和僧侶，當然還有那些美妙的植物本身，以及那些倚賴它們維生的各種動物、鳥類和昆蟲。

然而，儘管自然界的種子有著種種迷人的傳說，卻都有一個特點：它們其實就在我們身邊，無須遠求。種子已經是我們這個世界不可或缺的一部分了。因此，無論你喜歡的是咖啡、巧克力脆片餅乾、什錦堅果、爆米花、蝴蝶餅還是啤酒，我都邀請你拿著你最愛的、由種子做成的點心坐下來，和我一起開始這趟旅程。

種子的滋養力

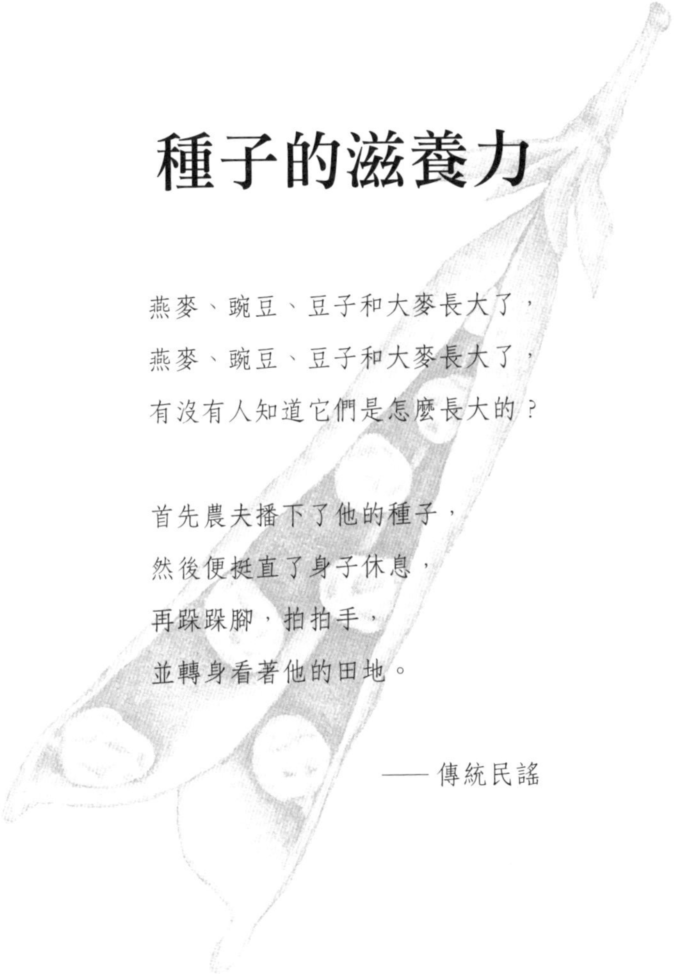

燕麥、豌豆、豆子和大麥長大了，
燕麥、豌豆、豆子和大麥長大了，
有沒有人知道它們是怎麼長大的？

首先農夫播下了他的種子，
然後便挺直了身子休息，
再跺跺腳，拍拍手，
並轉身看著他的田地。

——傳統民謠

1 一日之所需

「我對種子很有信心。只要我相信你那裡有一顆種子，我就準備看到奇蹟。」

——亨利．大衛．梭羅，《種子的散播》（*The Dispersion of Seeds*, 1860~1861）

根據物理學的定律，當一條凹紋頭毒蛇出擊時，頂多只能往前撲到大約牠身子那麼長的地方[1]，因為儘管牠的頭和身子前端很敏捷，尾巴卻無法動彈。然而，任何被攻擊過的人都知道，這種蛇可以迅速的飛掠空中，速度快得像祖魯人的矛或忍者電影裡所丟擲的匕首。這條朝著我撲來的凹紋頭毒蛇是從一堆枯葉裡衝出來，牠張開獠牙以閃電般的速度朝著我的靴子撲了過來。我認出牠是一條粗鱗矛頭蝮，是中美洲的一種蛇，以毒性強、脾氣暴躁聞名。不過，我得承認，牠之所以如此，是因為我剛才用一根棍子戳了牠。

我還真沒想到，研究雨林種子會讓我時常戳到蛇。但其中的道理很簡單：科學喜歡直線。

從化學到地震學，我們到處都可以看得到線條，以及它們所代表的關係。但對生物學家而言，最常見的線條就是「樣線」。無論是計算種子的數量、調查袋鼠、觀察蝴蝶或尋找猴糞，沿著一條橫跨該區的筆直樣線來做觀察和紀錄，往往是進行客觀觀察的最好方式。使用樣線的好處在於，它可以讓我們直接穿越沼澤、雜木林、荊棘叢，或任何我們一般會避免涉足的地區，採集沿線的所有生物樣本。但樣線可怕之處也在於此，因為它可以讓我們直接穿越沼澤、雜木林、荊棘叢，或任何我們一般會避免涉足的地區，採集沿線的所有生物樣本，包括蛇在內。

圖1.1：粗鱗矛頭蝮（*Bothrops asper*）。繪者名不詳（十九世紀）。REPRODUCTION © 1979 BY DOVER PUBLICATIONS.

我聽見我的田野調查助理荷西．馬西斯在前面拿著一把印第安大砍刀砍除叢林中的蔓藤，好讓我們得以行進的聲音。我之所以還有時間聆聽，是因為那條蛇在撲偏了（距離我的靴子只有幾英寸）之後，做了一件令我非常不安的事情：牠消失了。這種蛇由於背上有棕色的斑點，因此擁有絕佳的保護色。而我之所以會看到這麼多條粗鱗矛頭蝮（還有許氏棕櫚蝮蛇、豬鼻蛇，偶爾還會看到大蟒蛇），是因為當時我正勤奮的沿著一條條樣線穿越這座森林，在護根層的落葉中彎腰低頭翻尋。有些樣線上的蛇似乎比種子還多。因此，我和荷西想出了一些辦法把牠們輕輕推走，有時甚至還用棍子把牠們挑起來，然後再輕輕的把牠們甩到旁邊去。此刻，我的腳邊既然有一條憤怒的毒蛇，而我又看不到牠，問題就來了：我應該站著不動，期待那條蛇不會準備發動另一次攻擊，還是應該趕快逃跑？如果我要跑，又該跑往哪個方向？在歷經一分鐘的緊張和遲疑之後，我開始硬著頭皮跨出一步，然後繼續跨出第二步。不久我便繼續沿著樣線尋找種子，而且一路平安無事（不過這是在我給自己做了一根遠比之前那根更長的戳蛇棍之後的事）。

科學研究往往是在經過長時間單調重複的探索之後，才會有令人興奮的發現。那天，又過了一個多小時之後，緩慢的搜尋工作才有了收穫。我看到前方的路面上有一株巴拿馬天蓬樹（almendro）的幼苗，這個有著精彩歷史的高大樹種，正是我來到這座雨林的原因[2]。它雖然和北美洲和歐洲的杏仁樹沒有關係，但它的名字翻譯成英文便是「杏仁」的意思；這指的是它每一顆果實中央富含油脂的種子。我在田野調查手冊上，記下了這株幼苗的大小和生長的位置，然後便蹲下來仔細觀看。

這種種子的殼在實驗室裡是如此的難以打開，但眼前這顆的外殼卻在幼芽長出來的力道下直直的裂成了兩半。它那顏色黝黑、呈圓弧狀的莖已經伸進了土裡，上面有兩片已經開始舒展

圖1.2：一顆正在發芽的巴拿馬天蓬樹（*Dipteryx panamensis*）種子。PHOTO © 2006 BY THOR HANSON.

的子葉。它們看起來異常的翠綠柔嫩，對於它們中間那個隱約可見的蒼白幼芽來說，可是一頓豐盛的餐點。很難想像這樣一個小不點，可以長到我頭頂上方高高的樹冠層那般的高度，而它最初的能量完全是由種子所提供。放眼望去，同樣的故事到處都在上演。植物乃是雨林豐富生態的核心，而其中絕大多數最初都像這樣，是靠著種子的恩賜。

就巴拿馬天蓬樹而言，它們從種子轉變成樹木的過程似乎特別不可思議。成熟的巴拿馬天蓬樹往往高逾四十五公尺，形似拱壁的樹幹基部可以寬達三公尺。它們的壽命可以長達好幾百年，木材的質地堅硬如鐵，據說可以把鏈鋸弄鈍甚至弄斷。它們開花時，樹冠上綴滿了豔紫色的花朵，花落時繽紛如雨，有如一層花毯般堆積在地面上。（我第一次以這種樹為題發表科學報告時，因為缺少有關它花朵的像樣照片，便設法找了一個顏色最近似的東西來充數：一頂瑪姬·辛普森的假髮。）巴拿馬天蓬樹所結的果實數量繁多，因此被視為一個關鍵物種，是猴子、松鼠乃至已嚴重瀕臨絕種的大綠金剛鸚鵡的重要食物來源之一。如果沒有了這種樹，整座森林的生態系統可能都會受到影響，造成一連串的改變，甚至可能導致本地依賴它們的物種滅絕。

我之所以研究巴拿馬天蓬樹，是因為它在其生長區（從哥倫比亞北部到尼加拉瓜）內已經面臨愈來愈多的挑戰；不僅森林相繼遭到砍伐，闢為牧場和農地，市場上對其高品質密實木材的需求也與日俱增。我研究的重點是，巴拿馬天蓬樹在中美洲快速發展的鄉村地區[3]的存活情況。在雨林面積已經被切割得支離破碎的情況下，它是否能繼續生存？它的花是否還能受粉？它的種子是否還能散播？它的基因是否還能延續到後代？抑或目前散見於放牧地和小片森林中的雄偉老樹只是「活死人」？如果這些巨大的樹木無法成功繁衍，則它們和森林中其他物種的複雜關係也會開始崩解。

這些問題的答案都藏在種子裡。只要我和荷西能夠找到足夠的種子，它們的基因就可以為我們解答這些問題。在我們所遇見的每一顆種子和每一株幼苗的DNA當中，都蘊含了關於母株的線索。我希望能夠藉著仔細的採樣，並標示它們和成樹的相對位置，得知哪些樹正在繁衍下一代、它們的種子去向何方，以及當森林被切割得支離破碎時，這些情況會發生怎樣的變化。這個研究持續了好幾年的時間，我並且為此去了六趟熱帶地區，採集了成千上萬的樣本，並且在實驗室待了無數個小時。最後，我寫出了一篇博士論文，在期刊上發表了幾篇文章，並針對巴拿馬天蓬樹的前景發表了一些令人振奮的消息。但是一直到所有的樣本都分析完了，論文寫好了，博士學位也拿到了之後，我才發現這當中少了一個很根本的東西：我還是不太了解種子究竟是如何運作的。

幾年過去了，這當中我也進行了其他幾個研究計畫，但這個謎題仍然使我感到困惑。儘管從園丁到農夫到兒童繪本裡的人物，每個人都相信種子會抽芽生長，但究竟是什麼因素使它發生呢？在那些小巧而工整的包裝裡等著適當的時機啟動，開始製造一株新植物的東西究竟是什麼呢？當我終於決定要追根究柢一番時，腦海中立刻浮現那株剛發芽的巴拿馬天蓬樹。它的種子這麼大，而且每個部分都可以看得一清二楚，就像教科書裡的圖片一樣。我雖然不可能再跑到哥斯大黎加找一顆新的種子，但巴拿馬天蓬樹並不是唯一有大顆、容易發芽的種子的樹種。事實上，至少有一種雨林樹木的大種子（還有包著這種種子的水果），幾乎是在每一家生鮮食品店、水果攤或墨西哥餐廳都可以找到。

在選角非常高明的電影《噢！上帝》（*Oh, God*）中，飾演上帝這個角色的是喬治・伯恩斯（George Burns）。在被問到他認為自己犯下了哪些最大的錯誤時，伯恩斯這位上帝面無表情的脫口而出：「酪梨。我應該把它的核做得小一點。」我想那些負責製作酪梨醬的餐廳副主廚一

圖1.3：九千年前在墨西哥與中美洲受到馴化的酪梨，早就是當地的飲食之一，從圖中所示的阿茲特克時期盛宴就可略窺一二。繪者名不詳（《佛羅倫斯藥典》〔*Florentine Codex*〕，十六世紀晚期）。WIKIMEDIA COMMONS.

定會同意他這句話，但對世界各地的植物學老師而言，酪梨的核很完美。在它棕色的薄皮內，種子所有的元素都被清楚的放大呈現出來。如果你想近距離研究種子發芽的過程，只需要有一顆乾淨的酪梨核、三根牙籤和一杯水就夠了。古時的農夫很明白這一點，他們曾經至少三次將來自墨西哥南部和瓜地馬拉雨林[4]的酪梨加以

馴化。早在阿茲特克人或馬雅人興起之前，中美洲的人就已經很喜歡食用酪梨那奶油般的果肉了。而我也不例外。在準備實驗材料期間，我狂吃了許多用酪梨做成的美味三明治和烤玉米片（Nachos）。之後，我便帶著一打新鮮的酪梨核和一把牙籤，朝著我的「浣熊小屋」出發，準備開始做實驗。

浣熊小屋坐落於我家的果園。那是一座用瀝青油紙和廢棄木料搭成的小屋，因為從前有浣熊住在那兒而得名。這些浣熊曾經在那兒度過了一段安逸的時光，每到秋天時就盡情啃食我們蘋果樹上的蘋果。但是當我因為要當爸爸，不得不在我們狹小的屋子外找一個地方辦公時，我們就只能請牠們搬家走人了。如今，這座小屋有電、有一座燒柴的爐子、一個水龍頭和許多架子，已經足夠我做酪梨發芽實驗了。不過我要的不只是發芽而已；我還希望看到它長出根和綠葉，我想要了解那個種子裡面有什麼東西使得這一切能夠發生，以及這樣一個精密的系統最初是如何演進的。幸好，我知道可以找誰談一談。

凱蘿和傑瑞．巴斯金（Carol and Jerry Baskin）兩人在一九六〇年代中期同時進入田納西州的范德堡大學（Vanderbilt University）植物學研究所就讀。凱蘿告訴我，他們在開學第一天相遇後「就立刻開始約會了」，因為當教授走過來以兩人為一組分配研究主題時，他們正好坐在一起。她回憶當時的情景，表示：「那是我們第一次一起工作，因此挺特別的。」這也是他們生平第一次研究這個從此成為他們終生志業的題目。雖然他們堅稱兩人的愛情沒什麼特別，只不過是他們有共同的朋友和相似的興趣等等，但這段愛情後來卻造就了一段不凡的夥伴關係。凱蘿比傑瑞早一年念完博士學位，但從此以後他們在工作上一直同步，迄今已經出版了四百五十篇以上的種子論文、文章和書籍。如果要找人來進行「酪梨核導覽」，他們當然是最佳人選。

「我總是告訴我的學生：種子就是植物的嬰兒。它們帶著『便當』被裝進一個盒子裡。」凱蘿在我們談話的一開始就這麼說道。她講起話來有南方人的腔調，慢吞吞的、聲調拉得老長，談論事情的時候往往信手捻來，隨意發揮。要解釋比較難以理解的概念時，她往往會兜著圈子講，直到答案似乎自己出現為止。難怪肯塔基大學的學生會評選她為最佳科學教師之一。我是透過打電話到她的辦公室才找到她。那是一個沒有窗戶的房間，裡面放滿了一堆堆的文件和書籍，已經滿溢到隔壁的實驗室了。（傑瑞最近才剛從他們那個系所退休，當時他顯然也把他的文件和書籍都搬回家，放在他們廚房裡的桌子上了。凱蘿笑說：「桌面只剩下兩個小小的空間可以讓我們吃飯。如果我們要請客，可就麻煩了。」）

凱蘿這個「盒子裡的嬰兒」的比喻，傳神的捕捉了種子所具備的要素：可攜帶、受到保護，而且營養充足。「不過，因為我是個種子生物學家，」她說：「我喜歡說得更詳細一些：這些嬰兒當中有些把它們的『便當』全吃光了，有些只吃了一部分，有些則一口都沒吃。」正是這樣的複雜性，才使得凱蘿和傑瑞近五十年來一直沉浸於種子的研究中，樂此不疲。「你的酪梨核把它的『便當』全吃光了。」她以會心的口吻說道。

一顆種子包含了三個基本要素：植物的胚胎（嬰兒）、種皮（盒子），和某種含有營養的組織（午餐）。一般來說，盒子會在發芽時打開，然後胚胎就開始一邊吃午餐，一邊往下長出一條根，往上長出最初的幾片綠葉。不過裡面的嬰兒也經常提前把午餐吃掉，把所有的能量轉換成一片或一片以上的子葉，也就是我們經常在花生、胡桃或豆子裡看到的那兩片東西。它們是大型的子葉，大到占了種子的絕大部分。

我一邊和凱蘿說話，一邊從桌上那堆酪梨中揀出一個，用大拇指指甲把它掰開，然後便明白了凱蘿的意思。裡面那兩片淡白色、有如堅果般的子葉把核的兩半都填滿了，被裹在兩片子葉中間的則是一個很小的瘤狀物，裡面有初生的根與芽。核的種皮只不過是薄薄的一層、好像棕色紙一般的東西，已經開始剝落，看起來有跟沒有差不多。

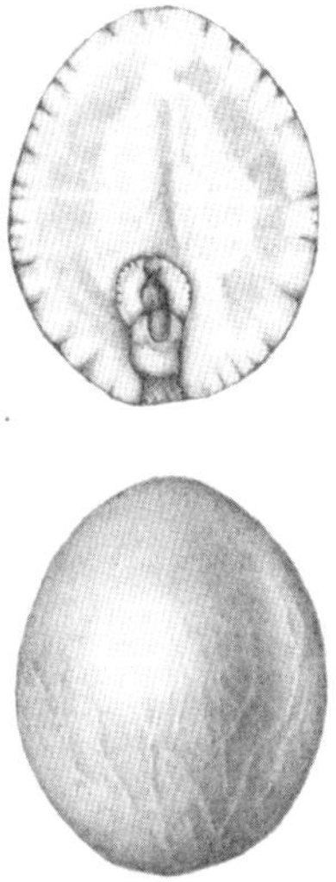

圖1.4：酪梨（*Persea americana*）。酪梨種子那薄如紙張的種皮內，可見兩大片子葉包圍著一個包含了初生根與芽的小小瘤狀物。酪梨樹在雨林內演化，在濃密的樹蔭下，年輕的酪梨樹需要很強大的種子能量才能發芽茁壯。ILLUSTRATION © 2014 BY SUZANNE OLIVE.

「我和傑瑞專門研究種子如何與它們的環境互動，找出它們行為背後的理由。」凱蘿表示。接著她便指出，酪梨所採取的策略不太尋常。大多數種子在成熟時都會變乾，並且用一層厚厚的、具有保護作用的種皮來防止溼氣入侵。在沒有水的情況下，植物胚胎的成長便會變慢到將近停滯的程度。這種停止發展的狀態可以持續幾個月、幾年，乃至幾百年，直到情況適合發芽時為止。「但酪梨可不是這樣。」她提醒我，「如果你讓那些核乾掉，它們就會死掉。」

凱蘿的語氣讓我想起這些酪梨核是有生命的東西。就像所有的種子一樣，它們都是活生生的植物，只是暫時停止成長罷了。要等到它們在適當的時機落在適當的地方，它們才會往下長出根來，開始生長。

對酪梨樹而言，所謂「適當的地方」就是一個絕不會讓它的種子變乾、四季都適合發芽的地方[5]。它的生存策略必須仰賴持續的高溫與溼度，這樣的環境便存在於熱帶雨林之中。而在浣熊小屋中，我的做法是讓它浮在一杯水上方。在不需要忍受長期乾旱或寒冬的情況下，酪梨種子只要很短的時間就會試著再度生長。「酪梨的冬眠期可能只有發芽所需的時間那麼長，」凱蘿解釋，「這個時間並不長。」

在我的酪梨種子並未顯示任何生命跡象的那幾個漫長禮拜當中，我一直把凱蘿的這句話放在心裡。這段期間，這些被我分成兩排、放在窗戶下方書架上的酪梨種子，成了我沉默而忠實的伴侶。我雖然擁有植物學的高等學位，卻時常把家裡的盆栽種死，因此我開始替它們感到擔心。不過，就像所有好的科學家一樣，我在電腦中詳盡的記錄了各種數字和筆記，在數據中尋求安慰。儘管什麼事都沒有發生，但我在搬動每一顆種子，盡職的監測它的重量和尺寸時，還是有某種滿足感。

在沉寂了二十九天之後，第三號核終於變重了。事情發生時，我還不太能相信。我再秤了一次，還是一樣，多了十分之一盎司[6]，真是讓人士氣大振。「大多數種子在發芽之前都會先吸收水分。」凱蘿證實了這一點。這個過程叫「吸水期」（imbibing），至於吸水期為什麼經常這麼長，各方看法不同。有些情況是因為水分需要一段時間才能撐開厚厚的種皮，或洗掉種子裡的化學抑制劑。另一個比較微妙的原因是：這是種子的策略之一，因為它要區分它所吸收的水分是來自短暫的陣雨，還是植物生長所需的長期溼氣。無論原因為何，當我的酪梨核一個接一個都開始變重時，我簡直想要舉杯慶祝。從外表看來，它們並沒有什麼改變，但裡面必然有什麼事情正在發生。

「我們知道裡面所發生的一些事情，但不是全都了解。」凱蘿表示。種子吸水時，會引發一連串複雜的反應，使植物從冬眠期立刻進入它生命中生長最為快速的時期。嚴格說來，「發芽」一詞指的只是種子從吸水到細胞開始膨脹那一瞬間的甦醒，但大多數人所指的範圍都比較廣泛。對園丁、農民乃至編寫字典的人而言，所謂「發芽」包括長出初生根和最初幾片可以行光合作用的綠葉。就這個意義而言，一直要到種子內儲存的養分全都被用光，也就是說，全都轉變成一株能夠自行製造食物、可以獨立生存的幼苗時，種子的工作才算完成。

我的酪梨距離這個目標還很遠。但不到幾天，這些核就開始裂開了，兩個棕色的半邊被裡面那條開始脹大的根撐得往外傾斜。原本只是胚胎裡的一個小瘤的東西，現在成了顏色淺淡的初生根，而且以驚人的速度不斷往下長，幾個小時之內就變成原來的三倍大。早在葉子長出來許久之前，每個核就已經有一條健壯的根伸到了水杯底部。這可不是巧合。各種植物發芽的細節雖然不盡相同，但對植物的幼苗而言，水都很重要；它們的首要之務，便是找到一個穩定的水源。事實上，種子已經配備了長根的能力，它們甚至不需要製造新的細胞，就可以長出根來。這聽起來或許令人難以相信，但這就像是小丑在做魔術氣球一樣。

如果你把一條酪梨的初生根從側邊刮一刮，就可以刮下幾片細細長長、又薄又捲的東西，像是別緻的沙拉上面所撒的蘿蔔屑一樣。我把其中一片放在顯微鏡底下觀察，結果看到了幾排清晰分明的根部細胞。那是一條條又長又窄的管子，很像小丑拿來做動物造型的氣球。躲在種子裡的植物胚胎就像小丑一樣，它們知道自己不能帶著已經充好氣的氣球去派對，因為即使小丑的衣服有很大的口袋也不可能裝得下那些氣球；但還沒有充氣的氣球則一點也不占空間，而且只要有需要，隨時隨地都可以充氣（或充水）。

事實上，沒有充氣的氣球和充氣氣球在體積上有很驚人的差距。我們附近的玩具店所賣的動物造型氣球，一包通常有四個綠色、四個紅色、五個白色，和一些藍色、粉紅色、橘色的氣球，總共有二十四個。在沒有充氣的情況下，整束不到七公分半寬，我一把就可以握住。當我開始吹氣的時候，很快就明白為什麼所有高明的小丑都會帶著氦氣罐或攜帶式的打氣筒了。四十五分鐘後，已經頭昏氣喘的我終於綁好了最後一個氣球，坐在一堆色彩繽紛、吱吱作響、不怎麼聽話的氣球中間。這堆氣球現在有一．二五公尺長、六十公分寬、三十公分高。如果把它們一個接一個排成一行，可以從我的書桌延伸到門口，越過果園、穿過大門，一直到馬路上，總共二十九公尺長，體積也增加了將近一千倍，足可形成一條比最初的那些氣球長三百七十五倍的管子。而這一切都是因為增加了空氣的緣故。當一個種子獲得水分的時候，它的根細胞也是如此，它們會吸水膨脹，愈伸愈長。這個大規模的生長過程，可能要幾個小時，甚至幾天；這時它們頂端的細胞都還沒有開始分裂，以便製造新的材料呢。

我們不難理解植物為什麼會把尋找水源視為首要之務，因為如果沒有水，生長將會停滯，光合作用會受到影響，養分也無法從土壤中被釋放出來。但種子之所以以這種方式開始生長，可能有更令人難以覺察、更微妙的理由，而最好的一個例子便是咖啡。家有早起的學步期幼兒的人都知道：咖啡豆裡含有他們很需要的強效咖啡因。不過，咖啡因這東西雖然能夠幫疲憊的哺乳類動物提神，卻也會妨礙細胞分裂。事實上，咖啡因可以讓細胞分裂的過程立即停止。正因為它如此有效，研究人員甚至用咖啡因來操控許許多多生物的生長，例如紫鴨拓草和倉鼠等。由於有了咖啡因，咖啡豆可以有效的保持在冬眠狀態，但到了咖啡豆終於要發芽的時候，這顯然就成了一個問題。那解決方式是什麼呢？發芽的咖啡種子會把吸到的水分都送到根與芽那兒，使它們快速膨脹，以便讓生長點安全遠離咖啡因的致命影響[7]。

酪梨核含有一些溫和的毒素，但並不足以減緩發芽的速度。我看著那些根逐漸生長並分枝；幾天之後，第一片葉子終於出現了：一個細小的葉芽從核的頂端逐漸變大的裂縫中探出頭來。「下一個階段便是子葉能量的大規模移轉。」凱蘿表示。她說明了原本是種子的「午餐」的東西，現在如何成為燃料，啟動了一波向上生長的現象。不到幾個星期，我照顧了幾個月的種子就成了幼樹，看起來和原先的核一點也不像了。這使我想起了兒子諾亞各個不同的成長階段。突然間，我想到那天凱蘿提到的一件事，她說她和傑瑞在事業初期因為兩人都太忙，所以決定不生小孩。然而，此刻我發現他們畢生致力於種子的研究，其實就等於是在研究嬰兒多變的成長階段呢。

巴斯金夫婦數十年來的研究顯示，種子發芽內部所發生的事，還有很多是我們所不知道的。二千年前「植物學之父」泰奧弗拉斯托斯（Theophrastus）所提出的一些疑問，至今仍是科學家們想要解開的謎。身為亞里斯多德的學生和繼承人的泰奧弗拉斯托斯，在呂刻昂（Lyceum）進行了詳盡的植物研究，當時他所出版的書籍，在後來的數百年間一直被奉為圭臬。他研究過各式各樣的植物，從雞豆到乳香無所不包，並極其詳細的描述了發芽的過程。他對種子能夠存活如此之久的現象感到好奇，也探究「種子本身、土壤、空氣狀況和播種季節[8]」的不同。歷經如此漫長的時間之後，科學家們已經解開了關於種子冬眠、甦醒和生長的許多謎團。目前已經確認：發芽的種子會不斷的吸水，然後以細胞膨脹的方式來伸展它們的根和（或）芽。再下一個階段，便是以種子內儲備的糧食為能量，進行快速的細胞分裂。但究竟是哪些因素啟動並協調這些現象，目前仍是個謎。

發芽的機制，包含了許多各式各樣的化學反應。當種子的新陳代謝從冬眠狀態甦醒時，它會產生所有必要的荷爾蒙、酵素和其他化合物，以便把它儲存的食物轉化為製造植物的材料。就酪梨而言，這些食物包括澱粉、蛋白質、油脂到純粹的糖，可說應有盡有。由於這些營養是如此豐富，苗圃有很長一段時間都不需要為幼苗施肥（一直到過了這個階段好一陣子之後，才需要這麼做）。

當我把我的酪梨苗移植到盆栽土裡時，發現它們的子葉仍然像兩隻舉起的手一般，緊抓著莖的底部不放。事實上，即便在幼苗生根長葉之後的幾個月，甚至幾年當中，小酪梨樹仍然可以從母親為它們準備的「便當」中獲得些許能量。而酪梨之所以為它們的後代預備了如此豐富的養分並非偶然。酪梨就像巴拿馬天蓬樹一樣，在經過演化後，具備了在雨林的濃蔭中發芽的能力。在光線稀少的環境中，種子裡如果儲備了大量的食物，可以讓它們的幼苗取得明顯的優勢。如果它們生長在沙漠或高山草原，情況就會大不相同，因為在這些地方，每一株幼苗都可以很容易獲得充足的陽光。

不同的種子所採取的策略各異，花樣也多得驚人。它們的形狀和大小，會根據生長地的各種特性而不同。這固然使得種子成了絕佳的寫書題材，但也使得人們在「究竟植物的哪個部分才算是種子」這個問題上，很難有一致的看法。對純粹主義者而言，只有種皮以及種皮裡面的東西才算是種子，外面的都算是果實。然而，實際上種子經常以果實組織做為屏障，或讓它扮演其他類似種子的角色，同時兩者往往融合在一起，難以（或根本不可能）區分。因此，即使是植物學專家也往往採用一個比較憑直覺的定義：所謂「種子」，就是包圍著幼苗的那個硬硬的小東西。更簡單的說法則是：「農夫為了種植作物而用來播種的東西。」依照這種以其功能來判定的標準，松子、西瓜子和玉米粒都是種子，無論植物的各個組織扮演了什麼角色。這樣的定義很適合本書所要討論的內容，但我在此得先聲明，所謂「種子」所涵蓋的範圍有多大才行。

由於演化所形成的產物是如此好用，我們往往會認為演化的過程就像一條規模宏大、平穩行進的裝配線，每個鈍齒和鏈齒都有固定的位置，執行特定的功能。但只要愛看《廢物拼裝大賽》（*Junkyard Wars*）、《百戰天龍》（*MacGyver*）這兩個電視節目，或魯比高堡（Rube Goldberg）機械裝置漫畫的人都知道：平凡無奇的東西也可以有創新的用途，而且在緊要關頭時，幾乎任何東西都可以派上用場。在生物不斷摸索、反覆試驗以期適應環境、求取生存的過程中，可能會採用任何一種手段。儘管種子是「盒子裡帶著便當的嬰兒」，但植物還有其他無數種方式來執行種子的功能。這就像是一個交響樂團，大多數時候主旋律都是由小提琴演奏，但其他像是低音管、雙簧管、排鐘等二十幾種樂器，也都可以扮演這個角色；馬勒喜歡法國號，莫札特經常為長笛譜寫樂曲，在貝多芬的第五號交響曲當中，連定音鼓都有機會奏出那著名的「登、登、登、等」的旋律呢！

像酪梨這樣有兩片厚實子葉的種子是很常見的，但青草、百合和其他一些我們所熟悉的植物則只有一片子葉，而松樹的子葉多達二十四片。至於「便當」，大多數種子所用的都是授粉後，所產生的一種名為「胚乳」的營養物質，但其他幾種植物組織也可以扮演這樣的角色，包括外胚乳（絲蘭、咖啡）、胚軸（巴西堅果），或針葉樹所喜歡使用的「大配子體」。蘭花則根本不帶「便當」，它們的種子是從土壤裡的真菌那兒竊取所需的食物。至於種皮，有些植物（例如酪梨）的種皮其薄如紙，有些則又厚又硬，就像南瓜子、葫蘆子等等。相反的，槲寄生則以一種黏糊糊的物質來取代種皮，也有許多種子以果肉內層較硬的部分[9]來做為種皮。除了子葉、種皮之外，就連盒子裡住的嬰兒人數，都會隨著植物的不同而有差異。有些植物，包括里斯本檸檬和仙人掌等，有時會在一個種子內放入許多個胚胎。

在植物界，有許多植物是依照它們種子的特性來分類[10]，我們在稍後的章節以及詞彙表和註釋中將會再度提到這點。不過，本書內容主要是著重在種子的共同特性之上，所有種子都有三個共同的目標：保護植物幼苗、散播幼苗，並供給它們養分。其中最明顯的當然是最後一個目標，因為正如大家都知道的，不光是植物的幼苗會吃種子內的食物，其他許多動物也會。

我和荷西在哥斯大黎加的森林裡工作時，經常跑到離我們最近的一棵巴拿馬天蓬樹下吃午餐。這些樹的樹根粗壯、形似拱壁，可以當做靠背，而且樹冠很大，可以幫我們遮陽擋雨。但還有一點也很重要：巴拿馬天蓬樹所在之處，是最容易看到野生動物的地方。這些樹的下方總是滿布各式各樣老舊的種子硬殼，它們破損的情況各有不同：有的是被從空中飛下來覓食的鸚鵡啄開，有的是被各種大型的齧齒動物咬開。每當有西貒過來的時候，我們總是能聽見，因為當牠們把一整顆種子含住，準備咬開時，總會發出嗶嗶剝剝、有如撞球互相碰撞的聲響。

我總覺得生鮮的巴拿馬天蓬樹種子有些粗糲無味，但有一次我和伊萊莎烤了一鍋，卻發現整個屋子都洋溢著堅果的甜香，嘗起來味道也不壞。如果能稍微加以選擇育種，讓它們的殼比較好開一些，應該就會像胡桃和榛果那樣成為我們日常食用的堅果之一。畢竟，堅果、豆類、穀類和其他無數種種子，都是經由這樣的實驗過程，才上了人們的餐桌。事實上，說到偷取植物幼苗的食物這回事，沒有任何一種動物比人類更在行。對人類的飲食而言，種子具有無比的重要性。只要有人的地方就有種子，我們栽種它們、培育它們，並且進行大面積的生產。正如凱蘿・巴斯金所說：「當人們問我種子為什麼那麼重要時，我會問他們一個問題：『你今天早餐吃了什麼？』」然後，他們往往會發現，那頓早餐是從一片草地開始的。

生命的杖

「看哪！我把全地上結種子的各樣蔬菜，和一切果樹上有種子的果子，都賜給你們作食物。」

——〈創世紀〉一章二十九節

南達科他州的拉什莫爾山上，有四位美國總統的巨大花崗岩頭像。英格蘭的某些山坡上，有蝕刻在白堊岩上的史前時期圖象，包括大巨人和奔馳的馬等等。中國的「大足石刻」包含了數萬尊華美的佛像。而祕魯的納斯卡省（Nazca Province）境內的土地上，則散布著許多面積廣闊的圖案，包括猴子、蜘蛛、兀鷹和優雅的螺旋形，規模大到連在太空中都看得見。在美國的愛達荷州，山丘是有眉毛的；這幅景象聽起來或許不如巨人或總統雕像那般壯觀，卻是世上最罕有的景觀之一。

我閉著眼睛站在其中一條眉毛中央，拿出一個長方形塑膠地框放在身前，迅速轉了一圈，便將它扔了出去。這個框子「嗖！」一聲掉在一座陡坡上，圍住了一小片土地，面積共一平方英尺。這是我在帕盧斯草原（Palouse Prairie）這個瀕臨滅絕的生態系統中，隨機取樣的一塊地。我在這塊地旁邊跪了下來，打開筆記本，開始記錄這一小塊地上有哪些植物。很快的，頁面就被我寫滿了，因為我看到將近二十種不同的植物，包括勿忘我、鳶尾花、扁萼花、紫菀花等，但最主要的還是草——一簇簇濃密青翠的羊茅和纖細的六月禾，在微風中起伏搖曳。就算你不是植物學學者，也應該知道原生的大草原是種草的好地方。這是這些草原的驕傲，也是導致它們滅絕的原因，因為對人類而言，最重要的事情莫過於種草了。

只要看看我的四周，就知道此話不假。在「眉毛」的盡處，就再也看不到各式各樣的草原植物了，取而代之的，是一片延伸到天際的翠綠耕地。上面也長著草——一種高高的、小麥屬、源自中東的物種，也就是我們稱之為「小麥」的作物。在全世界各地，無論人們走到哪兒，都會帶著小麥。它已經成了一種不可或缺的作物，種植的面積大於法國、德國、西班牙、波蘭、義大利和希臘等國國土面積的總和。當年，來自歐洲的移民抵達位於愛達荷州北部和鄰近的華盛頓州帕盧斯地區時，立刻看出這個地區的潛能。帕盧斯綿延起伏、有如沙丘般的小山，是由古代的風沙沉積而成，其表土很適合穀物生長，是天然的草原，不需要灌溉。於是他們很快開始耕作，在不到一個世代的時間內，就把這個地區變成首屈一指的小麥產區，只有那些難以耕作的地方，還可以看到一小片、一小片原來的草原。它們散布於最陡峭的山坡邊緣，從遠處看起來很像是沿著弧形山頂畫成的細黑線條，彷彿這一片風景正挑高它的「眉毛」露出驚訝的神情。

我之所以從事調查，是要為一個跨領域的研究小組提供植物學方面的背景資料。這個小組是由昆蟲學家、土壤與蟲子專家以及社會學家組成，其目的是要進一步了解並保護目前殘餘的帕盧斯草原，並喚起當地居民對它們的重視[1]。我因此必須在最短的時間內，學會辨識羊茅、雀麥草、野燕麥、絹雀麥和早熟禾。我先在「眉毛」裡採集植物，然後再拿到顯微鏡底下，試著辨認每一種草在葉子上的細微差異，以及花朵與種子上的毛、縱脊和皺摺的不同（前者要花時間，後者要花更多的時間）。在這段過程中，我固然見識到禾本科植物物種之繁多，但更讓我印象深刻的是它們本身，尤其是它們的種子，如何塑造了人類社會的樣貌。

對觀光客而言，農場小鎮一座座高聳的穀倉乃是帕盧斯不可錯過的拍照景點，但對當地人而言，那卻是他們經濟的命脈——滿滿的穀子是豐收的象徵，空空如也的穀倉則是荒年的景象。每逢秋收之時，學生到校的人數就會驟減，鎮上銀行外的走馬燈也會輪流顯示當地的時間、氣溫與小麥期貨的現貨價格。事實上，從中國中部的平原到阿根廷的彭巴斯草原、到尼

圖2.1：帕盧斯綿延起伏、有如沙丘般的小山，讓一小片、一小片的原生草原，得以在全世界最豐饒的穀物生產區中生長。WIKIMEDIA COMMONS.

羅河中游有灌溉設施的河岸，所有生產小麥的鄉村地區都是這樣的景象。而且小麥並不是唯一重要的禾本科作物，玉米、燕麥、大麥、黑麥、小米和高粱也都是，更別提幾千年來一直是亞洲人主食的稻米了。在日本、泰國和中國的若干地區，「米飯」這個字眼可能還含有「一餐」、「飢餓」等意思，或者純粹代表「食物」。總的來說，穀物提供人類飲食一半以上的熱量，其種植面積則占了全球耕地的百分之七十以上[2]。前五名的農業商品中，穀物類就占了三項，同時它們也是用來餵養牛、家禽、豬，乃至養殖蝦和鮭魚的主要飼料。先知以西結在預言耶路撒冷會鬧飢荒時，曾說上帝會「折斷他們的杖……斷絕他們的糧」。到了十七世紀時，「生命的杖」（staff of life）已經被用來指稱所有大宗穀物，或以這些穀物所製成的麵包了。這個現象到了二十一世紀的今天仍然沒有什麼改變：禾本科作物的種子仍是全球人口的主要糧食[3]。

人類和禾本科植物之間的密切關係，始自農業發展初期，當時的植物採集者開始從周遭無數的野生物種中，選擇幾種主要的作物並加以改良。穀物幾乎在所有古文明的創建過程，都扮演了重要的角色，其中包括肥沃月灣（一萬年前）的大麥、小麥和黑麥；中國（八千年前）的稻米；美洲（五千到八千年前）的玉米，以及非洲（四千到七千年前）的高粱和小米。有人認為人類甚至遠在更早的時期就開始依賴穀物了，但無論人類和穀物之間的關係是從什麼時候開始，我們之所以如此偏好禾本科植物，是因為它們的種子具有的若干特性。它們和酪梨不同；酪梨核裡的肥厚子葉是為了讓幼苗能在陰暗處慢慢穩定的長大，但禾本科的種子則適合在平原地區生長。在這樣的環境中，它們必須盡早發芽才能取得優勢。由於它們顆粒細小、產量繁多，並且很容易發芽，因此很適合做為糧食作物。這也使得它們成了幾乎所有空曠土地上的主要植物。要觀察禾本科植物種子的生長狀況，不需要牙籤，也不需要水杯，只要有一堆柴和一場一月的暴雨就夠了。

每個人都需要有個嗜好，不過，生物學家往往在假日做的還是跟平常一樣的事。對我來說，到戶外去賞鳥、抓蜜蜂或觀察植物，究竟算不算度假呢？沒錯，我也在一個爵士樂隊裡演奏貝斯，任何人只要計算一下我的閒暇時間，就會發現有個活動占去我最多的時間：劈柴。我們目前居住的農舍建於一九一〇年，後來被鋸成兩半，裝上一輛平板卡車，沿著鄉村小路被拖到現在的位置。我們把那兩半重新拼湊起來，又成了一棟外觀優美的木屋，問題是它太過通風，無論用再多的玻璃纖維泡棉都無法隔絕寒氣。因此，為了炊煮和保暖，我們一年要燒掉四柯度（譯註：cord，四柯度約十四．五立方公尺）木柴；也因此，我幾乎沒有一天不在鋸木頭、劈木柴，或者堆木柴。

為了找到這麼多的木柴，我總是四處搜尋木頭。暴風雨過後，我會在路邊尋找木柴，也會不時騷擾鄰居和朋友，問他們有沒有不要的木頭。只要是木頭，我一向來者不拒，因此當朋友要我幫忙清除他院子裡的一堆石楠木時，我便欣然前往。石楠樹是石楠屬的植物，看起來像巨大的杜鵑樹。它們彎曲的樹幹和枝條有著淡紅色的樹皮，看起來煞是美麗。但是，當我開始動手時，卻發現朋友家的那棵石楠樹明顯是綠色的，頗為奇怪；仔細一看，我便明白了箇中原因。原來那些木頭在室外堆了一年以上，四周長滿了高高的雜草，因此上面的每一個凹處和裂縫都堆積了種子，現在這些種子已經開始發芽。由於最近下了幾場雨，每一粒細小的穀子都吸水吸得鼓脹，萌發了鮮綠的嫩芽，使得木頭表面看起來毛茸茸的，好像長滿了草。如果奇亞籽趣味造型盆栽（Chia Pet）公司推出「柴堆造型」的器皿，肯定就是這副模樣。

我拔起其中一棵小草，發現綠芽的基部是白色的，薄薄的、已經裂開的種殼還殘留在上面。禾本科植物不會為它們的後代準備豐盛的「便當」（它們的種子並沒有肥厚的子葉），而是以數量取勝：它們會叫賣一批又一批的種子，希望其中一些能夠找到買主。那些養尊處優的酪梨樹每年可能只結一百五十顆單種子的果實，但我最近發現長在我們車道上、一株看起來纖細無比的翦股穎，居然長出了九百六十五顆種子。儲存在禾本科種子裡的食物，可以給予幼苗足夠的能量，使其快速的生長，但無法讓它在陰暗處活得很久。因此，它們的幼苗必須找到空曠的住處[4]。它們比較喜歡土壤，但在人行道上、排水溝裡，或在老舊小貨卡兩側的腳踏板上也會發芽。有些物種在沙地或泥沼裡也可以長得很好，有些則在移動的河堤碎石上尋求短暫的生命。對喜好攀岩的人士而言，禾本科的種子使他們必須要經常「除草」——把岩石細縫裡長出來的一叢叢青草拔掉，以便讓手能夠有地方攀附。

和一般人的看法相反，看著青草生長其實饒富興味，只是需要一點膽識和堅持下去的毅力。我雖然不想放棄免費的木柴，但還是把一堆長滿草的石楠木留在原地，看看結果會如何。六個月後，那些草全都曝曬在夏日的陽光中。我回去察看時，發現那些木頭都還堆在那兒，只是上面已經看不到一絲綠意，幾乎每一株秧苗都已經在熱氣中凋萎了。早在它們的根能夠探觸到穩定的水源時，它們就已經把原本那一丁點「便當」吃完了。不過，其中有一株存活了下來。在這堆木頭靠近最底下的部分，有根木頭一端裂了開來，從裂縫中長出了一簇柔軟光滑的綠草，正伸展著它高高的花莖在微風中搖曳。我小心的把木頭移開，看到它的根已經沿著一道隙縫伸到下面的土壤中。大致上來說，種子如果被撒在一堆木頭上，裡面那些尚未生出的幼苗就等於被判了死刑，但這個成功的個案（還有它以後會製造的成千上百粒種子）卻顯示這樣的策略其實還不至於太糟。

禾本科的種子是以多取勝。它們的種子雖然不像酪梨、堅果、豆類，以及其他植物的胖種子一般，帶著豐盛營養的「便當」，過著愜意的生活，但這樣的策略無疑是成功的[5]。大多數禾本科植物的穀子生來就是要設法開拓地盤、求取生存，它們可以忍受乾燥的狀態，以及很久的冬眠期；這些特色使得禾本科植物可以在那些太過乾燥、不適合樹木和灌木生長的地區稱王，就連南極洲都有原生的禾本科植物。此外，如果把地表上所有開花植物排成一排，你會發現其中將近二十分之一都是禾本科植物。但它們之所以會成為大宗作物，並不光是因為它們到處都是、無所不在。儘管它們的種子數量如此繁多，但如果它們沒有利用化學作用耍個把戲，也不太可能成為對人類如此重要的作物。這個把戲，便是它們準備「便當」的手法。

要切開一粒禾本科植物的種子，你的手得要夠穩才行。如果在某個下午，你決定要試試看，我建議你就別喝咖啡了。我因為手有點抖，切了六粒小麥種子都飛走了，最後才成功切開一粒，看到裡面的主要特徵：在顯微鏡燈光底下像一塊塊大理石般、閃著微光的一團澱粉粒子。種子可以儲存的能量有很多種，包括油、脂肪、蛋白質等等，但最適合做為人類主食的則是澱粉。它是由一長串的葡萄糖分子所組成，像是串在一條很細的項鍊上的糖珠。人類的腸道和口水中的酵素，很容易就可以弄斷這條項鍊，把上面的糖分釋放出來。但是，如果把澱粉的化學結構稍做改變，就成了人類無法消化的纖維素，也就是組成樹木的莖、枝和樹幹的植物纖維。纖維素和澱粉的差別，只在於葡萄糖的組成方式，只要把其中的幾個原子重新排列，原本細細的串線就會變成鐵絲[6]。如果不是因為澱粉的葡萄糖分子連結力很弱，而人類又有能力把它們弄斷，則禾本科植物的種子就會像一把木屑一般通過我們的腸道。所幸禾本科種子的澱粉含量高達百分之七十，能夠迅速提供幼苗生長所需的能量，到了今天也提供人類所需能量的一半以上。

由於禾本科植物到處都是，而且它們的種子數量繁多、富含澱粉，難怪我們的祖先會設法加以利用；無論在世界的哪一個地區，當人們的生活形態從狩獵和採集轉變為耕作時，總是以一、兩種禾本科植物為中心。其後發展出的各個文明，更加深了人類對禾本科作物的依賴，被揀選出來的那幾種作物，也跟著散播到世界各地的田野和庭園中。儘管長久以來歷史學家們一直認為，人類以穀物為主食乃是相對晚近的現象，是農業革命的結果，但近來有些專家認為，人類大量食用禾本科種子和其他植物的現象，始自游牧（也就是狩獵和採集）時期。

「我們當然可以合理推定遠古的人類已經開始食用種子了。」李察・瑞罕（Richard Wrangham）告訴我。「畢竟，黑猩猩也吃種子。」身為哈佛大學生物人類學教授，他當然很清楚這一點。在一九七〇年代初期，他就已經發表了第一篇有關黑猩猩飲食習性的論文，而且從此就一直在野外進行黑猩猩的研究。我是在烏干達舉行的一個靈長類動物學工作坊中認識瑞罕，當時他和珍古德（Jane Goodal）共同擔任主講人。他們在演講的一開始先播放黑猩猩刺耳的「高聲氣促」（pant hoot）和尖叫聲。時隔二十年，他仍然懂得如何吸引人們的注意。我打電話到他在哈佛大學的辦公室找他。當時他雖然正趕著做研究，教書工作也滿檔，但仍然熱切的向我解釋他那非正統的新穎理論。

「我曾經試著吃黑猩猩的食物。」他回憶早年在烏干達的基巴萊森林（Kibale Forest）所做的田野調查。「結果，到了晚上，我的肚子就很餓了。」最初瑞罕以為這只不過是因為他不習慣黑猩猩所攝取的水果、堅果、葉子、種子，以及牠們偶爾會吃的生猴肉等食物，但是當他以人類進化的觀點來看待這件事時，他的腦海中浮現了一個新的想法：重要的不是食物的種類，而是處理食物的方式。「我開始相信，我們如果在野外吃生食是活不下去的。身為人類，我們非得用火調理食物不可。我們是懂得烹煮的黑猩猩[7]。」

瑞罕提出的觀念雖然大膽，但他說話卻很謹慎，以過去長時間進行田野觀察所培養的耐心慢慢說明他的觀點。「我是根據和猩猩相處的經驗得出這個看法；我認為人類是經過改良的猩猩。」他指出，和猩猩相比，人類的牙齒小很多，腸子比較短，腦子比較大。他並且告訴我，烹煮食物的過程可以大幅增加食物所含的能量：肉類、堅果、植物的塊莖等靈長類動物所吃的食物，在經過烘烤或煮熟後會更容易消化。其中小麥和燕麥的消化率可以提高三分之一，雞蛋甚至更可提高到百分之七十八。因此，他提出了一個理論：人屬中較高等的成員之所以有別於他們比較接近猿猴的祖先，是因為他們發明了用火烹調食物的方法。我們的祖先因為開始攝取經過烹煮、很容易消化的食物，因此不再像猿猴那樣，必須靠巨大的臼齒和很長的腸子來處理富含纖維質的生食。同時，由於他們所攝取到的能量增加了許多，因此突然間便開始有本錢擁有一個比較大的腦子（譯註：腦子變大，人體對能量的需求也會增加）。

瑞罕的理論雖然仍有爭議，但相較於其他假說，它聽起來非常合乎邏輯。過去大多數的人類學家都將人類牙齒和大腦尺寸的改變，歸因於狩獵技術的進步，以及飲食中蛋白質含量增加；但瑞罕認為，現代人類無論攝取再多的生肉（或其他生食）都無法獲取足夠的營養，當然更不可能有能力進化了。「你如果完全都吃生食，就不可能有時間從事類似打獵這樣的高風險活動。」他解釋，「如果我們的老祖宗吃得像黑猩猩一樣，他們每天光是坐在那兒咀嚼食物，就得花上至少六小時。」

相較於那些強調肉食重要性的假說，瑞罕的理論凸顯了採集者的角色。他們帶來了遠比從前更多樣化的食物，包括塊根、蜂蜜、水果、堅果和種子[8]。「塊莖可能是備用的糧食，」他說，「但只要找得到，他們一定寧可吃那些營養豐富的種子。」他指出，在發生森林大火之後，黑猩猩會特意尋找那些被烤熟的緬茄樹豆子。除此之外，當地的土著在水果、堅果或蜂蜜豐收的季節，也經常放棄打獵。

不過，穀物究竟何時成為人類的主食則尚未有定論。穀物能夠提供很高的熱量，尤其是在煮熟了以後，但穀物的收成需要大家合作，加工的過程也需要大量的人工。因此，關於這個問題，要得出確切的答案，必須要有更多的證據，或像瑞罕所說的「來自考古學界的佐證」才行。不過，既然人們已經開始注意，來自各方的佐證似乎已經愈來愈多了。

如果你想了解早期的人類社會，可以參考近代狩獵與採集社會的生活習慣[9]。一般來說，那些生活在溫帶氣候的族群所攝取的熱量，有百分之四十到六十都來自植物。其中許多都仰賴野生的禾本科植物種子，而且不光是小麥、稻米這些我們所熟悉的作物。澳洲的原住民部落會用小米、三芒草、龍爪茅、鼠尾粟和畫眉草等各式各樣的禾本科植物種子，製作麵包和粥；居住在現今洛杉磯附近的美洲原住民，一直到西班牙傳教時期還在採收金絲雀虉草的種子；美國東岸的原住民部落，也曾以卡羅來納金黃草（maygrass，金絲雀虉草的近親）為澱粉的來源。二萬年前，加利利海附近的人們就已經開始用石製工具碾磨並加工野生大麥；十萬零五千年前，莫三比克地區的人也以類似的方法食用高粱。不過，最吸引人的古代穀物，可能位在以色列的蓋謝爾貝諾特雅各布（Gesher Benot Ya'aqov）地區。科學家們在當地發現了可能是七十九萬年前的人以爐灶燒火的遺址，他們在刮泥板和燒焦的打火石中間，取出一小撮已經燒焦的種子，其中包括針茅、山羊麥、野燕麥和大麥。這項發現顯示，早在「直立人」（*Homo erectus*，亦稱「猿人」）的時代，人們就已經開始煮食穀物了，而這是現代人類出現之前幾十萬年前的事[10]。

如果瑞罕的理論正確，且來自考古學界的這類佐證持續出現，我們可能會得出一個結論：

人類進化的重要因素之一是，他們開始食用煮熟的穀物，因而獲得更多的熱量。然而，無論禾本科植物的種子何時開始成為人類的食物，有一點可以確定的是：人類進入農耕時期時，它們就已經是人們的主食了。不過，當時我們的祖先已經捨棄了三芒草和畫眉草，只食用比較被看好的幾個物種。在古代的阿布胡賴拉丘新拓居地（Tell Abu Hureyra，位於現今敘利亞的阿勒頗城〔Aleppo〕附近），可以清楚看出這樣的轉變。這個新拓居地最初只是獵人和採集者在特定季節暫居的小村莊，後來成了一座農業小鎮，擁有四千到六千戶固定的居民。每個年代的居民生活遺跡，都被完整的保存在一層又一層的沉積物與瓦礫中。我們可以清楚看見，那裡最早的居民所食用的植物多達二百五十種以上，其中種子就有一百二十種，包括至少三十四種不同的禾本科植物。然而，到了農耕時期，他們食用的植物範圍便大幅縮減，只剩下扁豆、雞豆和幾種小麥、黑麥和大麥[11]。

同樣的模式出現在每個時期各地所發生的農業革命中：人們不再吃各式各樣的野生植物，改以少數穀物為主食，並輔以其他作物。那些被選中的禾本科植物都有幾個重要特徵，絕少例外。首先，它們都是一年生的植物。這種孤注一擲的生存策略，促使植物把所有的資源都用來製造種子[12]。一年生的植物由於只有一個生長季節可以生存並繁殖，因此不需要把能量用來製造耐久的莖和葉子。對它們而言，製造體型大、數量多的種子才是唯一的目標，而這樣的種子又使得它們成了人們喜歡栽種的作物。事實上，有著大種子的一年生植物開始普及時，便是農業時代降臨的指標。全世界種子重量最重的五十六種禾本科植物當中，有三十二種出現在肥沃月彎，或歐亞大陸地中海地區的其他地方，而這兩者都是許多最早期文明非常興盛的地方。正如同地理學家賈德．戴蒙（Jared Diamond）所說：「光是這個事實就足以說明人類歷史的進程了[13]。」

戴蒙認為，地中海地區由於擁有很容易被馴化的禾本科植物，因此具有環境上的優勢，使得那裡的人們很早便發展出優勢的文明。非洲、澳洲和美洲的若干地區，則可能因為這類穀物相對稀少，農業發展較晚，大大影響了他們後來與歐洲和亞洲文化互動的結果。然而，無論發展早晚，禾本科植物始終與人類的文明息息相關。穀物在成為人類的主要糧食之後，便和全世界的經濟、傳統、政治和日常生活密不可分。只要稍微檢視一下人類的歷史，便可發現穀物在各個歷史事件中所扮演的關鍵角色。

在羅馬共和國的後期，各城市的領袖利用大量的娛樂，和發放免費或由政府大量補助的小麥的方式，來安撫民怨。這就是古羅馬詩人尤維納利斯（Juvenal）所謂的「麵包和馬戲團」策略；這個政策後來被蓋烏斯．格拉古（Gaius Gracchus）納入法律，制定了「穀物法」，在其後的數百年間，一直是羅馬帝國各地領袖的重要政治工具。政府甚至特地創造了女神「安儂娜」（Annona），來象徵穀物賑濟之舉。她經常出現在雕塑或硬幣上，手持幾束小麥站在船頭，象徵穀物會源源不絕的抵達首都。儘管歷史學家們認為，羅馬帝國的滅亡是因為通貨膨脹、鉛製的水管導致人們中毒以致精神耗弱等各種因素所致，但沒有人會否認，穀物的不足加速了羅馬帝國的衰亡。羅馬原本長期依賴從北非進口的穀物，但後來埃及生產的穀物改運到君士坦丁堡，當迦太基落入汪達爾人手中時，穀物的供應便完全斷絕了。於是，穀物價格一夕上漲。在第四和第五世紀，羅馬首都曾經發生至少十四次因糧食而起的大規模暴亂和飢荒。當西哥德人在西元四〇八年包圍羅馬時，當地的穀物發放量已經減半，在羅馬被入侵之前甚至降到了三分之一。正如兩位著名的歷史學家所言：「西羅馬帝國最終是因缺乏麵包而滅亡[14]。」

十四世紀時，黑死病肆虐歐亞兩洲，當時的人民在驚恐困惑之餘，紛紛將它歸咎於地震和痤瘡等各種原因。直到後來，流行病學家才查出這種病原來是由寄生在黑鼠毛皮上[15]的小跳蚤所導致，但這個發現並不足以解釋為何黑死病會散播得如此之廣。畢竟，一般的老鼠在一生當中只會在出生地周圍幾百公尺的範圍內活動，

圖2.2：以女神安儂娜將政府每年贈予人民穀物的作為具象化，是羅馬帝國早期使用的宣傳策略。這些西元三世紀製造的錢幣中，可見女神安儂娜手持幾束小麥與羊角。在左側的錢幣中，她的右腳踏在一艘即將進港的穀物船翹起的船首；在右側的錢幣中，她站在一個滿溢的籃子（modius）旁，它正是用來盛裝發放給人民穀物的籃子。PHOTO © 2014 BY ILYA ZLOBIN.

黑死病怎麼可能在幾年之內，就由中國散播到印度、中東，接著又一路往北蔓延到北歐？

事實上，關鍵不在於老鼠的活動範圍，而在於牠們的食物。黑鼠雖然幾乎什麼都吃，但牠們最喜歡的卻是各式各樣的穀類，只要哪裡有穀子，牠們就會往那裡去。儘管大多數的跳蚤只有幾個星期的壽命，但寄居在老鼠皮毛上的跳蚤卻可以存活一年，甚至更久，因此牠們的幼蟲也學會以穀類為食。因此，就算航程很長，而且所有染上黑死病的老鼠都已經死在海上，那些跳蚤仍然可能存活下來（而且牠們的後代還在船上的貨艙內高高興興的大吃大喝），隨時可以在船隻停靠的每一個港口感染更多的老鼠與人。當時，陸地上雖然有些比較注意細節的商人會把車隊裡的老鼠撲殺乾淨，但他們載送的穀物裡還是有跳蚤存在。在高峰期，黑死病傳播速度之快，顯示它已經成了一種透過空氣傳染的疾病——經由人們咳嗽和打噴嚏時所噴出的唾沫，直接傳染給其他人。但歷史學家仍然相信，黑死病最先是經由穀物貿易開始傳播，只有那些極為偏遠地區或像波蘭這樣關閉港口的國家，才得以倖免。一直到二十世紀，格拉斯哥、利物浦、雪梨和孟買等地，仍然偶爾會有黑死病爆發的現象，而這些城市都位在穀物貿易非常活絡的港口。

在歷史上，各地的反叛和暴動也是圍繞著禾本科植物打轉。穀物的短缺，經常使民怨升高，引發叛變。據說西元第四世紀，中國的皇帝晉惠帝在聽說老百姓因為稻米不足而餓死時，曾說：「何不食肉糜？」後來，晉惠帝便因為五胡亂華而失去半壁江山。同樣的，據說法國皇后瑪麗・安東尼（Marie Antoinette）在聽說人民因為沒有麵包吃而餓死時，也曾說過：「讓他們吃蛋糕吧！」儘管歷史學家們懷疑她曾經說過這句話，但沒有人會否認，小麥和麵包的短缺，也是法國大革命、俄國大革命，以及一八四八年的「民族之春」（當時影響歐洲和拉丁美洲五十個國家的一系列武裝革命）爆發的因素之一。這個趨勢一直持續到今天，「阿拉伯之春」的革命浪潮之所以始自突尼西亞，並非偶然。

突尼西亞是全球小麥人均消費量最高的國家。由於全球部分小麥的主要生產國發生熱浪、洪水、大火以及作物歉收等現象，二〇一一年時，突尼西亞的小麥進口量驟然下滑了將近五分之一，售價也跟著高漲。在革命發生前幾個月，全國各地紛紛發生因糧食而起的暴動。利比亞、葉門、敘利亞和埃及（在埃及，aish這個字同時代表「麵包」和「生命」）等國在叛亂發生之前，也曾有多宗因穀物價格而起的抗議與暴動事件。

相形之下，阿爾及利亞政府則是以大舉增加穀物投資的方式，來回應當時的糧食危機。他們不僅在二〇一一年時增加小麥進口量，而且幅度超過百分之四十，同時還設法穩定物價，並興建巨型倉儲設施貯存小麥，以防患未然。因此，儘管該區的騷亂至今仍未平息，二〇一二年時，埃及新政府也因各地的麵包暴動而岌岌可危，但阿爾及利亞政權仍然屹立不搖。

當然，阿拉伯之春並非由單一因素所致，但小麥價格在其中扮演了一個根本的角色，使得歷史依舊回歸到「穀物政治」。距離古時阿布胡賴拉丘的先民從狩獵、採集的生活形態轉為農耕，已經過了一萬多年，但他們當初馴化的那些禾本科植物，如今依然影響著人類的歷史。採集者對後人的影響確實深遠。無論是在肥沃月彎或其他地方，國家的命運普遍與穀物的供應有關，只是兩者之間的關聯並不明顯罷了：當穀物的收成不好時，政府就有可能跨台。（狩獵就沒有這樣的影響力，從來沒有任何一個帝國因為羚羊不足而滅亡。）不過，禾本科種子對現代生活的影響，並不是只有在革命或瘟疫當中才能看得出來；只要在收成的季節前往生產穀物的鄉村地區走一走，就可以很明顯的看出，穀物在我們的文化中所扮演的角色。

「你現在看到的是兩百萬蒲式耳（譯註：bushel，一蒲式耳約三十五公升）的軟質小麥。」山姆．懷特（Sam White）告訴我。這時我們正站在他的小貨車車斗上，透過門口看著眼前這座又大又深的倉庫，裡面的小麥已經堆到屋椽這麼高。涼爽、乾燥的空氣吹過堆積如山的穀物，拂過我們的臉頰。我很快的做了一下心算，以目前一蒲式耳約九美元的價格計算，光是這個倉庫裡的小麥批發價就超過一千八百萬美元，如果再被加工成麵粉，以每五磅的重量分裝成一袋，在食品雜貨鋪裡還能賣到至少一億美元。如果再把這些麵粉做成麵包、蝴蝶脆餅、果漿土司餅乾（pop-tarts）、奧利奧餅乾，或其他數千種由小麥做成的產品，則售價將會更高。在山姆把那扇巨大的門關起來之前，我拿起相機，很快照了一張相片，但效果不佳。照片上的穀物像是一堆沙子，看不出它有三層樓高，面積則有兩座足球場那麼寬。況且，一張照片也無法顯示我們看到的景象：放眼望去，四面八方都是類似的棚子和穀倉，有成千上百座之多，而且每一座都堆得滿滿的。

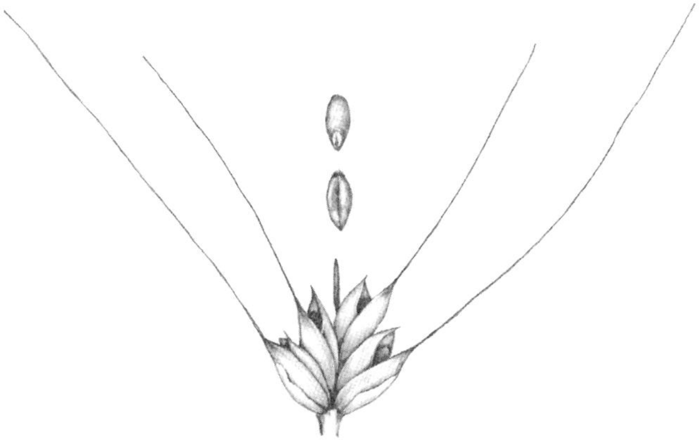

圖2.3：小麥（*Tricetum* spp.）。小麥源自中東當地野生的禾本科植物，是現今占全球最大農耕面積的農作物。就像其他各種可食用禾本科植物的穀粒（從稻米以及玉米，到燕麥、小米以及高粱），小麥的每一粒麥穗事實上就是一顆像種子的完整水果，稱作「穎果」（caryopsis）。ILLUSTRATION © 2014 BY SUZANNE OLIVE.

人們在啃著酥脆的法國麵包，或用叉子捲起一坨義大利麵時，應該多少都有意識到一點：他們所吃的這一餐是從一座農場開始的。但很少人會認真去想，從田野到市場之間，要經過多麼龐大複雜的物流作業。山姆倉庫裡的穀物很值錢，但倉庫門上的鎖卻顯得多餘。畢竟，有誰會去偷重量達六萬噸的東西呢？要儲存、加工和運送如此多的穀物，需仰賴公共建設。而我之所以回到帕盧斯草原地區，正是為了了解這樣一套由筒倉、貨車、道路、鐵路、駁船和遠洋貨輪所形成的系統。

「所有的小麥都進來了。」我們回到他的卡車上時，山姆告訴我。「大麥也是。」山姆是我今天的嚮導，他是太平洋西北農民合作社（the Pacific Northwest Farmers Cooperative）的高階管理人員。這個合作社由八百位生產者組成，他們共同擁有愛達荷州傑納西（Genesee，人口九百五十五萬）這個小鎮一帶，共二十六座倉儲與加工設施。山姆從小就從事農耕工作，但在大學畢業後改行從商，在錯綜複雜的全球市場中販賣帕盧斯的穀物，至今已經過了二十幾個年頭。山姆的身材矮矮壯壯，有著一頭黃棕色頭髮以及飽經風霜的面容。他喜歡他的工作：幫助當地農民把他們的作物賣到最好價錢，但有時這並不容易。「在我爹那個時代，如果一年內每蒲式耳的價錢差個兩分錢，那可就是件大事了。現在一天之內就可能漲跌三、四毛。」除此之外，農民們都對自己辛苦培育的作物很有感情，在做生意時往往會感情用事。「坦白說，讓他們的老婆來決定什麼時候賣出，通常會比較好一些。」

我們開車出城，一路行經綿延起伏的田野，上面盡是亮金色的小麥殘梗，還有一道道收割機駛過的痕跡。我們經過那些熟悉的「眉毛」時，看到那些粗粗的草和灌木妝點著山頂，好像毛茸茸的圓括號，我不禁微笑起來。此時，附近的比特魯特山（Bitterroot Mountains）有一場野火仍在燃燒，那煙霧融入了遠處拖拉機後面所揚起的滾滾塵土。已經好幾個月沒下雨，但秋天的栽種工作已經進行了一陣子，不時可見剛犁好的田地，一長條、一長條面積寬闊、色澤烏黑的土壤，正等待著它們所被分配到的種子。

山姆向我說明他們的耕作方法、所用的肥料和輪作方式，之後又回到穀物貿易的話題。「我們這裡種的小麥，有百分之九十以上都送到亞洲。」這個數字令我驚訝，但想一想也很合理，因為帕盧斯草原雖然位於內陸，距離海岸超過五百六十公里，但離海港只有幾分鐘路程。

山姆把卡車開上一條繁忙的公路；很快的，我們就開始沿著陡峭的山路往下行駛。每一年，帕盧斯所生產的幾百萬噸穀物都循著這條路線，進入一座四壁陡峭的峽谷，來到清水河（Clearwater River）和蛇河（Snake River）交會處的路易斯頓鎮（Lewiston）。我們站在鎮上高聳的混凝土筒倉，和一條以懸臂梁支撐、跨過河上的巨型輸送帶下方，只見那條輸送帶在我們的上方噹啷噹啷、呼呼作響，把固定數量的小麥送進一艘正在等候的駁船貨艙。金黃色的穀糠在空氣中四處飄散，在陽光下閃閃生輝，然後逐漸降落在平靜的水面上，像是遇難船隻漂浮的殘骸。

「一車的穀子要三、四艘駁船才裝得完。」在嘈雜的聲響中，山姆大聲對我說道。接著他便開始說明，這些穀物如何沿著蛇河和哥倫比亞河，一路被送到太平洋。十九世紀初，著名的探險家路易斯（Meriwether Lewis）和克拉克（William Clark）也曾經走過這條危險路線，但當時他們必須航行過許多急湍和變化莫測的激流，現代的船隻卻只需要經過一座座水閘、水壩和一連串長長的湖泊。一九九〇年代中期，新聞記者布雷恩・哈登（Blaine Harden）登上一條拖船，準備踏上這趟旅程時，船長對他提出了嚴正警告：「還不到波特蘭，你就已經無聊死了[16]。」

蛇河的水壩以及水壩後面那些平靜的湖泊，或許使得沿河的旅途變得單調無趣，但它們卻說明了一件很重要的事：穀物在政治上的影響力。這是因為哥倫比亞河上的水壩固然為許多大規模的灌溉設施提供了水源，並供應了該區一半以上的電力，但蛇河上的水壩原先並不是為了用來灌溉和發電。人們之所以會在路易斯頓鎮下游興建四座水壩，是為了要運送貨物，而從路易斯頓鎮所運出的貨物便是穀子。一九四五年時，儘管政府因戰事而債台高築，美國國會仍將帕盧斯地區小麥與大麥的運輸視為政府首要之務。為了使蛇河下游適於行船，國會認定水壩的興建有其必要，因而予以批准。這項大規模的公共建設計畫，後來花了三十年的時間才完成，所用的經費換算成現在的匯率，已經超過四十億美元[17]。一九七五年，愛達荷州州長西塞爾・安德魯斯（Cecil Andrus）在一場剪綵儀式中，站在路易斯頓鎮的碼頭上，宣稱該州的這座新海港將會「透過國際貿易豐富我們的日常生活」。從後來出口遽增的現象來看，他果然說得沒錯。這也證明，小麥和大麥不只能夠促成水壩的興建，還能在後來政治氛圍改變時，保護這些水壩。

州長發表演說後不到幾個星期，一些稀有的魚類，例如田納西州惡名昭彰的坦氏小鱸（snail darter），獲得了新近通過的「瀕危物種法案」保護，從此全美各地的水壩興建計畫就變得複雜起來。一九九〇年代，這股風潮也吹到了愛達荷州。當時蛇河中因為興建水壩所造成的水流平緩現象，而大量滅絕的四種鮭魚和虹鱒，也被列入瀕危物種的名單，從此便開始了一場「鮭魚戰爭」。這場戰爭顯示，穀物如何在國家的政治中持續發揮影響力。為了拯救野生的鮭魚，「拆除蛇河的水壩」成了釣魚和環保團體共同的口號，而且有一度似乎可能實現。但這樣的主張雖然受到法院和當時的副總統高爾等人支持，後來還是逐漸沉寂了。相反的，政府又花了幾十億美元興建魚梯和孵化場，甚至還將水壩裡的小鮭魚運送到他處；這些鮭魚有時乘坐的是油罐車，但多半都像穀物一樣搭乘駁船。

如今，在路易斯頓和附近的幾個社區，仍然可以看到一些「拯救我們的水壩」的標語，但上面的字已經褪色，而且它們的存在也顯得多餘。現在，無論是哪一個陣營，幾乎沒有人認為拆除水壩一事有可能付諸實現。當我問山姆對這次論戰的看法時，他只說：「水壩對我們的產品運送仍然很重要。」在我眼中，山姆是個謹慎的人，但這可能是他今天說得最保守的一句話，因為自從一九七五年安德魯斯州長剪綵以來，蛇河與哥倫比亞河這個航運系統，已經成為全球第三大的穀物運送管道。

斥資好幾十億美元興建水壩，聽起來或許有些極端，但這絕不是政治人物支持穀物的種植、運送和銷售的唯一方式。當年促使羅馬人創造象徵「免費穀物」的女神安儂娜的那股經濟與文化力量，至今仍然使得各國政府積極插手有關穀物的事務。俄羅斯、烏克蘭、澳洲、阿根廷等國，至今仍舊透過公營企業大量投資興建運輸設施與出口碼頭，並補貼穀農。在中國，這樣的做法至少在西元前第五世紀就已經開始。當時的政府開始開鑿一條長達一千七百七十七公里的「大運河」，目的是為了將小麥和稻米運送到首都。無論在什麼年代，確保穀物供應無虞都是很重要的事情。正如農業遊說團體時常說的：「少建幾條公路頂多只是讓路上多一些坑洞，但減少農業預算，人民就要餓肚子了。」

在帕盧斯的一天行程快結束時，我和山姆經過了傑納西鎮邊緣的一排穀倉，來到了一座鐵皮屋，裡面的人正忙碌的工作著。「你想看看一些鷹嘴豆嗎？」

「當然。」我答道。

於是，不久後我便置身於一座忙碌的工廠，一邊走路，一邊閃躲那些裝滿豆子的鏟車。我們看著那些鷹嘴豆嘎嘎嘎的在輸送帶上前進，經過清洗和分類，最後再通過一隻電眼掉到底下。這隻電眼會偵測出有瑕疵的豆子，並噴出一陣陣高壓空氣來剔除不好的豆子。然後，那些經過挑選的豆子會被分裝，每袋一百磅重，上面印著Clipper牌的帆船圖案，然後裝進在一旁等待的卡車裡。之後，這些豆子可能被送往西邊的西雅圖市以及各個亞洲港口，也可能被送到維吉尼亞州製作鷹嘴豆泥的工廠。

「豆類是輪作很重要的一環。」山姆說道。當時我們已經離開那座喧鬧的包裝工廠。「大多數生產者會在春秋兩季種植小麥，其他時間則種植扁豆、鷹嘴豆或馬豆。」輪作可以減少害蟲數量，而且豆類可以恢復土壤中的氮含量，成為下一期穀作的天然肥料。這種將禾本科植物與豆類輪作的方法，可以遠溯至農業發展的初期，而且普遍為世界各地的農民所採用。

肥沃月彎的農夫除了種植小麥和大麥之外，也種鷹嘴豆（又稱「雞豆」）、扁豆和馬豆。在古代的中國，農民們在耕作稻米之餘，很快也開始種植大豆、紅豆和綠豆。中美洲地區以玉米和斑豆輪作，非洲則是以小米和高粱，搭配豇豆和花生。這不僅是很好的耕作方法，在飲食上，穀物和豆類的搭配也可以產生相輔相成的效果，因為澱粉含量很高的穀類和富含蛋白質的豆類，在風味和營養上都可以發揮完美的互補作用[18]。只要看過素菜食譜的人，一定都知道這類食物的組合（如米飯配上豆子，或扁豆配上大麥沙拉）可以提供「完整的蛋白質」。這是因為那些用來搭配的豆類，通常含有穀物裡缺少的某些必要營養成分，反之亦然。然而，穀類和豆類所含成分的明顯差異，也讓我們對種子的一些基本特性感到好奇。

禾本科植物繁衍得如此成功，對人類又如此有用，可見以澱粉做為種子的「便當」是一個很好的演化策略。那麼，為什麼有些植物不這麼做呢？為什麼豆子和堅果要以蛋白質和油做為種子的能量？為什麼油棕的果仁含有超過百分之五十的飽和脂肪？為什麼荷荷芭的種子裡充滿了液態蠟？禾本科種子所含的澱粉固然是「生命之杖」，但植物顯然還有其他許多方式，為它們的種子（也為我們）提供能量。所幸，要探索種子裡所含的各種營養成分，最好的辦法之一，就是去附近的糖果店走一趟。

有時，你會想來顆堅果

「上帝給人堅果，但不會把它們敲開。」

——德國諺語

一九七〇年代末期，彼得・保羅製造公司（Peter Paul Manufacturing Company）把Almond Joy巧克力棒的建議零售價提高到二十五美分。這相當於我當時一整個星期的零用錢，但我從不後悔把那些錢用來買這種號稱含有「濃郁的牛奶巧克力、椰子，還有酥脆的堅果」的甜點。當時的我絕沒想到，我將來從事的工作，會讓我得以享受這樣令人欣羨的時刻：以公費購買我最喜歡的巧克力棒。不過，當時我沒有注意到的一個事實，現在卻變得非常重要：從咬下第一口烤過的杏仁，到後來吃到那甜軟黏牙的巧克力，到末了那椰子的味道，品嘗一根Almond Joy巧克力棒的經驗，從頭到尾都和種子有關。班傑明・富蘭克林曾說，啤酒的存在「證明上帝是愛我們的」。我雖然也很想比照他的邏輯來讚美Almond Joy巧克力棒，但關於這種甜點，還有更多的故事可說；它們裡面所含有的種子不僅美味，還充分顯示植物為後代準備「便當」的方式，真是多到不可思議。

現在，在我們附近的雜貨店，一條Almond Joy巧克力棒要賣到八十五美分，販賣機的售價甚至超過一美元，但你還是會覺得很划算，因為每一包裡面都有兩小條，這樣買的人就可以和一個朋友一起分享，或者留下一條以後再吃（只是我不清楚是否有人這樣做過）。至於我，因為裡面有兩小條，所以我可以立刻吃掉一條，然後把另外一條留下來解剖。

我把巧克力棒從橫斷面切開後，發現最中央是椰子屑（來自泛熱帶的油棕），再來是杏仁（來自亞洲一種屬於薔薇科的樹木），最外面則包著一層薄薄的巧克力（來自新大陸雨林的一種小型樹木）。我把每一層都刮下一些碎屑，準備放在顯微鏡底下觀察。但當我看到包裝上的標示時，立刻就明白以上這些都不是這條巧克力棒當中的主要種子，因為其中最主要的成分是玉米糖漿。後者是從一種禾本科作物（玉米）種子提煉出來的甜味劑，經常被用來取代蔗糖[1]（也來自一種禾本科作物）。不過在上一章中，我們已經知道禾本科植物無所不在，同時它們那些滿是澱粉的種子很容易轉化為糖分。這條巧克力棒的其他成分可以說明，種子為什麼發展出這麼多別的方式來儲存能量，而我們又為什麼該為此感謝它們。

最外面的那一層牛奶巧克力，含有可可脂和一種又黑又苦的糊狀物，糖果製造商稱之為可可漿、可可膏或巧克力。可可脂和可可漿，都直接來自成熟可可豆裡的肥大子葉。把可可豆用熱壓機壓榨所流出半數以上的物質，就是可可脂。這種脂肪有一個很重要的特性：它在室溫中呈固態，但氣溫一旦超過大約攝氏三十二度，就會變成液態。由於人體體溫平均是攝氏三十七度，因此巧克力真的是「入口即化」。可可豆經過烘烤和碾磨之後，就成了可可漿。把可可漿和分量不同的可可脂、牛奶和甜味劑混合，就成為我們在糖果店裡所看到的各種巧克力。此外，我看到Almond Joy的成分表上還有可可粉，這也是我們熟悉的可可產品。把可可豆榨出可可脂之後[2]，再把剩餘塊狀的可可碎粒加以碾磨，就成了可可粉。

新鮮的可可豆長在可可樹多肉的果莢裡，可可樹樹型矮小、性喜陰涼，原產於墨西哥南部、中美洲和亞馬遜流域的森林裡。我在哥斯大黎加尋找巴拿馬天蓬樹的種子時，經常在無意中看到年代久遠的可可園。當時我每每在循著樣線搜尋時，偶然一抬起頭，就會驚覺四周都是可可樹的莢果。那些果實形狀怪異，有點像是葫蘆，直接從樹幹和枝條上長出來，而且有的橘，有的紫，還有些是淡黃綠色或暖粉紅色，深深淺淺，不一而足。難怪它們會吸引馬雅人、阿茲特克人和美洲其他早期部族的注意，並且用可可豆製成一種能夠提神的能量飲料。從可可的屬名*Theobroma*，意為「諸神的食物」，就可以看出他們對這種植物的崇敬。

過了幾百年之後，歐洲人和其他地區的人民才真正喜歡上可可的味道。但現在可可樹已經遍及世界各地，從瓜地馬拉、到迦納、多哥、馬來西亞和斐濟等地，全球的巧克力銷售額每年都超過一千億美元。德國平均每人每年食用九公斤以上的可可；英國人花在糖果上的錢，比花在麵包和茶上的還多。

從生態的角度來看，可可樹之所以長出這麼大顆、這麼營養的豆子是很合理的，因為可可樹的種子就像巴拿馬天蓬樹或酪梨的種子一樣，已經演化成可以在陰暗的森林裡發芽並生長，但要這麼做，它們的幼苗必須要有很多的能量才能存活。問題是，我在可可園、植物學教科書或糖果店裡所看到的一切，都不足以解釋為什麼可可要以脂肪，而非澱粉的形式來儲存這些能量。

除了可可外，Almond Joy的成分表上還有一樣東西：椰子。椰子是世界上最大的種子之一。所有夢想過油棕與熱帶沙灘的人，應該都很熟悉這種植物，但事實上它是一個謎。植物學家稱椰子為「cosmopolitan」（譯註：即「世界種」），這個字眼一直到十九世紀才普遍被使用，因為當時全球性帝國崛起，快速的帆船也應運而生，人們才有機會了解世界各地的風貌。對於植物而言，「世界種」可是至高無上的讚美。這表示它繁衍得如此成功、如此普遍，以至於沒有人確知它的原生地在哪裡。而椰子樹能夠得到如此的榮耀，是因為它的果實就是一顆可以漂浮在水上的巨大種子。椰子的殼具有浮力，裡面包著一個拳頭大小的果仁。這個果仁是空心的，裡面只有一種含有營養成分的液體，也就是愛好健康食品的人士所熟悉的「椰子水」。這個名字不知道是誰取的，但他會這麼做也情有可原，因為如果要用比較精確、專業的稱呼，椰子水就成了「非細胞胚乳」[3]（acellular endosperm）。「胚乳」這個名詞用在廣告裡，可能聽起來沒那麼響亮，但它的市場潛力可不容小覷。椰子成熟時，它的汁液有一大部分會變硬，成為固態的胚乳，被稱為「脂肪層」（copra）。這便是我們所熟悉的椰子肉，不僅可以用來製造棒棒糖、奶油派，也常用在菲律賓燉肉、牙買加麵包和印度南部的甜酸醬。把水從椰肉中擠出來，便成了椰奶，這是熱帶海岸地區的咖哩和醬汁中不可或缺的原料。只要經過稍微加工，椰子的脂肪層有一半以上會成為椰子油，是世界前五名的植物油之一，也常用來添加於人造奶油和防曬油等各式各樣的產品中。

圖3.1：椰子（*Cocos nucifera*）。椰子樹的種子是世界上最大的種子之一，能用來做解渴的飲料、食用油、護膚霜，以及防蚊液。這個透過洋流及人類散播到熱帶地區沿岸的物種，起源依舊成謎。ILLUSTRATION © 2014 BY SUZANNE OLIVE.

對好萊塢的舞台設計師而

言，椰子樹是很好用的道具，只要有它們，就可以表現出熱帶風情。在電視劇《脫線家族》（*The Brady Bunch*）和電影《蒼蠅王》（*Lord of the Flies*）等戲劇中，曾經出現用椰子殼做的喝水杯。在《金剛》、《南太平洋》和貓王風靡一時的電影《藍色夏威夷》中，也曾用來做胸罩罩杯。一九六〇年代的情境喜劇《蓋里甘的島》（*Gilligan's Island*）中，一個叫做「教授」的角色，就曾經用椰子做出一些有用的物品，例如充電器和測謊器。這個情節並不誇張，因為實際上椰子已經被用來做成許多商品，包括釦子、肥皂、木炭、培養土、繩子、布料、釣魚線、地墊、樂器和防蚊劑等等。正因為椰子的用途極廣，馬來西亞的島民稱它為「千用樹」。對菲律賓部分地區的人而言，它甚至是「生命樹」。儘管它的用途千變萬化，但論巧妙程度，沒有什麼比得上椰子本身奇特的生態。

成熟的椰子從樹上掉下來時，通常都是落到沙地上。野生的椰子由於能夠耐受鹽分、熱氣與移動的土壤，因此在熱帶海灘的高處也可以長得很好。在這樣的地方，它們的種子經常會被潮水和暴風雨帶到海上；到了海面之後，一顆椰子至少可以存活三個月，並隨著風和海流漂流數百甚至數千英里[4]。在這段期間，它的胚乳會持續變硬，但仍會剩下足夠的椰子水，如此一來，等到它被沖上某處乾燥、有沙的內濱時，裡面的種子仍然可以萌芽。由於椰子有液態的胚乳可以讓內部保持溼潤，又有營養豐富、含有油脂的脂肪層可以提供能量，因此椰子幼苗可以持續在沒有任何外來資源的情況下，生長好幾個星期。在熱帶地區的市集，有時可以看到商家販賣已經發芽的椰子，供人用作苗木；這時它們往往已經長出鮮綠的嫩葉，而且已經有好幾英尺高了。

椰子樹具有能夠在海上生存的特性，但這仍不足以解釋，為什麼它的種子需要含有如此多的油質「便當」。畢竟，如果你把澱粉或可可脂裝在那巨大、富含纖維的殼裡，它也一樣可以漂浮。

我在研究杏仁時，也很快產生了同樣的疑問。杏仁樹原產在中亞，是梨子、杏桃和李子樹的近親，它被馴化後先傳到地中海地區，然後便逐漸遍及全世界[5]。人們喜歡它特殊的風味和營養價值，因為杏仁種子除了油質之外，含有百分之二十以上純粹的蛋白質。可是為什麼會這樣呢？為什麼種子會演化出如此多樣化的營養策略？顯然我無法在剩餘的Almond Joy中找到答案。雖然我吃巧克力棒時不需要別人幫忙，但現在我顯然需要尋求幫助，才能了解它們的生物原理。因此我決定要和一個人聯絡，這個人的名字經常出現在我看到的資料中，而且不止一個專家學者形容他是種子世界的「神」。

「那個問題呀？」他笑著說道，「我在我的博士研究生資格考時，總是問他們這個問題。到目前為止還沒有人答得出來！」

戴瑞克・波利（Derek Bewley）曾先後擔任加拿大卡爾葛瑞大學（University of Calgary）和貴湖大學（University of Guelph）的植物學教授，他像這樣拿有關種子的問題來考學生，已經超過四十年的時間了。幸好，他本身所做的研究提供了許多答案。他的實驗室所研究的範圍包括種子生物學的各個面向，從發展到冬眠到發芽，無所不包。不過，雖然他在學術上成就非凡，他卻告訴我，他會選擇這樣的事業其實是個意外。

「我小時候住的地方根本沒有綠意。」波利回憶起他的童年。他是在英國蘭開夏郡普利斯通市（Preston）一座「煙霧瀰漫、髒兮兮的老鎮」長大的。「當時我們住在所謂的『連棟住宅』裡，前面沒有院子，後面也只有一小塊位在小巷旁邊的混凝土地。」如果不是波利的爺爺退休後搬到了鄉下，波利的人生可能會很不一樣。波利的爺爺在鄉下種番茄，並且培育菊花和大麗花，還曾經因此獲獎。對波利而言，去探視爺爺並幫忙為溫室裡的植物澆水，是他「童年最大的樂趣」之一，並且讓他對綠色植物以及製造這些植物的種子，產生了極大的熱情。這股熱情最終使他發表了好幾百篇的論文，並且出版了四本書，其中包括重達三公斤，多達八百頁的《種子百科全書》（*Encyclopedia of Seeds*。我在做研究時，身邊就經常帶著這本書）。一聽他說話，我就知道我找對人了。可是不到幾分鐘，我也開始意識到答案沒有這麼簡單。

「這方面的演化似乎沒有邏輯可言。」他劈頭便這麼說，接著便告訴我：在植物界裡，哪一種植物會採用什麼樣的能源策略（是澱粉、油質、脂肪、蛋白質或其他），並沒有一定的規則可循。沒有哪一種方法比另外一種方法更先進，因為許多新近演化的物種儲存能量的方式，就像古老的物種一樣。更麻煩的是，種子往往含有好幾種不同的能量，而它們的母株也可能根據降雨量、土壤的肥沃度或其他生長狀況，來調整各種能量的比例。此外，在相似環境中長大或有類似生命歷程的植物，也不一定會採用同樣的策略。禾本科的種子以富含澱粉質出名，但有一種在穀田裡常見的野草，亦即一種名叫「油菜」（譯註：rape，在英文中也有「強姦」之義）的一年生芥菜，它那細小的種子卻可以生產大量的芥花油。（就像「椰子水」一樣，業者將芥花油命名為「Canola」是很明智的做法，因為如果管它叫 rape oil，銷售量恐怕不會太好。[6]）

他最後終於說道：「有一個通則就是：儲存油質和脂肪的種子，每個重量單位所含的能量最多。脂質所能提供的能量，比一大堆澱粉更多。」他並告訴我：種子通常會等到發芽「之後」才會動用那些能量。大多數物種都會準備足夠的現成糖分來活化它們的胚胎，然後再啟動比較複雜的程序，動用它們所儲備的能量。澱粉比較容易轉化成糖分，但要把蛋白質、脂肪或油質轉變成細胞活動時可以運用的形式，則需要啟動一連串的反應。人體運作的方式也一樣，這是為什麼鐵人三項運動的選手會吃香蕉、穀麥棒，甚至果醬三明治，而非培根或橄欖油。

就種子演化的角度而言，這樣做就是把重點放在剛發芽的幼苗上，提供它在生長時所需的資源。這雖然可以解釋，為什麼森林裡的植物（如可可和杏仁）會以脂肪和油質做為種子的能源，讓它能夠在陰暗地方慢慢、穩定的生長，卻無法解釋，為什麼長在曠野的油菜籽會用同樣的能源快速生長。「這是例外的情況。」波利表示。當時我們是以電話交談，但我幾乎可以看到他搖頭的樣子。「凡事總有例外。」

英國物理學家威廉・羅倫斯・布瑞格（William Lawrence Bragg）曾經表示：與其說科學是發現新的事證，不如說是「發現思考這些事證的新方法」。波利的談話，解答了有關種子能量學的問題，但事實上，他並未提供我任何新的資訊，而是提醒我有關演化的一個重要基本事實。達爾文曾經寫道：「人類或許有理由為了自己已經晉升為最高級的生物，而感到驕傲。」這句話很適合那個年代的氛圍，在當時，任何一個體面的維多利亞紳士，都會自然而然的把其他體面的維多利亞紳士放在演化階梯的頂端。問題在於「演化階梯的頂端」這整個概念，它意味著生物的演化過程有一個方向，是朝著某種完美的概念進行。

當然，達爾文對進化的了解要更加微妙複雜得多，但這個概念已經在我們的集體思維裡生根，並且透過漫畫、大眾的說法，乃至嚴肅的學術著作而根深蒂固。我們總是會不自覺的抱著這樣的觀念，儘管我們周遭有許多直接證據顯示情況正好相反。如果演化是朝向單一化的目標前進，我們如何解釋生物如此多元化的現象？禾本科植物多達一萬種，龔金龜多達三萬五千

圖3.2：在《Punch》雜誌（一八八一年十二月六日）的這幅諷刺卡通畫中，可見達爾文低頭凝視的模樣。這幅名為「人不過是條蟲」的諷刺畫，顯示了螺旋狀的物種進化進程：從小蟲到猴子，最後到假設的演化頂端 —— 戴高帽的維多利亞紳士。WIKIMEDIA COMMONS.

種，此外還有許許多多種鴨子、杜鵑花、寄居蟹、蚋和鳴禽？為什麼地球上最古老的生命形式（細菌和古菌），其種類比其他所有物種的總和還多，也更多產？經過一段時間之後，演化提供我們的更可能是許多種解決方式，而非單一的理想形式。

我的錯誤在於：我假定種子已經想出「最好」的能量儲存方式。我以為「物競天擇」的結果是淘汰各種可能性，直到最後只剩下一種或頂多幾種策略，而每一種都是為了因應某種特定的環境（森林、原野、沙漠等等）。但真實的情況遠遠更加複雜，也更加有趣；就像演化本身，是個不斷表達各種可能性的優雅過程。就像種子所帶的「便當」可以放在各種不同的地方（子葉、胚乳、外胚乳等等），這些能量也可以許多不同的形式出現。如果種子裡只提供澱粉，它們無疑還是能在大自然中成功繁衍，我們也仍將以它們為主食。但如果沒有油質、脂肪、蠟質、蛋白質和其他能源，種子可能就不會有這麼多的資源，可以在地球各式各樣的生態系統取得主導地位，人們也無法從豌豆、大豆和堅果裡，取得超過百分之四十五的蛋白質（全球攝取量），我們也無法享受如今所吃的大多數油炸食物，或在家裡鋪設亞麻地板、油漆房子、為火箭和跑車引擎上潤滑油，或欣賞維梅爾、林布蘭、雷諾瓦、梵谷和莫內等人的藝術作品，因為以上這些活動都必須依賴種子裡面的油脂。對人類來說，就連種子中最奇特的能源，也可能具有寶貴的用途。

南美洲的塔瓜堅果樹為它們的種子準備便當的方式，是把胚乳內每個細胞的細胞壁變厚，有時甚至厚到把細胞內的活組織擠出去的程度。因此，它們的種子非常堅硬，經過切割並打磨之後可以做成鈕釦、珠寶、小雕像，或者當成象牙的替代品，用來製成棋子、骰子、梳子、拆信刀、裝飾性的把手和精細的樂器[7]。

「植物最終的目標，就是成功的繁衍。」波利表示。在植物不斷演化的過程中，必然會想出新的策略，來提供能量給自己的種子，而任何方式只要管用，就有可能留存下來。

奇怪的是，這一點立刻讓我想到了Almond Joy巧克力棒，以及最初讓我迷上這種甜點的響亮廣告詞：「Sometimes you feel like a nut; sometimes you don't.」（譯註：這句話有兩個意思。一：

有時候你想吃堅果，有時候你不想。二：有時候你是個乖乖牌，但有時你也想瘋狂一下。）那支廣告裡有一半畫面是一些「瘋狂的」人一邊吃著Almond Joy，一邊做特技跳傘或騎馬倒著走，另一半則是一些一板一眼的人吃著Mounds（這種甜點基本上和Almond Joy是一樣的，只是少了杏仁），兩種畫面交替出現。這支廣告配上一個令人難以抗拒的曲調（也就是已故神經科學家奧利佛・薩克斯〔Oliver Sacks〕所謂的「腦蟲」[8]），把Almond Joy和Mounds推上美國糖果銷售量的前段班。

不過，它也讓我們學到了關於「演化」的重要一課：當你的目標是要滿足愛吃甜食的人時，把一個好的糖果配方成分稍微修改一下，就可以做出一種以上的成功產品。同樣的，當你的目標是要滋養你的幼苗時，有許多方式都是可行的。而且就像巧克力工廠裡負責設計配方的人一樣，演化之神最終都會想出辦法來的。

在把Almond Joy巧克力棒實驗擱置一旁之前，我看了一下包裝標示的次要成分，發現還有兩個由種子做成的產品值得一提：由大豆製成的卵磷脂，和由蓖麻製成的聚甘油蓖麻醇酯（PGPR）[9]。這兩者都是種子脂肪的衍生物，而且卵磷脂在動員儲備能量上，扮演了一個重要的角色。它們被添加在巧克力棒中讓口感更加滑順，並且用來當作乳化劑，幫助糖粒懸浮在可可脂中。除此之外，還有許多各式各樣的產品也含有大豆卵磷脂，包括人造奶油、冷凍披薩、瀝青、陶器和防止沾鍋的瓶裝噴霧油（non-stick cooking spray）。它甚至被用來當作預防心血管疾病的健康補充品，因為它是純天然的，而且可以降低膽固醇。

除了這兩個乳化劑之外，標示上其餘的成分只剩下一些防腐劑、焦糖色素和有關過敏原的警語，但我卻沒看到我想要找的最後一個種子商品，因此不得不到Almond Joy的一個副產品去找，那便是由Breyer's冰淇淋公司所製造的Almond Joy 軟糖與椰子旋風冰淇淋（Fudge-and-Coconut Swirl）；裡面除了脫脂牛奶和人工香料之外，還有關華豆膠（guar gum）。這種具有奇異特性的萃取物影響所及非常廣泛，從冰淇淋和無麩質麵包的質地，到印度北部摩托車的價位，不一而足。它或許最足以說明，種子內所儲存的能量種類有多麼繁多，以及這些能量又是如何以意想不到的方式影響我們的生活。

關華豆膠來自一種看起來髒兮兮的「關華豆」，這種豆子主要生長在印度拉賈斯坦邦（Rajasthan，印度的「沙漠邦」）的農場上。植物學家將它歸類為「有胚乳的豆類」（endospermic legumes），指的是與豆子、花生和其他豌豆家族的成員不同，種子裡沒有肥厚子葉的一小群植物。關華豆的種子把能量儲存在胚乳內，裡面裝滿高度分枝（highly branched）的碳水化合物。

把這些分子畫成化學教科書中的圖表，看起來會像是倫敦地下鐵地圖，但對拉賈斯坦邦沙漠裡的一株關華豆幼苗來說，演化出這些組織卻是簡單而必要的策略，為的是要適應它們生長的環境。

「這些組織同時扮演兩種角色。」戴瑞克．波利告訴我。「首先，它們可以被分解成葡萄糖，提供幼苗生長所需的能量。但它們也在胚胎外圍形成一個溼潤的保護層。」波利表示，關華豆種子內部這些具有許多分枝的分子，具有不可思議的能力，可以牢牢抓住水分不放。對於像關華豆這樣的沙漠植物來說，這種構造可以把每一次罕見的豪雨，轉變成種子發芽的重要機會。這樣的構造已經演進了好幾次（長角豆做得到，葫蘆巴也行），但都是在氣候乾燥的地區。

拉賈斯坦邦的農民種植關華豆已經有幾千年的歷史了。他們用它來做牲畜飼料，偶爾也會把那些綠色的豆莢當成蔬菜烹煮。但是當人們發現關華豆膠可以用來做成美味的增稠劑，且效果是澱粉的八倍[10]時，這些豆子的命運就改變了。很快的，經過萃取和純化的關華豆膠，就被用來添加在各式各樣的產品中，包括我的 Almond Joy 冰淇淋、番茄醬、優酪乳和即食燕麥片。到了西元二〇〇〇年時，印度供應各國食品業的關華豆，金額已經超過兩億美元，但比起後來的暴增，這已經不算什麼了。

「壓裂」（fracking）指的是提取石油和天然氣的一種方法，在業界的正式名稱是「水力斷裂法」（hydraulic fracturing），就是在地上鑽孔到岩床深處，並使用高壓的液體來裂解富含天然氣的地層，形成氣井，然後再用泵來抽取氣井中珍貴的碳氫化合物。過去這十年來，這個一度不太為人所知的技術，已經被用來開採許多新的頁岩氣和煤層氣，造就了一個價值數十億美元的全球產業。經濟學家預期，這將可以有效終止北美地區對外國石油的依賴，並徹底改變全球能源市場的面貌。據估計，光是美國一地以此法所開採的氣井，每年就多達三萬五千座，而用來灌進一座氣井的壓裂液體，每年更多達好幾百萬加侖。這種液體非常黏稠，其中混合了水、沙子、酸類和化學物質，而這些物質之所以能夠混合，全靠一種物質——關華豆膠。

在幾年之間，拉賈斯坦邦的關華豆批發價格已經上漲了百分之一千五百以上，有時甚至一個星期就漲兩倍。那些原本把關華豆拿來餵牛、生活僅足以溫飽的小農，突然發現他們可以拿來賣個好價錢，讓他們買得起電視，甚至摩托車。如今，該區的許多農民都已經開始蓋新房，有的甚至全家跑到國外度假。

二〇一一年和二〇一二年，由於關華豆產量不足，迫使北美地區的好幾座氣井不得不關閉。當石油巨擘哈里伯頓公司（Halliburton）告知股東，購買關華豆的費用如今已占了近三分之一的採氣成本，「對本公司利潤的衝擊將超乎預期」時，那一週他們的股價便大跌了將近百分之十。由於供應吃緊、價格飛漲，許多必須使用增稠劑的食品公司不得不設法尋找替代品。

目前他們已經發現，生長在乾燥地區的其他幾種「有胚乳的豆子」，也可以做為增稠劑（並不令人意外），其中包括刺槐豆（生長在地中海地區的一種洋槐樹）、蘇木（生長在祕魯濱海地區的一種灌木）和決明子（生長在中國）。預期這三種植物的行情，以及種植它們的農民的命運，將會繼關華豆價格的暴漲之後一飛沖天。

把關華豆的種子磨成粉末，或把它們灌進地下，居然可以讓人發大財，這恐怕是所有人都始料未及的事。直到二〇〇七年，印度的作物報告都沒有把「水力斷裂法」列入關華豆的潛在市場。關華豆的故事顯示，種子在演化過程中的創新做法，可以衍生出新的用途。由於關華豆具有保水能力，我們將它們製成了產業用的增稠劑。突然之間，它們的能量又被用來提取化石能源。對石油工業來說，時光彷彿回到了從前，因為目前賓州是全球頁岩天然氣產量最大的地方之一；而一八五九年時，第一座有商業價值的油井也是在這裡開採。對種子而言，進入賓州山巒起伏的地層，則是回到更加古老的年代。

如果採用壓裂法的目標，是為了提取化石而非碳氫化合物，則業者在開採賓州的馬賽拉斯頁岩（Marcellus Shale）時，氣井所噴出來的應該是一陣陣的小蝸牛和蚌殼，連一粒種子都沒有。這不僅是因為那些岩層是在一座沒有植物的海床形成，也是因為它們形成後又過了幾百萬年，種子才開始出現。如同所有新的適應策略一般，種子剛開始出現時只是異類，在當時生物的大舞台上只是跑龍套的角色。它們出現的年代是石炭紀初期（三億六千萬年到二億八千六百萬年前），當時大多數的植物都是以孢子來繁衍。我們之所以知道這些孢子植物，主要是因為當時有面積廣大的沼澤森林成了化石，也就是被我們稱為「煤炭」的那些黑黑亮亮的石頭。賓州的煤炭礦藏位於頁岩中比較年輕的岩層裡，而且非常厚，產量極豐，因此促成了美國的工業革命，並使地質學家將那一整個時期稱為「賓夕法尼亞世」[11]。如果要了解種子演進的歷程，只要在較淺的地層開鑿氣井，並檢視提取出來的礦渣即可。

礦工們向來都明白這個世界充滿了化石，但現在科學家們也開始迎頭趕上了。最近有幾組古植物學家（就是植物化石的專家）已經開始探索並記錄勘測古老的礦井，試圖了解種子如何演進、在何處演進。他們已經意識到，要了解石炭紀生態系統的最好方法，就是自己實際去走一遍，而他們唯一能去的地方便是煤礦裡面。

種子的統合力

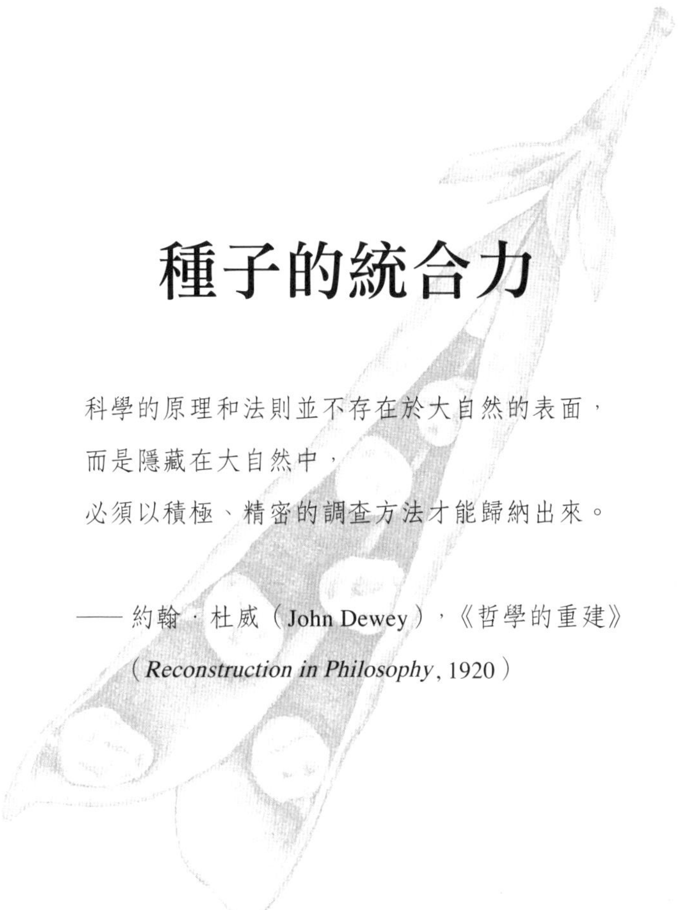

科學的原理和法則並不存在於大自然的表面，
而是隱藏在大自然中，
必須以積極、精密的調查方法才能歸納出來。

—— 約翰·杜威（John Dewey），《哲學的重建》
（*Reconstruction in Philosophy*, 1920）

4 卷柏所知道的

光是形成一個煤層就需要有大量的植物殘骸。我們因此相信石炭紀的植被比地球上任何其他時期都更繁茂、更濃密，而且它們是在酷熱陰霾的氣候中，生長於面積廣大的沼澤中。

——愛德華·韋爾勃·貝瑞（Edward Wilbur Berry），《古植物學》（*Paleobotany*, 1920）

「要讓你進入一座煤礦幾乎是不可能的事。」比爾·狄米歇（Bill DiMichele）所說的正是我最不想聽到的話。「煤炭公司向來因為他們的安全管理措施，以及煤炭對地球暖化的影響，而飽受抨擊。」他解釋。他們不會希望自己的小組出現新面孔，尤其是一個問東問西、還打算寫書的生物學家。

我原本希望有機會親眼看看石炭紀的森林，這下沒指望了。不過，我不得不相信比爾的判斷。他是史密森博物館植物化石館館長，率隊考察煤礦已經有好幾年了。在他和好幾所大學和政府機構的研究人員合作之下，他們在伊利諾州發現了一座長達一百六十公里的古代河谷；該處森林的面貌都詳細而完整的保存在煤礦頂端的岩層中。「我們只要看著上面的岩層，把那些植物記錄下來，看看哪些植物長在哪裡就行了。」這件事聽他說起來好像很輕鬆，但他們的發現卻一點兒也不簡單。事實上，這些發現正在改寫種子演進的歷史。接著他告訴我一個好消息：地面上就有很多地方可以看到一部分的石炭紀化石。「告訴我，你想看什麼，我來問問看。」他說。

六個月後，我和比爾一起站在一座沙漠峽谷底部，看著來自世界各地數十位古生物學家七手八腳的沿著山坡往上爬，目標是岩壁上的一道黑色岩層。「對於來自新墨西哥州的人來說，這只是一個煤層。」比爾臉上露出了微笑。這個顯露在山壁上方的薄薄岩層，規模雖然比不上他在伊利諾州研究的煤礦，在其他方面卻是極其相似，同樣是一座古代沼澤森林碳化的遺跡，而且其中的植物都完好的保存在周遭的岩石裡。

不久，那些古生物學家便抵達了那道煤層，並且開始挖掘。一時之間，峽谷裡響起了一陣陣鐵鎚敲擊岩石的聲音。這是他們所舉行的一場國際會議的第一天；會議的主題是，古生物學家所謂的「石炭紀／二疊紀過渡期」，也是地球史上的一個關鍵時刻。當時地球的氣候突然從又溼又熱變為乾燥多變，過去專家們都認為，這是種子獲勝的時刻。那些稱霸石炭紀沼澤的巨大木賊和其他孢子植物，都只能在溫暖潮溼的氣候中生存，因此它們無法適應二疊紀的氣候變化。這使得種子植物有機會大量繁衍，戰勝孢子植物，在地球的植物群中稱霸。這個故事挺不錯的，但對比爾以及愈來愈多的專家而言，當中只有一個問題：它根本大錯特錯。沒有人能夠否認孢子植物在二疊紀時已經沒落，但種子的勝利可能發生在更早、更早之前。

「我從前去做田野調查的時候，心裡都會有些期待。」比爾說。他指出，教科書上的知識可能會使人有既定的觀念，這反而會成為一個負擔。「現在我做田野調查時，只是純粹觀察。我發現我只要挖個洞，看看能夠找到什麼就好了，這樣反而比較有收穫。」比爾在史密森博物館擔任古生物研究員的三十年間，曾經挖掘過許多洞穴。穿著卡其背心、戴著棒球帽，體格結實健壯的他，憑藉經驗很有效率的在新墨西哥州的這個挖掘地點四處走動。雖然他手上沒拿鐵鎚，卻總是在某人有了新發現時及時趕到。「那就是了！」有一次我聽到他大喊。「那就是了！」比爾雖然已經上了年紀，但仍保有年輕科學家的熱忱。在和他聊了幾個小時之後，我終於了解他之所以長期從事這份工作的原因：他具有永無止境的好奇心。針對我的每一個問題，他似乎總會一連提出幾十個相關的問題，其中充滿了突破舊思維的新觀點。他就像一位在田野中工作的古生物學家一樣，得把許多屬於舊思維的石頭搬開，才能有新的發現。

這樣的態度，使比爾得以在伊利諾州那座煤礦看到新的東西。那裡的化石大部分看起來就像是典型的石炭紀森林，以高大如樹木的孢子植物（現代木賊和石松的親戚）為主。但是他和同事們發現：在愈上方的古代岩層，種子植物的化石也愈多。後來他們看到一條側溝，裡面都是從更上面的山坡掉下來的岩屑，而這些岩屑都是各式針葉樹的化石。沒有人會懷疑，孢子植物是石炭紀森林裡最大宗的植物，但在石炭紀時，地表只有一小部分是沼澤地帶。那麼高地、山坡和高山上長了些什麼？

「嘿，比爾！」有人出聲叫喚，並示意我們走到坡底的一塊岩板前。岩石裡有我到新墨西哥州來想看的東西。「幹得好，史考特。」比爾一邊說，一邊彎腰看個仔細。（參加這次國際會議的人士分別遠道從中國、俄羅斯、巴西、烏拉圭和捷克共和國等地而來，但全世界研究石炭紀／二疊紀過渡期的專家顯然不多，因此他們好像都已經熟到可以互相直呼其名的程度。）只見那塊岩石從中間裂了開來，露出了兩根外型相似的植物的莖，其中一株是巨大的蘆木屬木賊，另一株則是早期的種子植物，名為「種子蕨」（pteridosperm）。那株蘆木屬木賊的輪廓非常清晰，它的莖上有暗色的溝紋，看起來就像現代木賊的放大版。那株種子蕨的樹幹看起來則像

圖4.1：這些來自新墨西哥州煤炭床的化石，為古代孢子與種子間的競爭做了總結。化石上顯示出一株蘆木屬巨大木賊的莖，一旁則是一株古代種子蕨的莖。這些植物在石炭紀廣闊的溼地森林中比鄰生長。PHOTO © 2013 BY THOR HANSON.

蜥蜴皮，黑橘相間，上面還有鱗片，整個嵌在棕褐色的岩石裡。這兩種植物都早已絕跡，但對我而言，看到它們在一起，彷彿就像看到古代孢子植物和種子植物之間的競爭。

我照了一張相片後，便爬上山坡，加入眾人搜尋的行列。煤層上方的岩壁很容易敲開，因此不久我便找到了屬於我的化石。其中有幾株蕨類植物和木賊，但大部分都是各種令人難以辨識的葉子、葉柄和有尖刺的細枝。我身邊的那些古生物學家都在一邊工作、一邊興奮的談論著。我知道他們正藉著我眼前這些布滿灰塵、一團雜亂的東西，重新建構古代世界的樣貌。我試著想像那些蘆木屬木賊和種子蕨還活著的模樣，這時我腦海立刻浮現教科書那些有關石炭紀的圖片：霧氣蒸騰的沼澤上盡是一株株頂端長滿苔蘚、像是蘇斯博士（Dr. Seuss）童書裡的巨大樹木，裡面住著形似蠑螈、大如馬兒的兩棲類動物。在那個年代連恐龍都還沒有出現，更別說那些我們比較熟悉的生物了（例如哺乳類和鳥類）。當時或許已經有蜻蜓和幾種蜘蛛，但還沒有螞蟻、甲蟲、大黃蜂或蒼蠅。雖然沒有蚊子的沼澤聽起來還滿吸引人的，但森林裡沒有後面那幾種昆蟲倒是挺奇怪的。想到這裡，我提醒自己：如果比爾說得沒錯，石炭紀的景觀，事實上可能遠比我們從前所認為的，更接近現代的面貌。

「那個時期應該被稱為『針葉樹紀』才對！」有一次我們聊天時，他這麼說道。「現在已經有證據顯示，石炭只是當時的一小部分。」當比爾的團隊開始質疑過去的看法時，他們逐漸看到愈來愈多有力的證據：在石炭紀，有許多針葉樹和其他種子植物生長在沼澤旁的高地，而且可能到處都是（除了一些非常潮溼的地方）。然而，除了偶爾從山上被水流沖刷下來的一些葉子和樹枝之外，它們幾乎沒有留下任何痕跡。「陸地上的植物有一個問題：它們無法在原地保存得很好。」比爾解釋要成為很好的化石，必須要有質地細密的沉積物和水。這些都是以孢子植物為主的沼澤地區常有的元素，但其他地區就很少見了。因此，儘管石炭紀的化石以巨大的

圖4.2：這幅經典的石炭紀煤炭林畫作，重現了一個由蕨類、木賊，以及其他孢子植物占領的沼澤世界。證據現在顯示，當時的世界只有一小部分是又溼又熱，而且松柏科植物以及其他種子植物占據了大塊高地棲息地。繪者名不詳（*Our Native Ferns and Their Allies*, 1894）。ILLUSTRATION BY ALICE PRICKETT, TECHNICAL ADVISER TOM PHILLIPS, UNIVERSITY OF ILLINOIS, URBANA-CHAMPAIGN.）

木賊和石松占絕大多數，但這並不表示它們是石炭紀最多的植物。

最新的氣候研究更進一步證實了這個理論；這些研究發現，過去大家都認為石炭紀的氣候一直都是炎熱而潮溼，但這只是刻板印象。事實上，這時期的氣候時而悶熱，時而又變成冰河時代，兩者交替出現；煤炭只有在最潮溼的時期才會逐漸累積。但這些潮溼的時期前後都曾出現長期的乾旱，使得種子植物得以日益普遍。如果從這個角度來看，孢子植物便不再是當時的主角，而成了相對的異數——無論就分布面積和生長期長短而言，它們都退居配角。但由於它們生長在沼澤裡，因此所留下的化石數量多得不成比例，從而誤導了世人。這就是古生物學家所謂的「保存狀況所導致的偏見」（preservation bias）。

「索爾在哪兒？」我聽到有人大喊。「那些捷克人找到一些種子了！」我雖然才加入這個團隊半天，但大家似乎都已經知道我研究的主題，同時也直接喊我的名字。不久，帶隊的那人走了過來，遞給我一塊小石頭，上面有著黑色的斑點。在手持放大鏡底下，它們看起來像是包著薄膜的西瓜子。我問比爾這是什麼，但他只聳聳肩：「你最好叫它們『有翅膀的種子』。」接著他解釋：種子化石很少有名字，因為它們被發現時都已經不在母株身邊。

那天稍後，當我在阿布奎基市（Albuquerque）的新墨西哥自然歷史與科學博物館中，審慎仔細的看著那一盤盤的化石時，終於明白了他的意思。那裡有數十年來採集到的幾十個種子化石，上面的標籤分別寫著：「種子？」、「胚珠？」、「毬果的一部分？」，或「不明的子實體」；還有一個很有名的案例：有幾個化石原本被認為是某種知名古代植物的「種子」，結果後來發現它們其實是一隻千足蟲的碎片。

「我真希望有人研究古代的種子。」後來在那場國際會議的休息時間（大家在一座放滿化石的倉庫中享用葡萄酒、啤酒和油膩的點心），有一位館長這麼告訴我。「我們有一顆看起來像是芒果核的種子，但它像帆船一樣，有一片很大的龍骨，上面還長滿了毛。什麼樣的植物會製造出這樣的種子呀？」

我完全同意。研究古代的種子，會讓我們有機會了解比爾所說的那些不為人知的植物。畢竟，博物館裡每一顆身分不明的種子，都代表當初沼澤旁邊的山上有一棵我們所不知道的種子植物，讓它的後代掉到山下的淤泥中。更何況，在那個年代種子的所有特徵（營養、散播、冬眠和防護的機制）才剛剛演進出來。對種子生物學家來說，比爾的理論最令人興奮的一點便是：它將改變我們對種子演化過程的看法。

過去的學者專家都認為，種子是在石炭紀初期或稍早之前開始出現的，並且在其後超過七千五百多萬年的時間中，一直沒有什麼改變。這意味著：種子植物雖然有這麼多的優勢，但在石炭紀的沼澤中只能勉強存活，直到二疊紀的氣候開始改變為止。這種說法有兩個很明顯的問題。首先，如果種子是如此重要、如此成功的一個演化策略，種子植物為什麼在這麼長的時間內，一直處於無足輕重的地位？其次，如果種子的特性（如營養、防衛和冬眠機制）如此適合乾燥、有季節性的氣候，那麼它們如何能在沼澤中演化出來？但假使我們把種子演化的地點搬到高地，這兩個問題就消失了。種子的出現，也就成為早期的植物為了適應環境而想出的合理策略，使得它們得以散播到許多尚未被其他植物占領的地方。

比爾和愈來愈多與他共事的專家如今都認為，種子植物才是石炭紀的要角，而且在經過散播和繁衍後，它們已經變得非常多樣化，但這在現存的化石當中是看不出來的。從這個觀點來看，我們才終於能夠明白，為何種子植物在二疊紀會「迅速」崛起。在當時的氣候逐漸變得乾旱時，種子植物之所以能夠迅速取代孢子植物的地位是有原因的：它們原本就已經在那兒了。

「我是經過很長的時間、一點一滴的拼湊，才得出這個理論的。」比爾告訴我，同時也不忘把功勞歸諸於他的許多同事。但推翻人們長久以來的觀點，總是難免引起爭議。他承認：「有一些同仁到現在還是很不贊同我的看法，但我並不會和他們吵，只是面帶笑容不斷提出我的看法。我的論文指導教授經常告訴我：『不要和別人爭辯；只要繼續做你的研究就行了。』」比爾似乎真的把教授的建議聽了進去。在田野調查結束後，我們回到室內開會，由大家輪流發表研究報告。其間經常爆發激烈的爭論，但比爾從未加入戰局（而且臉上確實經常帶著笑容）。不過，後來我聽他以一種稍微不同的角度來重申他的哲學：「絕不要和傻子爭論——旁觀者可看不出你們之間的差別。」

如果比爾的同事當中真有人「極不贊同」他的看法，至少我並沒有在阿布奎基市遇到他們。在會議中和我談過的所有人都贊同他的概念，認為石炭紀的氣候相當多變，而且當時沼澤森林只占了地表的一小部分。一個和藹可親、名叫霍華德・佛肯—藍（Howard Falcon-Lang）的英國古生物學家表示，他認為針葉樹早在石炭紀的幾千萬年之前就已經出現了。這更進一步支持了比爾的看法：種子植物曾在高地快速的演化。有一位加拿大的研究生表示，他的指導教授要他「跟在比爾身邊，盡量學習」。不過說得最好的卻是來自布拉格的歐普拉斯提爾（Stanislav Oplustil）。他告訴我，他一度堅信傳統的說法，但現在他覺得這件事已經有了定論。「比爾改變了我的想法。」

離開新墨西哥州時，我對石炭紀的印象已經和從前大不相同。我腦海中有關石炭紀的畫面仍然有著大大的蠑螈和蜻蜓，但背景卻和現代很像：一座長滿針葉樹的森林。比爾・狄米歐的研究顯示，種子演進的過程，並非發生在沼澤之中，而是發生在乾燥的高地，因此種子才會為了適應乾旱氣候做出許多改變。但要從孢子變成種子，必須經歷一段很長的過程。為了真正了解其間所發生的事情，我們必須針對植物的私生活問一些不太禮貌的問題。

孢子植物發生性行為時，通常都是在又黑又溼的地方進行，而且經常都是自己來。以蕨類為例，一棵蕨類植物每年會釋放成千上萬、甚至好幾百萬個孢子。這些孢子是極其微小的粒子，只能在顯微鏡下看到，它們會從葉子的邊緣和下方像煙塵一般飄散。每個孢子都只有一個細胞，它的細胞壁很厚，但除此之外沒有其他的保護措施，也沒有儲存任何能量。它只有在飄落在適合它生長的潮溼土壤中才會發芽，但即便在這個時候，它也不會長成另外一棵蕨類（至少不是我們所熟悉的蕨類），而是長出一棵和蕨類完全不同、令人無法辨識的植物：一個不到一個指甲大的綠色心型小點。這個稱為「配子體」（gametophyte）的植物，才含有蕨類要進行性生活所需的配備。

當配子體製造出卵子時，同時也會分泌精子。這些精子會游泳，可以在土壤裡的泥水中前進二到五公分；只有在那些精子遇到附近的一個卵子時，才會產生受精現象，也才會發芽，並長出一株看起來像是蕨類的幼苗。這個過程的細節會隨著蕨類的種類而異，但所有的孢子植物都會像這樣把生殖行為交由另一代來負責，而且它們的精子全都需要有水才能找到卵子。這些特性在潮溼的天氣裡可以運作得很好，但是當石炭紀的那些大沼澤開始變乾時，問題就產生了；孢子植物們的生殖行為碰到了困難，而它們兩階段式的生命週期，也使得它們更難適應氣候的變遷。

「如果孢子植物為了適應環境，想要做出大的改變，那麼它們生命週期當中的兩個階段都必須跟著調整，而這是非常困難的。」比爾解釋。換句話說，這個小小的配子體不但長相不同，對土壤、溼度、陽光或其他生長狀況的需求，可能也和蕨類本身大不相同。「我以前常常告訴學生：『想想看，這就像是你的精子或卵子會長成一個小小的你，個子只有你的三分之一大，然後這些小小的你必須要有性行為，才能製造出另外一個你。如果他們的長相跟你不一樣該怎麼辦？如果他們是完全獨立的個體，而且根本不知道你的存在，又會怎樣？如果你決定住在不一樣的地方呢？如果他們不想去或者去不了那裡，那你也去不成了。』」

從某些方面看起來，種子的進化似乎正是為了要突破孢子所受的限制；它們不再讓下一代在土壤中進行性行為，而是把母株的基因直接融合起來，然後幫它們的後代準備好食物，並將它們裝在一個具有保護作用的堅固箱子裡，才把它們送出門，讓它們可以忍受日曬風吹雨打，等到情況適合時才發芽。最後，它們甚至以花粉來取代那些會游泳的精子，這樣它們就不需要有水分了。至於這個轉變的過程細節如何，由於現存的古代種子化石很少，因此學者專家目前在這方面仍有爭議。但他們一致認定，這個過程在石炭紀初期[1]就已經進行一段時間了。儘管轉變過程中的每一個步驟，並未完全保存在化石中，但我們從現在的孢子植物當中，可以看到活生生的樣本。這些古代孢子植物的後代不僅存活至今，甚至在我們周遭茁壯繁榮。要觀察這些孢子植物，我不需要參加什麼國際會議，只要到我家後院走一遭就行了。

我每天走到浣熊小屋時，都會經過孢子植物，其中包括草地上的苔蘚，和一簇幾年來割不盡、剪不絕、燒不死，也無懼我家的雞隻踩躪的羊齒植物。但我想看的那種孢子植物，卻長在數公里之外一座俯瞰大海的岩石峭壁上（有許多造訪我們這個島的遊客，都前往那兒觀賞虎

圖4.3：華萊士的卷柏（*Selaginella wallacei*）。就像所有種子植物的共同祖先一樣，這株卷柏在演化上邁出了一大步 —— 演化出雄性與雌性孢子。插畫右上方的雄性孢子，亦即花粉前身，像是一小粒塵埃般從小囊中飄散出來，其下方體型大得多的則是雌性孢子。ILLUSTRATION © 2014 BY SUZANNE OLIVE.）

鯨）。於是，一月時，在一個晴朗的早晨，我帶了一個三明治便前往那兒，去找尋一種個頭稍小卻同樣特別的物種：「華萊士的卷柏」（Wallace's spike moss）。

我沿著那條短短的小徑走過去，看到崖壁下方是一望無際的海水，海面上波紋細細，閃閃生輝。距離中午尚早，但我按捺不住，便停下來吃午餐。我找到了一個可以讓我盡情在這冬日裡曬曬太陽的空地坐了下來（在我們這一帶，冬天的陽光可是挺稀少的），但我還沒打開三明治，就看見我要找的那個東西，正從我旁邊的一塊石頭縫隙探出頭來。老實說，我知道這個東西並不難找。過去我經常帶學生來這兒做田野調查。有一次，我們在那兒時，剛好有一群虎鯨經過，但我那些植物系的學生大多無動於衷，只專心看著這些小小的植物，讓我很引以為豪。（他們都在這島上長大，對鯨魚已經很熟悉了，但這卻是他們第一次看到卷柏！）

我跪了下來，想看個仔細。卷柏源自石炭紀森林裡那些巨大的孢子植物，眼前這一株雖然只有幾英寸高，但它的葉子緊貼著小莖的模樣，就跟我在新墨西哥看到的化石一模一樣。但它所知道的事情，卻使它有別於幾乎所有現存的孢子植物。我把一根枝條的頂端掐了下來，拿到陽光底下，用力瞇著眼睛想看個清楚，但後來揉揉眼球，嘆了一口氣；到了這個時候，我還真不得不承認自己已經到了某個歲數，一旦忘記帶老花眼鏡，就不再能享受觀賞孢子的樂趣了。

回到浣熊小屋，在解剖顯微鏡的幫助下，我終於把想看的東西看了清楚。在鏡頭底下，那些孢子都被包在每個葉片底部斑點狀的金色小囊內，看起來閃閃發光。不過，微小的東西被放大後看起來很美並不稀奇；但這些孢子特別的地方，在於它們的大小。在莖下段的孢子看起來體積龐大，邊緣也很光滑，像是河裡的一顆大石頭；但靠近頂端的孢子則非常微小，像一抹淡紅色的煙塵一般，從那些金色的小囊中溢了出來。

卷柏知道古代的種子植物所必須學習的一件事：如何區分性別。那些大的孢子是雌性的，是卵子的前身[2]，那些小的孢子則是雄性的，是精子的雛形。這個系統不僅增加了基因混合的機率，也讓植物得以開始「準備便當」，也就是把能量投注在負責製造一株新植物的雌性孢子上。雖然雄性和雌性的孢子仍需要離家遠遊，並且長成「配子體」，而且它們的精子也仍需要水才能游泳，但孢子植物為了適應環境而想出的這個聰明策略，至少經過了四次的演進。其中的一次，便導致了種子的誕生。

觀看卷柏就像挖掘出一個完美的化石，讓我們可以看到過往；這些卷柏是古代同類植物在現代的化身，它們那些差距懸殊的孢子，反映了種子演進歷程中的一個關鍵步驟[3]。當性別被區分開來後，接下來所發生的事情就變得容易想像多了。隨著時間流逝，早期的種子植物學會不再將它們的雌性孢子放出去，而是將它們留在身邊，讓那些卵子在它們的葉子頂端發育。雄性孢子則繼續向外散播，在經過幾次變易之後，成了隨風吹送的花粉粒。當某個花粉落到一個卵子上時，植物突然發現它擁有所有製造種子的基本要件：一個受了精的嬰兒，它可以保護它、為它準備糧食，然後將它送到外頭直接長成下一代。這樣的系統讓種子植物在天氣變得乾旱時，立刻就占了上風。當孢子的精子和配子體都需要水才能游泳或成長時，種子植物卻可以藉著一陣風來繁衍後代。它們那些堅忍耐久、存糧豐富的後代在落到土壤裡之後，只要有適當的情況就會發芽成長。

我們無法從現有的化石中看清楚種子演進的過程，但就像卷柏一樣，還有其他現代植物可以讓我們一窺究竟，而銀杏樹就是一個例子。在大多數人眼中，銀杏樹是一種很受歡迎的觀賞植物，也可以用來提煉成增強記憶力、增加血流量的藥物，但它也是早期的種子植物家族中，唯一存活至今的物種。它的花粉仍然保有孢子時代的特性：會製造游泳的精子。另一群形似棕櫚、被稱為蘇鐵的樹種，也保有這個特性，其中一種的精子，甚至大到肉眼可見的程度。（這種樹生長在哥倫比亞海岸，被稱為「哥倫比亞蘇鐵」。它的精子有成千上萬條擺動的尾巴，遠超過其他任何一種動植物的精子。）以上這些植物和針葉樹，以及少數較不為人所知的物種，被合稱為「裸子植物」，因為它們的種子成熟時，是裸露在葉子或毬果鱗片的表面[4]。

從石炭紀的乾旱時期一直到恐龍的年代，裸子植物一直是地表的主要植物；到了今天，它們仍然極其普遍。所有喜歡青醬中松子味道的人，應該都很熟悉裸子植物；住在溫帶森林地區或附近的數十億人口應該也是，因為松樹、冷杉、鐵杉、雲杉、雪松、絲柏（又名扁柏）、貝殼杉（Kauri）和其他針葉樹，仍然是這個地帶的主要樹種。不過，這些古老的樹種雖然普遍，但若論多樣化的程度，它們在很早之前就已經被一類較年輕的樹木超越了。

種子植物演進的最後一大步，發生在一些裸子植物學會將它們的種子包覆起來的時候；而它們之所以會這麼做，跟人們在洗完澡之後的反應一樣。我的兒子諾亞到了三歲時，仍在使用我們在他出生後買的那個藍色塑膠浴盆，但他現在已經可以自己爬出來了。不過，他一爬出來，我一定會立刻幫他圍上一條毛茸茸的大浴巾。我之所以會這麼做，並不是因為我太保守，不希望他赤身露體，而是因為他赤裸的小身體看起來很脆弱，這引發了我身為人父、想要保護並照顧自己後代的本能。植物們雖然不會追著自己的小孩跑，考慮是否要用毛巾把它們包起來，但基於演化的本能，還是會有同樣的舉動。於是，後來有一系列的裸子植物就把葉子折疊起來，圍住發育中的卵子，就這樣把原本裸露在外的種子包覆起來了。植物學家把這樣形成的「房間」稱為「心皮」（carpel），而有心皮的植物則被稱為「被子植物」（angiosperms），在拉丁文中的意思是「裝在容器裡的種子」。

在新墨西哥州時，我沒有看到任何被子植物的化石。「你參加錯會議了。」一位與會人員很不客氣的對我說。而且那裡的化石也不對，距離被子植物興盛的時期還有好幾個重要的地質年代。用葉子把種子包起來加以保護，聽起來雖然是一個很簡單，甚至很理所當然的步驟，但被子植物一直要到白堊紀初期，才想出了解決的辦法。當時裸子植物已經興盛了一億六千萬年以上。反觀，現存的各種胎盤哺乳類動物，從齧齒動物到蝙蝠、鯨魚、非洲食蟻獸和猴子等等，只花了不到三分之一的時間就完成了演進。植物學家到現在還在納悶，為什麼這段演化的歷程花了這麼久的時間，但沒有人能夠否認：把種子放在一個容器裡，確實是個好主意。在它們確立了這個做法之後，被子植物便開始迅速的繁衍到各地，以致達爾文認為，它們的崛起是

「令人討厭的謎團」，因為在他看來，所有的改變應該都是有節奏的、漸進的[5]。如今被子植物已經占了所有植物的絕大多數，本書所討論的內容也以它們的種子為主。

從演化的觀點來看，從孢子變為裸子乃是種子最重要的一步。比爾．狄米歇認為，我們不應該把重點放在被子植物上。「這樣會離題。」他告訴我，「它們只是數量很多而已。」不過，不可否認，那些裸露在外的種子被包覆起來之後，使得整個系統變得比較完善，也多了各式各樣的可能。畢竟，浴巾只是一個開端而已。諾亞之後會穿上他的條紋睡衣，但人們卻可能用各式各樣他們想要的東西，來蓋住赤裸的身體，包括短褲和夏威夷襯衫、晚禮服，甚或盔甲。種子的覆蓋物也很快從簡單的葉片組織，演進成各種令人眼花撩亂的構造，也就是被我們總稱為「果實」的那些東西。就像衣服一樣，果實固然具有保護功能，但也能吸引他人，成為被子植物的強大武器，使得它們可以哄騙動物來散播它們的後代。（在第十二章中，我們將探討果實、種子與包括人類在內的動物之間的關係。）

然而，比果實的演進更重要的是，種子被包覆之後對授粉所產生的影響。此時，由於卵子被藏在一個容器裡，因此就比較不能靠風來傳送花粉了。於是，被子植物愈來愈依賴動物，尤其是昆蟲，在花朵之間運送花粉。為了引誘這些動物，花朵便逐漸發展出各種色彩鮮豔的花瓣、花蜜和花香。相較於風力傳粉的不穩定、不可靠，這樣的授粉方式更準確（也更美）。這樣的方式，使得植物迅速發展出令達爾文感到困惑的多樣面貌，也使得被子植物獲得另外一個名稱：開花植物[6]。

在大自然中，開花植物展示了各式各樣的生殖行為、種子和散播方式，這不僅刺激了它們本身的演化，也促成了與它們關係密切的動物和昆蟲的演化。在大多數情況下，植物愈多樣化，依賴它們的那些生物也更多樣化，包括為它們散播後代、以它們為食、寄生在它們身上的生物，尤其是幫它們傳粉的昆蟲。不過，花朵生殖行為的進化，對人類來說也極其重要。如果花兒沒有能力像這樣控制授粉的狀況，並將授粉的成果儲存為耐久的種子，則很難想像我們的祖先能夠成功發展出農業。

提倡清淨食品的作家麥可．波倫（Michael Pollan），更進一步把培育植物的行為稱為「一連串共演化（coevolution）[7]的實驗」，而這樣的行為已經對植物和人類產生了永久的影響。波倫認為，人類對甜度、營養、美感，甚至酒精的慾望，已經被儲存在我們作物的基因裡。當我們盡職的將符合這些條件的植物，從它們的原生地散播到世界各地的庭園和農地時，不僅能夠滿足我們的需求，也對那些植物有利。然而，我們和植物的親密關係，不僅能填飽我們的肚腹，也能激發人類的想像力。我們從這個長遠的關係中所得到的知識，或許是我們了解大自然運作方式的最大憑藉。如果沒有這些知識，人類歷史上最出名的一個實驗，或許就不會發生了。

孟德爾的豌豆

被選來雜交的各種豌豆，在莖的長度和顏色，葉片的大小和形狀，花朵的位置、顏色和大小，花莖的長短，和豆莢的顏色、形狀和大小方面，都有所不同……

——孟德爾（Gregor Mendel），

《植物雜交實驗》（*Experiments in Plant Hybridization*, 1866）

「在總統日播種豌豆。」和一個熱中園藝的人一起生活了這麼久，我已經知道這句話既是一句真言，也是一個指令。對伊萊莎來說，把豌豆種下去，代表一個新的季節的開始，是令人期待的一件事。因此她總是很早就把園子裡的土壤翻過，等著播種。今年我們兩人都打算種豌豆，但是當我把浣熊小屋花床上蔓生的雜草拔除時，心裡很清楚一定來不及在總統日播種，因為我還得準備新鮮的土壤，並設法建造一些屏障，免得到時豌豆被雞吃掉，更何況我還沒有訂購種子呢。因此，我能夠在聖枝主日（譯註：Palm Sunday，復活節前的那個星期日）把豆子種下去就算不錯了。然而，這個時程或許比較接近摩拉維亞布爾諾市（Brünn, Moravia，位於現今的捷克共和國）的播種日。這座城市裡有個很有名的園圃，而在這個時節，那座園圃還埋在冰雪之下呢。

不過，除了天氣以外，一八五六年春天[1]，孟德爾在他種的第一批豌豆發芽時，其實享有很多的資源。當時他所待的聖湯瑪斯修道院（隸屬聖奧古斯丁修會）的院長西里爾·納普（Cyrill Napp），把修道院當成一所從事研究的大學來管理。他鼓勵手下的僧侶從事各方面的研究，從植物學、天文學到民俗音樂、語言學和哲學等應有盡有；他們吃得很好，擁有一座很好的圖書館，還有很充裕的時間可以做研究。院長甚至為孟德爾建造了一座專用的溫室，並且任由他使用院裡那座橘園和一大片花園。不過，除了這些特權之外，年輕的孟德爾也受惠於幾百萬年演化的結果，因為如果沒有種子獨樹一幟的特性，他或許很難有新的發現。

讓我們試著想像一下，這位現代遺傳學之父當初如果是拿孢子植物來做實驗，將會是什麼樣的情景；他將必須每天跪在泥地上搜尋微小的配子體，並絕望的試著捕捉它們的精子與卵子。像這樣躲在土壤裡進行性行為、精子小得只能透過顯微鏡看見，而且還到處游來游去[2]的植物，你如何控制它的生殖狀態呢？因此，孢子植物根本就是不可能讓人操控的。這也是為什麼少數已經被馴化的蕨類和苔蘚植物，到現在基本上和它們那些野生的祖先沒有什麼不同。（孢子植物之所以對人類沒什麼用處，另外一個原因是：它們不會為自己的小孩「準備便當」，因此孢子沒有任何營養價值。人們或許偶爾會吃孢子植物的葉子，但除了極少數特例外，你並不能用孢子來做麵包、煮粥，或做任何其他東西[3]。）

孟德爾從不曾考慮研究蕨類或苔蘚。身為農人之子，他對植物有足夠的了解，知道像這樣沒有章法的交配方法，絕不可能讓他了解遺傳的法則。不過，他倒是曾經用老鼠做過實驗。據說，他後來之所以放棄，是因為當時的主教認為，一個僧侶的住處放滿了老鼠籠子（牠們繁殖得很快），簡直不成體統。當孟德爾終於決定要研究豌豆時，他發現了一種很適合他的實驗方法：用手來為那些花朵授粉。這使他得以扮演媒婆的角色，選擇要讓哪些植物雜交，然後再觀察它們的特徵如何遺傳給下一代。這些豌豆種子不像孢子，因為它們混合父母親基因的結果，可以輕易的被分類、檢視和計算。它們也不像老鼠，因為它們長在戶外，而且氣味芳香，甚至在有多餘的時候還可以拿給修道院的廚房做菜。

種子抵達時，我立刻就打開包裝，把每一種各倒了幾顆在餐桌上。它們都屬於同一物種，但就像孟德爾的豌豆一樣有所不同，有的是綠色，上面有斑點；有的呈褐色；有的皺皺的，有的很光滑[4]。在十九世紀的摩拉維亞，孟德爾很容易就能從當地的種子商人那兒買到三十四種豌豆。我的土壤只種得下兩種，但我稍微搜尋一下之後，便找到了當年孟德爾很可能種過的一種，這種豌豆名叫「符騰堡冬季豆」（Württemberg winter pea），因生長於符騰堡而得名。符騰堡是昔日的一個王國，位於現今德國南部，和附近的摩拉維亞有鐵道相通。在孟德爾購買豆子的時候，兩地甚為友好，在一八六六年（也是孟德爾發表研究成果的那一年）的普奧戰爭中，兩地甚至站在同一陣線作戰。一個僧侶在修道院的庭園內悠閒的幹活聽起來很祥和，但孟德爾所處的那個時代事實上很動盪；當時歐洲的幾個古老帝國，都因為民間的動亂以及政治聯盟的變動而備受壓力。在知識方面，學者所面臨的巨變並不亞於政治上的騷亂——物競天擇、適者生存的進化論。

一八五九年，達爾文的《物種起源》出版時，第一刷在一天內便銷售一空。不到一年，德文譯本便出版了。孟德爾在修道院內的那本《物種起源》做了大量的筆記，顯示他在做豌豆實驗時，對此書的內容涉獵甚深。但他是否能夠完全了解他的實驗結果所具有的意義，則仍有爭議。儘管在後人眼中，他似乎是個天才，但他在生前並未揚名立萬，也很少人知道他真正的想法[5]。（後來的一位修道院院長命人把他所有的筆記本和論文都燒掉了；這應該是史上最不幸的內部管理事件之一。）但我們可以確定他做學問的態度是認真的。他那精密仔細、一絲不苟的研究方法，以及將統計學應用在科學上的態度，都領先同一時期的人好幾十年。同時，他

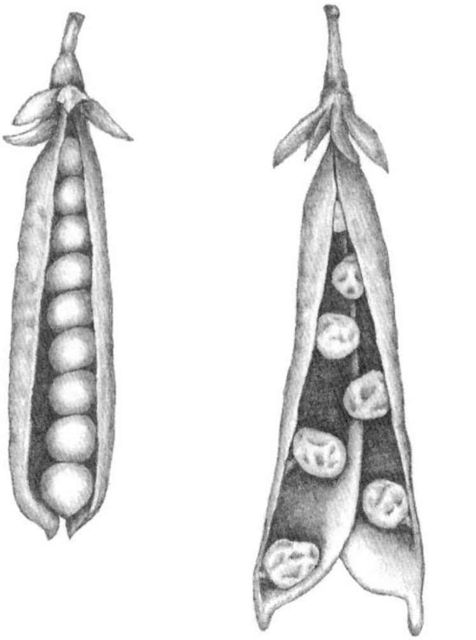

圖5.1：豌豆（*Pisum sativum*）。豌豆成為孟德爾最完美的研究物種，是因為它擁有多種容易操控的特徵，包括兩種種子特徵：皺的種皮與平滑的種皮。ILLUSTRATION © 2014 BY SUZANNE OLIVE.

不僅用這些方法來研究豌豆，也用來研究薊草、山柳菊和蜜蜂，顯示他確實對遺傳學的普適化定律感興趣。同時我們也知道，孟德爾覺得自己已經發現很重要的事實。他的研究論文雖然登在摩拉維亞當地一個不是很有名的期刊上，但他訂購了四十份，送給許多位當時最有影響力的科學家；後來被人發現時其中有好幾份還包得好好的，根本不曾被拆閱[6]。

日落出版社（Sunset Books）所出版的《西方園藝手冊》（*Western Garden Book*），建議人們種豌豆時，應該深入土壤一英寸，並每隔二到四英寸種一株。但伊莉莎告訴我：「你要種得密一些，因為有一些會被蛞蝓吃掉。」在摩拉維亞，吃豌豆的害蟲更多，除了蛞蝓之外，還有蝸牛、象鼻蟲、蚜蟲等等，偶爾麻雀也會侵擾。當年孟德爾想必也種得很密；由此推算，他必然種了為數驚人的豌豆，才能種出他在研究過程中，曾經檢視過的一萬株豌豆。我的規模當然遠遠不及孟德爾，但讓我感到安慰的是，至少我在採摘豌豆方面懂得比他多一點，因為我曾經開著一輛重達十七噸的聯合收割機收割豌豆。那是我高三那年暑假的事，當時我負責值夜班，從晚上六點到隔天早上六點，一個星期七天，我的工作就是收割豌豆，然後把它們倒在一輛又一輛的傾卸車上。那台收割機速度很慢，所以我大部分時間都拿著手電筒在看小說。不過，如果我像孟德爾那麼有耐性和幹勁，我就會爬到送料斗那兒去計算那些豌豆的數量，並記錄它們在顏色、形狀和大小上的細微差別。

重新回顧孟德爾的研究，我學到的遠不只是一排該種多少豌豆而已；他的實驗顯示，種子以及我們與它們之間的密切關係，如何影響了我們認識大自然的方式，也讓我們看見了一個和達爾文所呈現的，同樣有意義、但頗不相同的演化過程。

達爾文和華萊士（和達爾文一起發現「物競天擇」演化理論的科學家）兩人都是在遙遠的地域旅行時有所發現：達爾文是在小獵犬號漫長的航程中，華萊士則是在馬來群島。這並非偶然。要了解大自然概括性的法則，你必須對大自然有廣泛的觀察。在陌生的地域看見奇特的生物，所帶來的新奇感受，使得兩人看出了他們在熟悉的事物中，可能看不出來的生命模式。

畢竟，一隻燕雀如果出現在你家後院，牠就只是一隻燕雀而已。儘管如此，要了解演化的具體細節，以及生物如何將各自的特徵傳給下一代，就需要近距離的細看了。孟德爾之所以能有新的發現，是因為他重新檢視了人類最熟知的一個自然體系。他雖然從未從事過農耕，但他使用了一些曾經被無數園丁和農人改良過的方法，並根據這些基本的農業知識得出了科學的遺傳法則。

考古學家挖掘古代部落的泥土時，會尋找裡面有沒有種子，藉以判定當時是否已經有農業。如果他們發現一些比野生種大的穀粒或堅果，就知道當時的人已經開始挑選具有有利特徵的植物。對農夫而言，這是再自然不過的事情。某一個下午，我曾經和諾亞一起剝玉米粒：把已經乾掉的玉米粒從穗軸上剝下來，然後丟到一個鐵碗裡。我們打算把它們全都磨成玉米粉，以便做成玉米糊。但如果要找一些種子來保存，我們當然知道應該怎樣做選擇：在那些又硬又老的玉米穗中，選一根玉米粒又肥又大、而且很容易從穗軸上剝落的；穀粒大、容易處理——這是值得傳下去的特性。

到了孟德爾的年代，植物育種已經發達到每個地區都有幾十種豌豆的程度，更別提大豆、萵苣、草莓、胡蘿蔔、小麥、番茄，和其他幾十種作物了。當時的人或許不懂得遺傳學，但大家都知道可以透過選擇育種的方式，大幅改變植物（和動物）的樣貌[7]。舉個例子，原先長在海岸地區、很像雜草的一種芥菜，最後變成了六、七種以上歐洲地區常見的蔬菜；那些想讓它的葉子變得好吃的農民，把它變成了高麗菜、綠葉甘藍和羽衣甘藍。選擇要有可食用側芽和花芽的人，就把它變成了球芽甘藍、花椰菜和青花菜。想要有肥壯粗莖的人，就將它培育成苤藍（大頭菜）。

有時候，改良作物品種的方法很簡單，只要保留最大顆的種子就行了，但有時候也挺複雜的。早在四千多年前，亞述人就開始非常小心的以人工方式為棗椰樹授粉。商朝（西元前一七六六～一一二二年）時，中國的釀酒師就已經培育出一種小米，必須小心的加以保護，以免它和其他品種雜交[8]。世界上最能表達「種植植物」和「研究植物」之間的自然連結的文化，或許是獅子山共和國的芒德人（Mende）；他們用來表達「實驗」這個意思的動詞，乃是來自「試種新的稻米」這個詞語。

孟德爾和他之前無數個植物育種人不同的地方在於：他不滿足於操控一個自己並不了解的系統。他有好奇心，有耐性，能夠堅持不懈，對數學也很在行。他花了八年的時間，細心培育他的豌豆，以便追蹤某些特徵在經過許多世代之後的表現，當中包括莖的長度、豆莢的顏色、花朵的位置、豆子表皮是皺還是光滑等等。他周詳的記錄了哪些母株生出哪種後代，並因此發現那些特徵的出現有一定模式。雖然當時的人（包括達爾文）大多相信，植物的生殖行為會導致後代融合兩個母株的特徵，但孟德爾知道這些特徵是分開來傳給下一代的。他發現每個個體都攜帶著同一個特徵的兩種變化，分別來自兩個母株，以不規則的方式呈現[9]，以現代的術語來說就是：每個個體所攜帶的每個基因中，都有兩個等位基因。有些等位基因是「顯性」的，總是會表現出來（例如光滑的豌豆）；另外一些則是「隱性」的（如表皮皺皺的豌豆），雖然存在，但並不會表現出來，一直要到某個個體擁有兩個隱性基因（遺傳學家所謂的「雙隱性基因」）時，才會表現出來。

時至今日，任何只要上過基礎生物學，做過潘乃特氏方格法（Punnett Square）練習的人，多少都會知道這些概念。事實上，大多數的教科書都用孟德爾的豌豆來當例子：將純種的皺豌豆和表面平滑的豌豆雜交，會生出表面光滑的下一代；但接下來的那一代，則會同時出現表面光滑和皺皺的碗豆，比例是三比一。這在現代已經是課堂裡的考試項目，但在一八六五年時，孟德爾是世上唯一了解這點的人。他從豆莢中剝下最後一粒豆子之後，便將這些革命性的發現整理成論文，但這篇著名且極具影響力的論文，至今卻沒有人讀過。

不到幾個星期，我種在浣熊小屋旁的豌豆就已全部發芽，並且長到蛞蝓吃不到的高度了。我在走廊上為它們搭建了一個臨時的格子棚架。到了六月時，它們已經蜿蜒爬到將近二公尺高；我從書桌後面的窗戶，可以看到它們所開的第一批紫色花朵。孟德爾形容豌豆的花很「奇特」，因為它們把重要部位隱藏在兩片狹窄的花瓣中。不過，這樣的排列方式倒是很適合進行控制授粉。我遵照孟德爾的詳細指示，先把那些嫩嫩的雄蕊摘下來，然後再把我挑選出來的花粉沾在雌蕊的柱頭上。當年孟德爾做這件事時，尚未發明棉花棒，因此我依照他的方式，很快就發現，只要把一朵花倒過來，就可以很妥當的把花粉撒在另外一朵花的柱頭上。此外，我也慢慢體會到他當年在園子裡所感受到的寧靜祥和氛圍，因為我們都是在春日的涼爽早晨，置身於鳥語花香之中進行授粉工作。

最後一個步驟是用小袋子包住花朵，以避免汙染。我用的是紙袋，而非印花棉布袋，但除此之外，我想我的這一畦豌豆應該和當年孟德爾的一模一樣。這也讓我想起在中美洲研究巴拿馬天蓬樹的日子，那些樹雖然生長在熱帶，而且可以長到四十五公尺高，但它們也屬於豆科植物，也會開出紫色的花朵。儘管我並未以人工方式為天蓬樹授粉，但我的博士論文仍然承襲了孟德爾的實驗。他讓我們看見種子的來源，使得一百五十年後的我可以透過種子裡的基因模式，來了解一個地區所有的天蓬樹：哪些樹在繁殖、它們的花粉散播得多遠、誰在幫它們運送種子等等。現代遺傳學所使用的工具或許和當年不同，但我相信孟德爾一定會了解我在那座雨林內做些什麼，而這些事又有什麼意義。不過，我仍然好奇：如果他知道日後自己將會感到失望，不知道還會不會那樣堅持不懈的為他的豌豆進行授粉。

當年孟德爾的豌豆論文發表之後便如石沉大海，沒有激起什麼反響。從一八六六年（他發表論文的那一年）到二十世紀初，他的《植物雜交實驗》被別的科學文獻引用的次數不到二十幾次。相反的，達爾文的著作則被引用了成千上萬次。當孟德爾在布爾諾的自然科學協會會議上報告他的研究成果時，沒有人提出一個問題。（雖然當地報紙有一份報導指出當時聽眾的反應「熱烈」，但有人認為這份報導可能是由孟德爾的一個朋友或甚至他本人所撰寫。）在他生前，只有少數人知道他的研究，而這些人不是懷疑他的研究結果，就是無法理解。他或許也從未和任何人暢談過這項研究的意義。更糟的是，他後來培育山柳菊（一種紫菀屬的小野花），企圖複製同樣的研究結果，卻沒有成功。這是因為孟德爾並不知道這種花很少授粉[10]；相反的，它們會像進行無性生殖一般，製造出古怪的種子，而且從這些種子身上看不出來自母株的遺傳。因此對於孟德爾來說，培育山柳菊並非合適的選擇。這讓他變得更加氣餒、懷疑和沮喪。

有些傳記作者形容孟德爾年輕時和藹可親，喜歡惡作劇，而且很受學生喜愛，但據說他到了後期愈來愈遠離人群，也逐漸放棄了科學研究。一八七八年時，一位外地來的種子商人向當時年事已高的孟德爾請教有關遺傳學的問題，後者顯然不願意開口。那名商人表示：「奇怪的是，當我問孟德爾有關他的豌豆實驗的事情時，他刻意轉移了話題[11]。」

我們無法得知當時孟德爾心裡是怎麼想，但有一件事顯示他對自己的研究結果一直懷有信心，也知道這些結果終究會造成很大的影響。在他過世（一八八四年）後許久，他在修道院的一位同事曾經表示，孟德爾很喜歡說一句話：「屬於我的時代必將到來。」

而我的豌豆也到了可以收成的時候；那是夏末時節，在炎熱的天氣中，豆藤已乾枯下垂，豆莢也變黃了，裡面的豆子也已經成熟而乾燥。當年孟德爾雖然經常獨自工作，但修道院裡有幾個見習修士以及一個受過訓練的助手會幫他的忙，但我手下只有一位三歲小兒。不過由於諾亞對任何與種子有關的活動都很熱中，因此他看起來興致勃勃。我們把豆藤拔起來，坐在陰涼的走廊上，開始剝豆莢裡的豌豆。然後，諾亞以迅雷不及掩耳的速度抓起一把豆子便塞進嘴裡。幾年前，我曾經犯過一個錯：在設陷阱捕捉哺乳動物時帶了一條狗同行，結果在捉到第一隻動物時，那條狗便撲了過去把牠給吃了。那可是我要用來做統計的資料呀！幸好這回我的資料沒被毀掉，因為諾亞立刻就把那些豆子吐了出來，因為這些豌豆已經成熟了，就像生的扁豆一樣又硬又乾，不像媽媽菜園裡的豆子那麼甜。他一句話也沒說，只是帶著嫌惡的表情看了我一眼，讓我想起有一天早上，他吃了我端給他的早餐之後，說出了如下的評論：「媽媽煮菜，爸爸煮屎。」

在剝著那堆豆莢時，我再度體會到孟德爾當年是多麼有耐性，要把那麼多的豌豆數完又是多麼浩大的工程。儘管我的收成很有限（有一部分被一種出乎我意料的害蟲吃了，這點我將會在第八章中討論），但是等到我們把最後一顆豌豆挖出來時，已經開始感覺有些乏味了。不過，這種單調感也很令人著迷——事實上，這是我這次實驗的重點。我複製了孟德爾第一代的實驗：讓兩個不同品種的純種豌豆雜交，其中一種是又圓又光滑的符騰堡豌豆；另一種則是美國品種的Bill Jump，它的豆子很明顯都是皺皺的。如果孟德爾的理論正確，則屬於「顯性」的平滑基因應該會完全擊敗Bill Jump的皺皮基因。現在，歷經好幾個月的照料之後，結果果然完全在意料之中：我種出了一小罐又圓又光滑的豌豆，彷彿Bill Jump的基因完全消失了。我抓起一把豆子在手中摩搓，想到當年孟德爾在這樣的時刻想必有一種心滿意足的感受，因為他對一個系統的了解已經到了可以預測其結果的程度。

當我們已經知道某件事情時，就很難想像它曾經是個謎。但在孟德爾的發現之後，有好幾十年的時間，一直沒有人像他那樣窺見遺傳的奧祕。他在布爾諾終老，死時沒沒無聞。而同一時期，世界各地的科學家卻仍舊極力想了解，生物如何將其特徵傳給下一代。一八九九年時，一位滿懷挫折的植物學家曾說：「我們不需要更多有關演化的一般概念，需要的是有關特定的生物形式[12]如何演化的詳盡知識。」翌年，他的願望果然成真。有三位科學家發表了和孟德爾一樣的研究結果，從此開啟了現代遺傳學的研究領域。這三位科學家不約而同分別複製了孟德爾研究的某些面向，並達成相似的結論。此外，他們也不約而同採取和孟德爾一樣的實驗方法：控制授粉的過程，並檢視玉米、罌粟花、桂竹香、月見草和豌豆等種子植物的特徵。

在大自然中，種子內的基因不斷混合，使得它們具有極大的演化潛能。相較於孢子植物沒有章法，而且往往是自體誘導的生殖行為，種子是以規律、直接的方式，將來自兩個母株的基因混合在一起，而且它們所採用的開花策略愈來愈複雜精細。這樣的模式，使得種子植物愈趨多樣化，並得以稱霸地表幾乎每一個生長地，也加速了種子其他特性的發展（這點我們稍後將會談到）。除此之外，它也讓人類得以培育出像四季豆和楊桃等各式各樣的作物，並讓我們得以對演化過程有深刻的理解。然而，種子內的基因如果缺少另外一個往往被我們視為理所當然的特性，它們就不可能對人類如此有用了。

在培育出一個世代的光滑豌豆之後，我和孟德爾的距離更近了。但我還想再花一年的時間繼續進行他這個優雅的實驗，以便像他一樣親眼目睹那著名的三比一[13]的結果。如果潘乃特式方格法值得信賴，我應該可以用今年混種的豌豆，培育出一定數量的雙隱性基因豌豆，也就是像純種的Bill Jump那樣外表皺皺的豆子。而我之所以能夠這麼做，純粹是因為我知道，我放在浣熊小屋架子上的那包乾燥豌豆，到了明年的總統日時仍然不會壞掉。

事實上，那些豆子可以保存兩、三年，甚至更久，在一種特別的假死狀態下沉睡。園丁依賴這個特性，植物育種人士亦然。此外，從豌豆到雨林樹木，到高山草原上的野花，所有種子植物的生態都仰賴這個特性。然而，一顆種子在發芽之前，究竟如何能夠在長達幾年，甚至幾百年的時間之內，一直維持在冬眠狀態？這到目前為止仍是一個謎，而科學家們才正要開始了解而已。

種子的耐受力

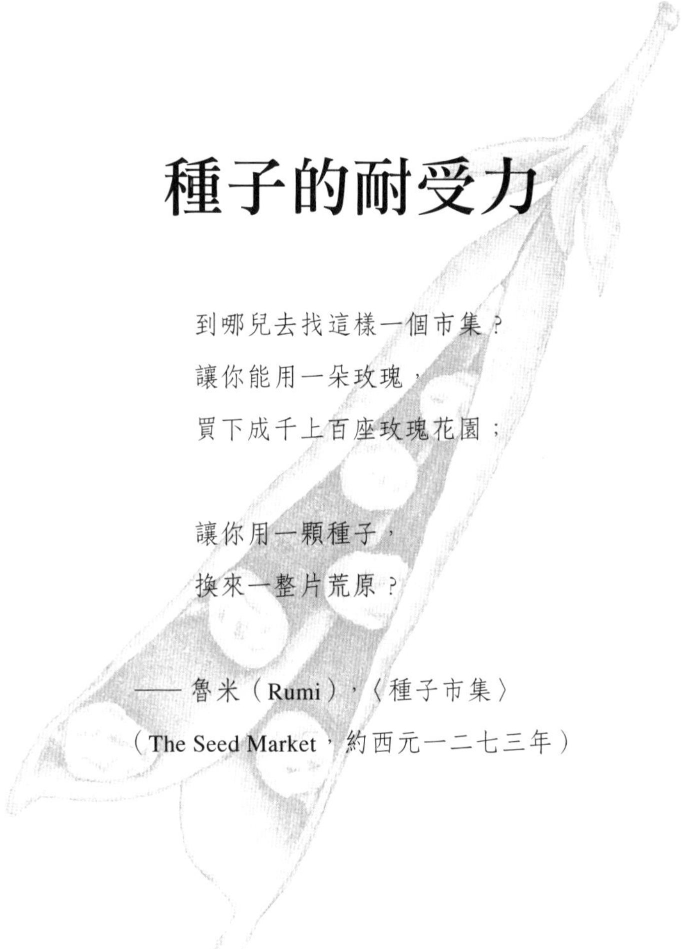

到哪兒去找這樣一個市集？
讓你能用一朵玫瑰，
買下成千上百座玫瑰花園；

讓你用一顆種子，
換來一整片荒原？

——魯米（Rumi），〈種子市集〉
（The Seed Market，約西元一二七三年）

6 瑪士撒拉

小麥堆積如山，足供圍城內的居民食用很長一段時間；葡萄酒和油也多得是，還有一堆堆各色的豆類和椰棗。

——歷史學家約瑟夫斯（Flavius Josephus）描述馬薩達（Masada）糧倉內的景象，《猶太戰記》（*History of the Jewish Wars*，約西元七五年）

西元七二至七三年冬天，羅馬將軍席爾瓦（Flavius Silva）抵達馬薩達堡壘基地。根據歷史記載，當時他帶著一整個軍團的士兵以及成千上萬名奴隸和隨營人員。史書中並未述及他抵達時的心境，不過只要看過馬薩達堡壘的人，應該都知道當時他腦海中所浮現的必然是類似「靠，這下可費事了！」這樣的字眼。

馬薩達堡壘位於一座高達三百二十公尺的岩石山頂，四周都是懸崖峭壁，還有配備砲台的

圖6.1：這幅一八五八年由畫家愛德華・李爾（Edward Lear）所畫的〈死海上的馬薩達〉（Masada on the Dead Sea），顯示了馬薩達堡壘的難以攻略。從畫面右方往上升起的山脊，清楚可見其敵手羅馬人所建的古老路堤。WIKIMEDIA COMMONS.

城牆、瞭望台，以及兵器充足的軍械庫。它居高臨下，可俯瞰四面八方，只有少數道路可以通達，其中之一便是陡峭曲折、名字不太吉利的「蛇路」（snake path）。更何況，守衛馬薩達的是一群凶猛的猶太反叛分子，名叫西卡里人（這些人因其用來刺殺敵人的恐怖匕首西卡里〔sicarii〕而得名）。此外，席爾瓦將軍必然也意識到，當他和軍隊被迫在堡壘外嚴酷的岩漠中紮營時，堡內的叛軍卻能住在當初希律王（馬薩達的創建者）命人建造的各式莊園和宮殿中。

後來羅馬人展開了長期的包圍，因為西卡里人是最後一批反抗羅馬的猶太人，而席爾瓦的任務便是要鎮壓他們。他手下的工兵花了好幾個月的時間，在山的西邊建造了一座有如地面的一波巨浪般的路堤（其遺跡目前仍清晰可見）。完工後，羅馬士兵便行進到堤頂，用破城鎚將城牆撞出一個缺口，接著迅速占領了馬薩達。這次勝利讓席爾瓦將軍從此官運亨通，後來他擔任猶太行省總督長達八年的時間，之後又回到羅馬擔任執政官（這是僅次於皇帝的一個官位）。然而，如今看來，馬薩達圍城之役不僅在猶太民族主義運動史上留下了輝煌的一頁，對錢幣收藏家和人類對種子休眠狀態的了解也意義非凡。

當席爾瓦的士兵進入馬薩達時，原本預期會遭遇一群揮舞著匕首的戰士，但他們卻發現堡壘內一片死寂，令人毛骨悚然。原來城裡近一千名孩童，不分男女，因為不願投降或被俘，便集體自盡。他們奮勇抵抗犧牲的故事，從此成為猶太人心目中堅忍不拔的象徵[1]，具有近乎神話般的地位。在後來猶太人追求建國的過程中，以色列的領袖都將馬薩達視為民族團結和決心的象徵。數十年來，以色列的童子軍和士兵，都會將行走「蛇路」當做成年禮的儀式，而馬薩達也成為當今以色列最受歡迎的景點之一。席爾瓦如果重返此地，可以搭纜車到山頂，也會看到那裡的所有物品（無論是T恤還是咖啡杯）都印著「馬薩達將永不再淪陷」（Masada Shall Not Fall Again）的字樣。

然而，在錢幣收藏家和種子專家的心目中，馬薩達人民捍衛城池的英勇事蹟，或許比不上他們所遺留下來的東西。當年西卡里人由於不想讓羅馬人取得任何有價值的東西，便將他們的所有財產和糧食搬到一座中央倉庫內，然後放火焚燒[2]。那些木梁和屋椽燒毀時，倉庫的石牆便向內坍塌，形成一堆瓦礫，此後將近二千年一直原封不動。一九六〇年代，考古學家在挖掘這堆瓦礫時，起出了一批貴重的古代金幣，終於解答長年以來有關猶太人貨幣[3]的幾個爭議。其中許多金幣上都有著猶太棗椰樹優雅的圓弧葉子圖案。這並不令人意外，因為這種樹的果實（椰棗）既是當地主要的農作物，也是利潤很高的出口商品。據說，奧古斯都皇帝很愛吃椰棗，於是從加利利海往南到死海湖濱的約旦河沿岸，都布滿了面積遼闊的棗椰園。這個考古隊伍在起出金幣之後，繼續向下挖掘，不久便發現了各式糧食，包括食鹽、穀物、橄欖油、葡萄酒、石榴，和大量的椰棗。這些椰棗保存得非常良好，它們的種子外層還可以看到些許果肉。

既然椰棗是當地最出名的作物，西卡

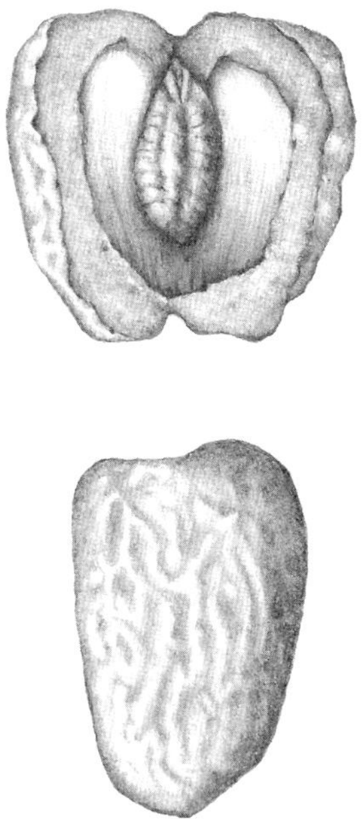

圖6.2：椰棗（*Phoenix dactylifera*）。因其果實甜美，自古以來人們便有種植，棗椰樹的種子也是長壽紀錄的保持者。從馬薩達堡壘遺跡尋獲的一顆椰棗種子，在沉睡將近二千年後再次發芽。ILLUSTRATION © 2014 BY SUZANNE OLIVE.

里人加以大量儲存自然不足為奇；但在馬薩達發現椰棗是一件大事，因為儘管《聖經》和《古蘭經》中都曾經提到這種作物，同時人人都盛讚它的甜美，包括古希臘哲學家泰奧弗拉斯托斯和古羅馬博物學者老普林尼（Pliny the Elder）。但生長在猶太山地的那個特有品種，已經因為氣候變易和聚落形態[4]變遷消失許久了。千百年來，這是人們首次可以看到並觸碰到這種曾經是希律王主要收入來源的果實。但接下來所發生的事更令人矚目；在博物館的工作人員將這些椰棗加以清洗、標示並編目之後，過了四十年，終於有人決定要把其中一顆拿去種。

「我當時豈止是欣喜若狂。」伊蕾恩・索羅威（Elaine Solowey）回想二〇〇五年春天，她看到一個嫩芽已經從盆栽土中探出頭來的情景。身為以色列內蓋夫沙漠（Negev Desert）地區一座集體農場（kibbutz）的農業專家，索羅威博士在試種這些馬薩達棗椰樹之前，曾經種過「幾十萬棵樹木」。「當時我並沒有預期會有什麼成果。」她坦承，「我以為那些種子都已經死透了。」索羅威表示，這個主意是她的工作夥伴莎拉・薩隆（Sarah Sallon）想出來的。

「這似乎是註定好的。」薩隆在電話中表示。「老實告訴你，我原本就預料會有這樣的結果。」當時在耶路撒冷已經是晚上十點，她已經工作了一整天，但還是滿懷熱忱的和我聊了起來，而且居然還可以一邊和她隔壁房間裡的兒子說話，甚至弄飯給他吃。她那無窮的精力讓我不禁心想，那顆棗椰樹種子是否因為被她撫摸過，才能爆出生命的火花，長出芽來。薩隆原本受的是小兒科醫師訓練，但如今已成為天然藥物（尤其是提煉自以色列本土植物的藥物）的世界級專家。她的實驗小組和索羅威的田野小組一起合作，共同培育並測試數十種不同的藥草。「不過，後來我對從前本地所生長的藥用植物也產生了興趣，」她說，「我指的是那些已經消失的植物。」古代的療癒師會用猶太山地出產的椰棗治療各式各樣的疾病，包括憂鬱症、肺結核，以及一般的疼痛等等。「如果能讓它重新復活，說不定會有更好的用途。」

那棵出乎索羅威的意料居然發了芽的棗椰樹，現在已經長到三公尺高，而且有了一個名字：「瑪土撒拉」（Methuselah）。這是希伯來《聖經》中所提到最長壽的人物名字。但《聖經》中的瑪土撒拉只有九百六十九歲，和這棵小小的棗椰樹比起來，還不到中年呢。科學家用放射性碳定年法檢測後，發現馬薩達的那些椰棗在堡壘淪陷之前，可能已經貯存在那裡好幾十年了。「瑪土撒拉」看起來或許很年輕，但他已經活了將近二千年，可說是地球上最古老的生物之一。到了這樣的年紀，受到一些尊榮的禮遇也是理所當然的吧！「我們幫他建造了一座有門的專屬園子，有他專屬的澆水設備、防盜裝置和監控攝影機。」伊蕾恩笑道。「毫無疑問，他是一棵萬事俱足的樹。」

伊蕾恩之所以用陽性代名詞「他」來指稱「瑪土撒拉」，是因為棗椰樹是雌雄異花的樹種，而且在二〇一二年「瑪土撒拉」首度開花時，他的花朵上有滿滿的花粉。要徹底讓猶太山地的棗椰樹復活，必須要有人同時讓一顆雌性的種子發芽才行。當我問莎拉，他們是否正在進行這樣的工作時，她幾乎是脫口而出：「那當然！但我還不能告訴你。」對科學家們而言，在所有的數據都經過分析、檢驗和發表之前就透露研究的內容，向來都不是個好主意。不過，到了本書付梓時，莎拉和伊蕾恩可能已經向世人公布她們的研究結果了。如果一切順利，那些研究成果將可以告訴我們：猶太山地的棗椰樹為何能活這麼久、它們的確切風味和甜度如何，以及它們是否真的能夠治好頭痛。

「瑪士撒拉」是目前已知最古老的自然發芽種子[5]。它那不可思議的生命力，讓馬薩達人民壯烈殉城的故事，有了一個恰當、和平的結局，也讓猶太山地的棗椰樹有可能再度在約旦河谷繁茂生長[6]。但它可不是唯一出人意料、突然復活的古老種子。

一九四〇年時，德軍的一顆炸彈擊中了大英博物館的植物學部門，在消防人員把火撲滅並清除瓦礫之後，博物館的工作人員重返現場時，竟發現他們的一些種子標本發芽了。原來這些在一七九三年採集自中國的合歡樹種子，在受到熱氣、溼氣的影響下開始發芽，並長出了看起來很正常的幼苗。（其中三棵被種在附近的切爾西藥用植物園，但在一九四一年時再度遭到轟炸。）

這個消息對當時研究種子壽命的學者而言，可說是一大震撼。從此，認真的植物學家們便開始不斷刷新種子的長壽紀錄：風輪花種子和在一處私掠船的藏寶處發現的一些非洲花草的種子，可以活到二百年；被保存在一個美國原住民的博浪鼓裡的美人蕉種子，可以活上六百年；採集自一處乾枯湖床的印度蓮花種子，在一千三百年後仍有生命。最令人振奮的消息來自遠北極（high Arctic），那裡的一個團隊最近移植了一粒在松鼠地道中、被凍了三萬年以上的小芥菜種子的活組織；這顆種子本身並不能發芽，但它有一些部分居然可以存活這麼久，顯示「瑪土撒拉」的紀錄遲早會被打破。

我問薩隆種子的休眠期最長可以達到多久時，她答道：「種子的生命可能無窮無盡。」伊蕾恩的回答則比較平淡，但可能比較接近事實；她說，所有的種子最終都會死亡，其中大多數都會在幾年或幾十年之內死亡。但「瑪土撒拉」被發現的場所是個「完美地點」：它被埋在一座倒塌的建築底下，處於極度乾燥的環境中，不受蟲子、齧齒動物的侵擾，以及溼氣和陽光的損害。

十九世紀，當歐洲和北美地區吹起一股埃及古物的風潮時，有人宣稱那些被埋在法老王墳墓裡的穀物和豌豆也同樣保存得很好。當地有些不肖嚮導靠著販賣「木乃伊小麥」給遊客而大發利市。《哈潑雜誌》（*Harper's*）和《園丁紀事》（*The Gardeners' Chronicle*）等主流雜誌也宣稱，這種小麥不僅產量驚人，還有益健康。即使到了今天，「圖坦卡門法老豌豆」（King Tut

Peas）仍然是種子型錄中的主要商品。儘管沒有證據能說明法老王種子的真實性，但「瑪土撒拉」的故事顯示，這些說法或許並非完全不可信。

讓古代的植物得以復活，固然是可以博得頭條新聞版面的科學實驗，但這只是一個極端的例子。事實上，這是種子一直在做的事情。就最廣泛的定義而言，休眠期（無論多長）指的是，種子成熟後到發芽前，那一段安安靜靜、暫時停止活動的時期。市售的小包裝園藝種子都處於休眠狀態，你為了種出草坪而撒在前院裡的那些草籽也是；它們都乾燥、堅硬、便於貯存，一旦碰到潮溼的土壤就會發芽。如果種子沒有休眠期，農夫和園丁就無法將它們留下來供日後播種之用。穀物、豆類或堅果也無法在我們的餐櫥和食品櫃裡擺那麼久。我們已經把這個現象視為理所當然，但如果種子無法持續保存幾個月或幾年，我們的整個食物生產體系就無法運作。不過，種子的耐久力對人類和農業來說固然很重要，對於植物本身其實更加重要。

如果你曾經吹過蒲公英花莖上的絨毛球，應該很熟悉種子透過空間散播的概念。休眠期則讓種子得以透過時間來散播。它讓植物可以把它們的種子放在將來某個特定的時間點，等到情況合適的時候再發芽。種子如果壽命很長，就代表植物的嬰兒在下一個適合生長的季節來臨之前，即使面臨寒冬、乾旱或其他障礙，仍然可以存活。此外，就算哪一年發生了洪水、大火或其他偶發事件，以致所有的幼苗無一倖存，那些休眠的種子仍然會待在土壤裡，等待另外一次機會。這樣的特性，讓那些生長在嚴酷、不可測或極具季節性的氣候中的種子植物，擁有明顯的演化優勢。這非常吻合比爾．狄米歐的理論：種子是在石炭紀乾旱、嚴峻的高地演化出來的。因為有了休眠期，種子得以比它們的對手（那些短命的孢子植物）更占上風。這也說明，為何在幾乎每一種環境中（熱帶雨林除外），休眠期都是種子所採用的首要策略。因為熱帶雨林的天氣終年都適於生長，因此那裡的種子最好立刻發芽，以避免面臨腐爛、遭受蟲害或被動物吃掉等更大的危險。

最初發明休眠期的植物所做的，或許只是讓它們的種子早早落地而已。這些尚未成熟的種子，並沒有任何適應環境的特殊裝備，它們只是需要更多的時間發育，才能達到足以發芽的狀態。時至今日，仍有幾種植物採取這樣的方式；只要試種過歐芹的人應該都知道，歐芹需要很長的時間才會發芽，因為它細小的胚胎得花許多天的時間在種子內長大，才能大到足以發芽的程度。但大多數植物後來都逐漸習慣讓它們的種子在母體上待久一點，並且讓它們變得更乾燥，甚至將它們的含水量降到只有百分之五的程度；這是種子的新陳代謝率之所以能夠降低最關鍵的因素，這點我們將會在下一章中做詳細討論。無論如何，種子脫去水分之後，便得以迅速發展出各式各樣複雜的、幾近神祕的休眠策略。

大致上來說，休眠期（無論長短）的廣泛定義，便是種子成熟後、發芽前，暫時停止活動的一段時間。不過有些專家認為，例如凱蘿．巴斯金，有些種子純粹是沒有生氣，有些則是真正處在休眠狀態；兩者有所不同。

「如果一顆種子真的處於休眠狀態，即使你在合適的溫度下把它放在潮溼的基質上，它也不會發芽。」凱蘿．巴斯金告訴我。換句話說，休眠期的種子並不只是坐在那兒等待有雨水和陽光的日子。根據巴斯金的定義，一顆種子必須積極運用各式各樣的招數來推遲發芽的時刻，才能算是處於休眠期。但這聽起來並不符合我們的直覺：種子生來不就是為了要發芽嗎？這讓種子能以一種精細複雜的方式，與天氣、陽光、土壤狀況和其他環境因素互動。

溫帶地區的種子，最常使用的策略與氣候有關。它們必須經過長時間的寒冬，才能在溫暖的春天裡發芽。此外，它們對光線也有要求，而且這些要求可能出奇的明確。有些野芥菜的種子即使埋在近二公尺深的積雪之下，對光線照射的角度和日照時間長短的變化，還是會有所反應。而森林中的許多種植物，則能夠辨認充分的日照（發芽的好機會）和從樹葉之間滲進來的遠紅外線波（太陰暗了）之間的不同。無論它們有什麼需求，休眠期的種子在條件完全合適之前，無法也不會發芽。

「它們之所以會演化成這樣，主要是基於幼苗而非種子的需求。」凱蘿解釋。雖然種子在任何一個潮溼的時刻都有可能發芽，但真正重要的是接下來所發生的事。如果種子在不對的季節發芽，並且很快就因為缺水、寒冷、熱氣或沒有陽光而死亡，那母株投注在培育和散播種子上的所有精力都付諸流水了。由於賭注太大，它們便演化成如今的面貌，讓它們的種子必須在接收到特定的信號後，才能從休眠狀態中醒來。

有些生長在容易發生火災地區的植物，更發展出極為精密的系統。當它們的生長地發生火災，將許多樹木燒毀，讓它們有更多生長的空間，同時灰燼中也釋放出大量的營養素時，它們的幼苗長得最好。這類植物包括某些相思樹、漆樹、岩薔薇和金雀花等等。它們的種子往往保持在完全不透水，或無法吸水的狀態，直到熾熱的大火使得它們的種皮裂開，或者拔掉種子裡的小塞子，讓溼氣可以滲進去為止。有些植物也需要暴露在煙霧的熱氣中，有些則會對部分燒焦木頭所釋放出的某些特定化學物質起反應。有些催芽專家會在實驗室中將種子迅速燒過，並用煙霧來噴它們，以期模擬野火發生時的狀態。

對於沙漠植物來說，它們所面對的挑戰在於如何區分偶爾降下的大雨和持續的雨季，因為後者才能真正讓它們的幼苗得到水分的滋養。至於它們是如何做到的，目前仍有爭議。但有些專家相信，這是因為它們的種皮裡含有能夠測量雨水多寡的化學元素；這些化學元素能夠抑制發芽，直到適量的雨水將它們溶掉為止。

對凱蘿·巴斯金和她的丈夫傑瑞而言，種子生物學中最有趣的面向，莫過於種子如何休眠，又需要什麼條件才能將它們喚醒。「這點讓我們深深著迷。」她告訴我。她和傑瑞發現種子的休眠一共分成十五個類型和程度，而且每一類都有許多變化。這些變化是根據種子休眠的成因（例如：種皮不能透水、胚胎尚未發育完成、受到某種化學元素或環境的限制等等）以及休眠的「深度」（克服休眠期的困難度）而定。從他們在肯塔基的自家後院到夏威夷的山上，再到中國東北部的寒冷沙漠，這對夫婦不斷有新的發現。他們之所以樂此不疲，是因為我們不甚了解種子的休眠過程。大家一致認為，乾燥是一個很重要的因素，而且科學家們已經知道其中所牽涉到的許多化學元素和基因，但一顆看起來沒有生命的種子，究竟如何辨識霜雪、煙霧、熱氣、白晝的長短，以及陽光中各種波長的比率，仍是一個謎團；就連休眠期和發芽期的界線都模糊不清。

無論在科學上或日常生活中，我們都有可能對某件事情知之甚詳，卻不懂得其中的原理。舉個例子，我知道我打開電腦的時候會發生什麼事，我可以打字、上網，或給我兒子的爺爺奶奶寄email或照片，讓他們知道他最近又做了哪些滑稽搞笑的事情。但是我對電腦實際運作的過程毫無概念，這點從我經常打電話給技術支援部門就可見一斑。有關種子休眠的科學比電腦更加先進，但目前我們所知仍然不多，這正是最令人興奮的地方。

在我和凱蘿談話的末了，我問她種子的休眠是否可以用「暫停生命現象」（suspended

animation）來比喻（當科學無法提供完整的答案時，我們不免會轉向科幻小說）。「並不盡然。」她答道。「因為這時種子還有活動。」她的回答令我莞爾——只有種子生物學家才會說一顆又硬又乾、一動也不動的休眠種子「還有活動」。但凱蘿和其他許多專家都相信，種子就像其他生物一樣，仍然在進行新陳代謝作用，只不過很慢、很慢而已。

在H．G．威爾斯（H.G. Wells）的經典小說《沉睡者甦醒》（*The Sleeper Awakes*）中，主角開張眼睛時，發現這個世界已經變了。經過了二百年，他認識的每個人都不在了。好消息是，他的存款帳戶已經累積了許多利息，讓他足以成為史上最富有的人。對種子來說，休眠的經驗也可能類似這樣吧。畢竟，「瑪土撒拉」醒來之後就有了自己的專屬庭園。但種子沉睡的時間通常只有一個季節、幾年或幾十年。不過，它們所得到的報酬還是很高：它們會置身於有利的生長環境，如果運氣好，還會有一方沃土。在威爾斯的那部小說裡，「沉睡者」醒來後，立刻碰到了一些穿著奇怪袍子的人要阻止他把錢領走。種子也是一樣，它們醒過來之後也必須和一些奇怪的夥伴競爭，因為在它們沉睡期間以及之前的許多年，其他各式各樣的種子已經進駐附近的土壤了。

在大自然中，你再也找不到一個像土壤種子庫這樣特別的地方了。如果種子的休眠期可以比喻為「暫停生命現象」，則土壤裡的種子庫就代表暫停競爭的狀態：數十萬個來自各個物種、各個世代的競爭對手，全都一起躺在那兒等待。當合適的生長狀況突然出現時（尤其是在一場火災或其他的騷亂之後），就會引發一場激烈的競爭，因為大家都想爭取一席立足之地。在必須和這麼多的對手做近距離競爭的情況下，種子們不得不競相設法演化，因此無論是種子的大小、發芽的速度，或儲備糧食的品質和數量，都會受到影響。有些專家甚至認為，種子庫甚至促使植物產生新的基因變異，因為較老的種子的ＤＮＡ往往會開始退化，並產生愈來愈多怪異的突變。它們的樣式之多、壽命之長，甚至可能會讓對那些研究種子庫的人，忍不住想用科學界最罕用的標點符號：驚歎號。達爾文就曾經在三大匙（「只有一個早餐杯的分量！」）的池塘淤泥中，讓五百三十七顆種子發出芽來。

由於種子能夠活這麼久，因此透過種子庫，我們可以一窺過往。就「瑪土撒拉」的例子而言，所謂的「庫」乃是古代的一座倉庫，但即使是在大自然的環境中，被保存在土壤中的種子，往往包括那些已經從地面上消失的物種。生態學家想要了解某個棲地過去曾經有過哪些植物時，往往會在土壤種子庫中尋找線索。達爾文之所以開始對種子著迷，是因為他發現有人在陰暗的森林中開挖一條路的路基時，就會有木槿（一種長在田野和花園中的植物）發芽。他的結論是：那些種子必然是從前那裡還是空曠的耕地、尚未長出樹木時留下來的，已經在土壤裡「待了許久」。最戲劇化的例子，發生在土壤有了變動，使得久被遺忘的種子庫暴露出來的時候。有時候，這樣的狀況會發生在讓人意想不到的地方。一六六七年春天，倫敦市民很驚訝的發現，他們的城市突然成了一片花海。泰晤士河以北，突然出現了一大片、一大片金色的芥菜花和其他野花。原來，六個月之前那裡曾經發生一場大火，燒毀了成千上萬棟住宅和建築，使得地面和其下一個被埋藏了幾個世代的種子庫都暴露出來了。

種子庫或許讓我們窺見了過去的情景，但對植物而言，種子的休眠仍然是以未來為目標：把它們的後代散播到未來。這點或許沒有人比那些園丁和農夫更加清楚，因為他們年復一年都在拔除同一塊土地不斷長出來的雜草。事實上，正是這樣一群挫敗的農夫激發了威廉．詹姆斯．比爾（William James Beal）的靈感，使他開始進行一項實驗，而且這項實驗後來成為歷史上為期最久的科學實驗之一。比爾是密西根農學院（現在的密西根州立大學）的植物學教授，一八七九年時，他應當地農民的呼籲，展開了一項計畫。這些農民想知道，要經過多少年才能把他們田裡的野草完全拔光。為了找出答案，比爾便在他辦公室附近的一座小山上，小心的埋下二十個玻璃瓶。每個瓶子裡都裝著五十顆種子，分別來自當地的二十三種野草，以便能夠「在未來的不同時間點，測試它們的狀況」。

在接下來的三十年當中，比爾每隔五年便把一個瓶子挖出來，把裡面的種子種下去，然後追蹤它們當中有多少還會發芽。他退休時，把這項實驗移交給一位比較年輕的同事，還附上一張「藏寶圖」，提示埋藏種子的祕密地點。後來幾位接手的人延長了實驗時間，打算到二一〇〇年才把比爾的最後一個瓶子挖出來。

我們不知道當年那些農民的後代是否仍在耕作同一塊田地，但如果是的話，他們應該還是會繼續拔除類似毛瓣毛蕊花和圓葉錦葵這樣的雜草，因為二〇〇〇年比爾的一個瓶子被挖出來之後，裡面這兩種草的種子很快就發芽了。當時它們已經在土壤裡待了一百二十年。

現在有許多人認為比爾的實驗很新奇，是十九世紀博物學家的作風。他這個簡單的構想，如今仍然每隔幾年就提醒我們種子可以活得很久、很久。不過，儘管現代的研究方法愈趨複雜，但當年比爾的研究預示了後來種子研究的重大發展。如今，科學家們已經將來自成千上萬種植物的數十億顆種子保存下來供未來之用，不過這些種子現在已經不是被放在瓶子裡，而是儲存在有嚴密保全措施的庫房和嚴寒的北極洞穴內。而負責這些計畫的人士也像比爾一樣，每隔一陣子就把這些種子拿出來，讓它們發芽。但和比爾不同的是：他們這樣做的目的，並不是要了解從前的種子庫，而是要創造新的。

存進種子銀行

這項工作的負責人是瓦維洛夫教授……他利用他在突厥斯坦、阿富汗及附近國家旅遊的時間，以及與許多人通信的方式，大規模的蒐羅小麥、大麥、黑麥、小米和亞麻等種子。他們的總部位在列寧格勒一棟很大的建築中，簡直可說是一座活生生、由種子所代表的經濟作物博物館。

——威廉．貝特森（William Bateson），《俄羅斯的科學》（*Science in Russia*, 1925）

馬齒水庫（Horsetooth Reservoir）坐落於科羅拉多州科林斯堡（Fort Collins）正西方一座綿延十．五公里的峽谷，共有四座蓄水壩。在鎮上的好幾個地方，都可以清楚看見那些水壩的高聳土牆。萬一其中一座或幾座崩塌，不到三十分鐘，洪水就會沖到市中心，當地人員根本來不及撤離。根據政府的一項研究報告，屆時科林斯堡全市或部分區域，以及下游的好幾個社區，

「將會受到嚴重的損害或毀壞」，預估災後重建和復原的經費將超過六十億美元。

不過，其中有一座建築應該會完好無恙；它位於科羅拉多州立大學邊緣，介於該校大學儲備軍官訓練中心和田徑場之間；門上的招牌寫著「國家基因資源保存中心」（National Center for Genetic Resources），不過大多數人所記得的仍是它從前的名稱：國家種子銀行（National Seed Bank）。偶然路過此地的人絕不可能會猜想到，它那單調的空心磚牆內，有著一間間可以承受地震、暴風雪、長期停電和大火等各種災害的實驗室和低溫庫房。萬一馬齒水庫的水壩不幸真的破裂，這整棟建築還可以浮起來。

「我們的地基有兩層，就像是建築中的建築。」克莉絲汀娜．華特絲（Christina Walters）解釋，當時我們正通過一道寬敞的內門。收藏種子的地方位於整棟建築的正中央，即使遭遇三公尺高的洪水也安全無虞。「他們當初也有考慮到龍捲風。」她補充道。「這裡的牆壁用的是鋼筋混凝土。即使你開著一輛時速一百二十公里的凱迪拉克衝撞，也無法損害這個地方。」我不清楚為什麼會有人想用一台凱迪拉克轎車攻擊國家種子銀行，但一想到這個畫面，我不禁笑了起來。和克莉絲汀娜．華特絲在一起時，我時常大笑。她是個很有活力的中年女子，談到有關種子的事情時既熱情又幽默，頗為迷人。她每次說完一個笑話，即使過了很久，眼裡還是充滿笑意。「我們進去吧。」她說，這時我們面前的門突然打開了。我們走過一排又一排的架子時，裡面的燈便自動亮了起來。這些架子都很長，而且可以移動，就像是圖書館為了節省空間所用的那些書架一樣。由於裡面收藏的種子樣本超過二十億個，因此空間在國家種子銀行格外珍貴。

「我們隸屬於農業部，因此我們的收藏當然是以作物為主。」克莉絲汀娜解釋。他們收藏了你所能想像的每一種糧食作物，以及它們野生的近親。他們的目標不只是儲備大眾化的作物，也要儲存讓這些作物有用的基因，包括微妙的風味、營養成分、耐旱性、抗病能力等。各個種子銀行之所以儲存成千上萬個不同的物種，是為了一個更大的目標：保存生物的多樣性，並進一步加以了解。「這是什麼？」克莉絲汀娜從最近的一個架子上拿起一個銀箔紙袋。「啊，高粱。」她說，「我喜歡高粱。」

事實上，我相信克莉絲汀娜對於工作的熱愛更甚於高粱。一九八六年她進入國家種子銀行時只是個博士後研究員，之後便一路晉升，負責管理整個研究部門，包括種子的發芽和遺傳學等。就像戴瑞克．波利一樣，她說她之所以如此熱愛植物，是因為她的爺爺有一座農場。她的原生家庭經常搬遷，從來不曾有過一座花園，但她記得曾經央求媽媽，為她購買雜貨店賣的小型觀賞植物。「不過就是一些唇形科的植物。」她笑道。「你知道，有紫色葉子的那種！」上了大學後，她開始把研究重點放在種子上，期間也有不太順利的時候。有一位教授就曾經建議她最好研究「真正的植物」。但她仍堅持下去，專門研究種子的脫水、壽命和生理機能。在三十年之後的今天，世上很少人比她更了解，休眠期間種子裡所發生和沒發生的事。

「我已經在這裡待得夠久了。」她突然把那包高粱放回架上，往門口的方向走去。我欣然跟隨在後。種子在低溫的狀態下，保存時間會長很多，因此種子銀行裡有大型的冷藏設備，讓收藏室的溫度保持在攝氏負十八度。這時我們已經開始發抖，腳邊也霧氣繚繞。我終於明白，為什麼外面的衣架上掛著這麼多的連帽毛皮外套和冬天的夾克。

我們走到下面，來到另外一座庫房。那裡的種子被放在裝著液態氮的不鏽鋼桶中，溫度更低。「種子有不同的個性。」克莉絲汀娜接著告訴我，在儲存種子時，他們如何透過調控溫度和溼度這兩個關鍵因素，找到最適合種子的環境。如果他們做得對，成效可能非常戲劇化。一粒米在大自然中或許可以存活三到五年，但在種子銀行裡卻可以活上二百年。他們的小麥樣本更厲害，預期可以活到四百年。不過她也表示：「沒有所謂長生不老這回事。沒有任何一種事物不會朽壞。」不過在類似國家種子銀行這種設施中的種子也差不多了。

我們走到克莉絲汀娜的辦公室後，我問她一顆看起來沒有生命的種子，如何能夠存活這麼久？就像我請教過的其他專家一樣，她立刻指出我們對種子的了解其實真的很少，但接著她便詳細說明，目前科學家們已經發現的一些事實。「當種子變乾時，酵素的活動便會變慢，裡面的分子也會停止移動。」她一邊解釋，一邊把堆在兩張椅子上的書和文件移開，好讓我們有地方可以坐下來。「這時，種子的新陳代謝活動基本上是處於停頓的狀態。」然後她拿出了一些圖表，以及一張顯示乾燥種子細胞的電子顯微照片。在脫水的狀態下，它們看起來像是胡亂塞滿了一個個團塊的皺皺塑膠袋。如果你曾經讓三歲孩子把買來的雜貨放在袋子裡的話，看起來大概就是這個樣子。「裡面簡直亂七八糟。」克莉絲汀娜表示。「而且很難研究，因為你根本看不到任何東西。」但克莉絲汀娜的研究顯示：植物細胞必須要有水分，才能產生最基本的新陳代謝作用，也才能運作。如果把水拿掉，一切就都停止了。把水放回去，種子就有了生命。

我問她是否可以拿速食湯包來做比喻，因為後者原本也是大雜燴，但加了水之後就變成一頓美味的餐點了。「就某種程度上來說，是的。」她說，接著便皺起了眉頭。「不同的地方在於，你把水放回去之後所發生的事。速食湯包會變成湯，但那只是一些材料任意的漂浮在一塊兒。然而，種子卻會把細胞組織起來，開始運作。不知道為什麼，乾燥的種子細胞能夠記得並恢復它們原先的架構；這很不尋常，大多數的細胞都做不到。」然後她便看著我，眼裡又出現了笑意。「如果我們把你的細胞變乾，然後再加上水，它就會變成湯。」

幸好我和大多數動物界的成員，在存活和繁殖的過程中，都不需要忍受脫水狀態。不過有些生物也學會了這個把戲，其中包括若干種線蟲、輪蟲、緩步類動物，和許多世代的漫畫讀者所熟悉的一群小小甲殼綱動物。市面上被稱為「海猴」（Sea-Monkeys）的豐年蝦，雖然實際上不像報紙後面那些著名廣告裡的圖畫一樣，也戴著皇冠、擦著口紅，但牠們確實是很了不起的生物。就像種子一樣，牠們乾燥的卵可以存活好幾年（無論是在自然環境或郵購的包裹中），一旦進入魚缸裡，牠們的細胞就會知道該如何重組。

如今，學者專家認為乾燥的種子和海猴具有很多的共通性；它們同樣都是把重要的功能，以一種類似玻璃的狀態保存在細胞內。醫學研究人員最近仿照這個系統，首次創造出第一批穩定的乾燥疫苗，以供那些沒有冷藏設備的地區使用。「這個靈感確實是來自乾燥的原理。」一位痲疹專家告訴我。他說他們一開始是使用豐年蝦，但一直到他們讓活的疫苗浮在肌醇（萃取自稻米和堅果的一種糖[1]）中時，才得到最好的成果。

圖7.1：豐年蝦（*Artemia salina*），是少數與種子相似，也擁有乾燥期與休眠期的動物之一。
WIKIMEDIA COMMONS.

休眠的生物學原理，已經被應用在製藥和太空探索等各個領域。美國太空總署的科學家試圖透過對種子的研究，發展出可用於長期太空探測任務中的儲

圖7.2：這個在國際太空站進行的實驗，將三百萬顆羅勒種子暴露在太空酷寒的真空中超過一年。這些種子之後被分發給眾多科學家與學校團體，依舊成功的發芽了。PHOTO NASA MISSE 3, COURTESY OF NASA.

存與求生策略。太空人曾經把一箱羅勒種子丟到國際太空站外面，但那些休眠的小東西並未受到影響，過了一年依舊能夠正常的發芽。不過，國家種子銀行大多數的研究仍然比較著重在地面上的應用；他們的目標是，讓人們在這個快速變遷的世界中能夠餵飽肚子。

每個種子銀行都像是一座巨大的圖書館，裡面有各式各樣的植物品種，讓農民和育種人士可以從中尋找他們所需的作物特徵。當印尼到斯里蘭卡等國沿岸的稻田毀於二〇〇四年的海嘯時，種子銀行很快便提供能夠耐受鹽分的品種供農民重新耕作。一九八〇年代，俄羅斯的小麥蚜蟲危及美國穀物的收成時，研究人員便從種子銀行裡的三萬多種小麥中，挑選出本身就能夠對抗蚜蟲的品種。在現今商業性農業耕作範圍逐漸集中在少數可以大規模生產的作物上時，種子銀行扮演了一個很重要的角色：為將來可能發生的疫病、天然災害，以及目前全球糧食作物多樣化程度與日俱減的趨勢，預做準備；預期它們未來也將在人類適應另一個全球趨勢的過程中，扮演重要角色。

我在五月中旬造訪科林斯堡，但當時的天氣卻像是八月，溫度約在攝氏三十二度左右，一連幾天都超過平均溫度六到七度，創下了新高。那兒在兩個星期前，又創下另外一個氣象紀錄：下雪。在這樣的情況下，我和克莉絲汀娜自然會談到氣候的變異。「這對我們如何採集、採集什麼，已經造成影響。」她告訴我。我請她舉一個例子，她立刻脫口而出：「高粱。高粱的產量以後會增加很多。」她解釋：高粱這種高莖的非洲禾本科植物，原本就是為了適應溫暖的氣候演化出來的。「這種穀物喜歡又熱又乾的氣候。我們以

圖7.3：高粱（*Sorghum bicolor*）。高粱是源自衣索比亞的熱帶穀物，在全球適應天候變化的現下，可預期高粱將愈顯重要。高粱的種子可研磨成粉，發酵製成啤酒，爆開後也可以用來取代爆米花。
ILLUSTRATION © 2014 BY SUZANNE OLIVE.

後會愈種愈多。」為了未雨綢繆，國家種子銀行目前已經蒐羅了四萬種不同的高粱樣本。

如果克莉絲汀娜說得沒錯，則在這個氣候變遷的時代，種子銀行將扮演關鍵性的角色，協助我們逐漸轉向種植適合溫暖氣候的替代性作物。但他們也可以在巨大的災害發生時，如戰爭、天災，或可能使得整個農耕系統陷入停頓的政治動亂，發揮保護農業的作用。二〇〇八年時，科學家們在挪威的北極圈成立了一個國際性的種子貯存庫。它位於斯瓦爾巴群島（Svalbard archipelago）的一座山腰深處，不太需要額外的冷藏設備或地面上的其他支援。這座種子庫的創始人表示：「就算外面發生任何嚴重的狀況，它也不會有事[2]。」在這座被稱為「末日地窖」（Doomsday Vault）的種子庫開幕那天，全球媒體均紛紛以頭版新聞報導。

我提到斯瓦爾巴的這座種子庫時，她俏皮的說：「最好的銷售手法，就是挑起人們的恐懼。」但她很快就補充道：研究種子的人士都很高興這項消息公諸於媒體，引起了關注，讓民眾知道他們在做什麼，並且幫助他們籌募到更多資金，因為維持種子銀行的運作需要很多的經費，而他們經常處於資金不足的狀態。「地窖」和「銀行」這類字眼，往往會讓人以為，他們只需要把門鎖起來就可以走人了；但事實上，管理一座種子庫需要很多的人工。那些種子即便處於低溫的狀態也會逐漸退化，因此他們必須不斷檢查，以確定它們還有生命。

「我們原本打算每隔七年就檢查一次，但預算不足。」克莉絲汀娜這麼說時，我們正走到發芽實驗室。經過一個工作台時，一位技術人員拿了幾盤豆苗給我們看，上面的每一個芽苗都仔細以溼紙巾包著。「所以現在我們改成每十年檢查一次……但經費還是不夠！」

如果沒有做定期的發芽測試，任何一個樣本裡的種子都有可能在不知不覺間就失去了生命力。「它們是積勞成疾。」克莉絲汀娜開玩笑的解釋。在過了一段時間後，它們身上可能會出現一些小問題，就像人年紀大了，身體都會開始痠痛一樣。分開來看，這些問題都不嚴重，但一旦過了某個階段，種子的生命力就會驟然消失，解決的辦法就是要在這個現象發生之前注意到，把那些種子種下去，等它成熟後再收割其種子，拿來補足原有的收藏。像這樣讓較老的種子再生的方式，可以讓種子庫裡的種子永遠保持生命力，但問題是裡面的品種如此繁多（從熱帶的腰果到耐寒的羽衣甘藍），因此沒有任何一座設施能夠種得下。

「這部分的工作不是在這裡進行。」克莉絲汀娜的口氣有點如釋重負的感覺。她和她的團隊，和超過二十家的區域種子銀行，以及各個天候不同的地區，如北達科他州、德州、加州、夏威夷和波多黎各的研究站合作。此外，他們和斯瓦爾巴的種子庫，以及由倫敦的邱園（Kew Gardens）所管理[3]的大型野生種保存設施，都有合作關係。事實上，由於各國政府、大學和民間團體已經體認到作物多樣性減少和原生種植物的滅絕所帶來的威脅，因此全球各地的種子銀行數量正迅速增加。「現在已經超過一千座了。」在我們的談話進入尾聲時，克莉絲汀娜表示。「這已經成為一個運動了！」

就像任何運動一樣，在成立種子銀行的過程中，也會出現惡棍和英雄。這些惡棍通常不是個人，而是植物生長地大規模的消失，或全球農業的趨勢。不過，歷史上有個著名的人物也扮演過「種子之敵」的角色——史達林。這是因為當史達林整肅科學界，並開始將蘇聯的學者和知識分子關起來時，當中的受害者正好包括種子銀行運動第一位、也是最不朽的英雄人物。此人是一名很傑出的植物學家，其研究影響了之後好幾個世代的作物育種工作，並為後來成立的每一座種子銀行奠定了基礎。

圈外的人士對他所知甚少，但許多人都認為尼可萊・瓦維洛夫（Nikolai Vavilov）是二十世紀最偉大的科學家之一。他的父親是一名富有的企業家，而他是靠著專業知識才得以從布爾什維克革命（Bolshevik Revolution）中倖存下來。當時列寧雖然對受過教育的「知識分子階級」極為不滿，但他也相信，蘇聯必須以科學的方式發展現代化的農業。在一九二〇年嚴重的穀荒期間，列寧將珍貴的救災基金用來成立應用植物學研究所。當時他對一位同事說了一句名言：「我們要防止下一次的飢荒，就從現在開始做起[4]。」

當時瓦維洛夫擔任該研究所的第一任所長，他的植物培育計畫得到了大量贊助，當然他對種子的研究也因而受益。他四處旅行並蒐集了成噸的種子樣本，逐漸認識各地小麥、大麥、玉米和大豆等作物的差異——有些成熟得早，有些成熟得晚；有些可以忍耐霜寒或抵抗蟲害和疾病[5]。他比同時代的人都更加了解該如何透過種子的形式，將這些特徵加以無限期保存，並用來培育新的品種。他夢想有一天能夠培育出可以承受俄羅斯嚴酷氣候的作物，從此終結蘇聯經常發生的致命糧食危機。不到幾年之內，他就把列寧格勒市中心的一座沙皇宮殿，變成了全世界最大的種子銀行兼研究設施，手下並有成千上百名人員分散在全國各地的野外工作站。

不幸的是，史達林並不像列寧那樣，對作物育種計畫有那麼大的興趣，他對瓦維洛夫那些耗時的做法也沒什麼耐心。列寧死後不久，這項種子銀行計畫，以及它所根據的遺傳學，便不再受到青睞。一九三二年蘇聯再度發生飢荒時，史達林便大力支持那些所謂的「赤腳科學家」——一群沒有受過訓練，但宣稱他們能夠更快速解決飢荒問題[6]的無產階級農作者。此後，瓦維洛夫的計畫日益受到阻撓，最後更因為莫須有的「顛覆蘇聯農業」罪名而被捕。入獄後，他繼續撰寫有關種子和作物的論文，直到耗盡體力。在受到獄卒忽視的情況下，這位一直為餵飽飢餓之人而努力的學者最後卻餓死了，這真是一大諷刺。

不過，當瓦維洛夫在獄中受苦時，他的理念卻逐漸實現。不久，世界各地都出現了根據蘇聯模式所設置的種子銀行。在冷戰的高峰期，蘇聯發射「史普尼克一號」衛星的舉動，促使美國做出各種努力，以便「趕上」蘇聯的科學水準，於是率先在科林斯堡成立了種子銀行。納粹德國則採取一個更直接的途徑：在納粹軍隊包圍列寧格勒期間，希特勒專門派遣了一個突擊隊，下令他們要不計任何代價把瓦維洛夫的種子銀行弄到手，並將其中所收藏的種子全部帶回柏林。後來，列寧格勒並未淪陷，但種子銀行仍不時面臨遭受飢民搶劫的威脅。其中至少有四名工作人員後來也餓死了，但這些敬業的人，自始至終都沒有動用他們負責管理的成千上萬包稻米、玉米、小麥和其他珍貴穀物[7]。

直到今天，我們仍然可以看到這類令人驚訝的捍衛種子英勇事蹟。二〇〇三年美國軍隊進兵巴格達時，伊拉克植物學家拚命把最重要的種子樣本打包，運送到位於敘利亞阿勒頗的一處設施；他們沒帶走的東西，後來統統都被摧毀了。十年後，敘利亞人也做了一樣的事情；在敘利亞內戰迅速惡化，阿勒頗即將淪為戰場的前幾天，他們趕緊把收藏的種子全部撤走。可惜這類的勇敢行為，並無法使所有的種子銀行倖免於難。一九九〇年代，索馬利亞損失了兩座種子銀行；一九七四年間，桑地諾叛軍搶劫了尼加拉瓜的國家種子銀行；在一九七四年導致海爾·塞拉西一世（Haile Selassie）倒台的內戰中，衣索比亞的種子銀行也損失了珍貴的小麥、大麥和高粱品種。

看了過往的這些例子，我開始明白，科林斯堡的國家種子銀行為何要有嚴密的保全措施，以及可以承受凱迪拉克汽車撞擊的牆壁。不過，儘管很少人會認為種子不值得保護，我卻不曾聽見克莉絲汀娜或其他任何人提到這整個種子銀行運動背後一個很諷刺的現象。過去，作物的多樣性從來不需要專家們費心，那些培育出新品種的農民、園丁和育種人士自然會設法維護。只要有農耕的地方，人們就會培育出當地的品種，並且一季又一季的持續加以種植並改良。但隨著「工業化農業」的到來，農民開始大規模種植少數高產量的品種[8]，保存作物的多樣性便成了一個議題。儘管設置種子銀行的計畫令人印象深刻，也有其必要性，但從許多方面來看，問題其實是我們自己造成的。

當我向克莉絲汀娜提出這個困境時，她說：「我完全同意。最好的保育工作是就地進行。」對作物而言，所謂「就地」指的是農田；對於野生種而言，則是一塊健全的自然生長地。「不過，這並不一定能做到。」她簡潔的表示。她之所以能夠成為一個這麼好的科學家，正是因為她擁有這種務實的態度。「種子銀行是我們能夠做的事，所以就應該去做，這樣就可以幫我們多爭取一些時間。」

種子銀行以冷藏的方式，延長種子的休眠期，確實可以幫人類爭取很多的時間。它們也將是植物研究和育種工作的重要資源，但問題仍然在於：我們要用它們所爭取來的時間做什麼？人類必須做出哪些改變，才能達成克莉絲汀娜所說的「就地保育」（in situ conservation）？答案並不在實驗室或低溫冷藏櫃中，但是愛荷華州迪科拉鎮（Decorah，人口僅八千一百二十一人）

外的一座小農場，倒是可以提供一部分解答。在過去近四十年來，那裡有一群園藝人士，一直努力的讓成千上萬種蔬菜，得以在他們的農田以及世界各地的菜園裡生長。

「我們收藏的是活生生的植物。」戴安・奧特・慧利（Diane Ott Whealy）告訴我。「家傳的蔬菜不像家傳的家具或珠寶，不能只是偶爾拿出來撢撢灰塵。要保存這些種子，最好的方式就是把它們種下去。」

我打電話到慧利工作的農場辦公室和她談話時，聽到那裡人聲鼎沸，不時有人打斷我們的談話問她問題，或跟她約定開會的時間。這座農場就像柯林斯堡一樣，有儲存了大量種子的溫控室。但不同的是，慧利這群人同時也經營一座三百六十公頃的農場、一家種子郵購公司，並且負責協調聯繫一個由全球各地愈來愈多的「後院保育人士」（backyard preservationists）所組成的網絡。如果克莉絲汀娜可以把成立一千家種子銀行稱為一個運動，則這個擁有一萬三千名會員的保種交流會（Seed Savers Exchange），應該可以算是一種革命了。「我們是民間的種子銀行。」戴安表示。「目標是辨識、保存和散布各種家傳的蔬菜品種。」她和同事們雖然也以傳統的方式蒐集種子（在科林斯堡和斯瓦爾巴也各有一套和他們相同的樣本），但他們最主要的目標，卻是協助園藝人士和農民年復一年的蒐集、買賣及（最重要的）「種植」這些家傳的種子，以便讓人們與種子重新連結。

保種交流會是一九七五年時，戴安和她當時的丈夫肯特・慧利（Kent Whealy）所成立的。她之所以會興起這個念頭，部分是因為她從她爺爺那兒繼承了一些很稀有的紫色牽牛花。（「那種牽牛花很有個性。」她告訴我，「就像我爺爺一樣。」）他們原本只有幾個人，在戴安家的客廳裡圍著一張牌桌聚會，後來卻很快發展成一個由熱情的種子收藏家所組成的全球網絡。「人們對他們自己的種子很有感情，」她說，「他們寄樣本來給我們時，往往會附上一張食譜。他們希望能夠保存那些品種，但也希望它們能夠被種植、收成，並被當成食物享用！」

打從一開始，人們參加保種交流會，也是為了遇見其他的保種人士。他們原本只是每年舉辦一次野餐會，但後來就演變成一場為期三天的種子大會和慶祝活動。他們出版的第一份業務通訊報只有十七頁，後來卻成了有如電話簿大小的厚冊子，上面列有超過六千多種他們所販賣或交易的植物種子，其中有許多是在其他地方買不到的。

從生物學的觀點來看，保種交流會有一個很重要的功能：它彌補了科林斯堡種子銀行的不足。後者收藏的品種雖多，卻鮮少有變化。他們只有在需要補充種子存量的時候，才會把一些種子拿出來種。「把種子拿來種，那些品種才會繼續進化。」戴安解釋道。「就算氣候沒有變化，植物還是需要適應本地的環境。」這些保種人士不斷把那些種子拿來種的舉動，不只有助維持植物的多樣性，更得以讓它們繼續演進，創造出更新的品種，以供將來種植與收藏之用。

在我們的談話結束前，我問戴安，他們的工作是否有完成的一天？也就是說，當有足夠的人種植足夠的品種時，種子銀行是否就沒有存在的必要了？「不，這工作是不可能做完的。」她說著便笑了起來，神情悠閒而自在，顯示她已經找到自己的使命。「我們會一直推廣下去。」

保種交流會之所以如此成功，有一部分是因為它的成員都很願意，甚至熱切的參與。任何從事園藝工作，或曾經與園藝工作者住在一起的人都知道：播種和收成只是整個栽種過程的一部分。

在我們家，一年當中最令人興奮的園藝時間，是在隆冬時節，當種子目錄（包括保種交流會厚重的年鑑）寄到的時刻。對伊萊莎而言，這代表一個新的季節已經正式開始了。儘管屋外下著冷雨、刮著大風，她會心滿意足的翻閱著那些目錄，從上面成千上萬種蔬菜和花草中，選出明年要種的作物。諾亞也很喜歡這些目錄。我們偶爾會發現他床邊的經典童書，如《晚安，月亮》或《讓路給小鴨子》等書當中，擺了幾本目錄，而且他顯然經常翻閱。

儘管我對任何與種子相關的事都很著迷，但我自認比較像個園藝助手，而非園丁。對伊萊莎（現在也包括諾亞在內）而言，園藝既是愛好也是娛樂；她已經上了癮。而因為報酬豐碩，所以我也很樂意支持。如果我負責劈柴、剪草和其他的家務，他們就會有更多的時間，在我們那座面積愈來愈大的庭園內幹活。此外，既然大家都能享用他們收成的美味水果、蔬菜和漿果，這樣的安排也挺好的。不過，有一塊地倒是我每年都要幫忙耕作的。

我的母親就像伊莱莎一樣熱中園藝，而我的父親就像我一樣，吃的水果蔬菜比澆的水或鋤的草多。但自從我媽去世後，諾亞和我每年春天都會去探訪我爸，幫他重新栽種她的園子（至少是其中的一部分）。在她曾經工作過的土地上耕作、播種，並看著諾亞全程熱心的參與，為爸爸和我帶來某種安慰。這是一個紀念的儀式，而這個儀式因為種子奇特的生理特性（它們的休眠期，以及我們想讓一種看起來如此了無生氣的事物現出生機的欲望）而更形豐富。這個永恆的謎，往往讓我們在嚴肅的討論種子科學時，進入哲學的層次。

在離開科林斯堡之前，我再次請克莉絲汀娜解釋種子在休眠期間的新陳代謝狀況。之前凱蘿．巴斯金曾經告訴我，種子在休眠時細胞仍然有活動，只是速度非常緩慢，但克莉絲汀娜有不同的看法。她說，休眠期的種子確實會逐漸發生變化，但這並不一定是一般所謂的「細胞活動」的徵兆。「我認為我們所看到的，只是有機化合物自然分解的現象。」她運用了過去學過的化學原理。「這就像是處方藥物上的有效日期一樣，藥品裡的化學成分會逐漸降解，直到完全失去作用。種子也是一樣。」

我知道這是克莉絲汀娜根據實際經驗所得到的結論，因為她有一項研究，是專門測量種子四周的空氣，並記錄種子在逐漸老化時所散發出的氣體，其化學特徵有何改變。但這仍然讓我感到困惑，種子既然活著，又怎麼會沒有任何可以觀察到的新陳代謝活動？

「我要用一個問題來回答你這個問題。」克莉絲汀那立刻說道。「生命是根據新陳代謝來定義的嗎？如果種子活著的時候沒有新陳代謝活動，那麼我們或許就有必要重新思考『活著』的定義。」

在數十年的研究和成千上萬年的栽種和收成後，種子仍有能力挑戰我們最基本的一些概念，這使得它們不僅是令人著迷的研究題材，也成為一個美好的隱喻，代表著生命與復活。因此，英文中會有三百多個字和片語都包含seed（種子）這個字並非偶然。這些字當中包括含意顯而易見的seed-corn（留著用來播種的穀物），以及比較看不出意思的hag-seeds（巫婆的孩子）。事實上，你可以說克莉絲汀娜給了我一顆thought-seed（思想的種子），一個有可能在將來發芽、開花和結果的觀念種子。至今我仍然會想到她所說的話，因為要真正知道一顆種子是否活著，唯一的方式（即便在國家種子銀行也是如此）便是把它種下去，看看它是否會長出來。

人們或許會懷疑種子裡是否有生命存在，但製造這些種子的花兒、藥草和樹木，對此卻是信心十足，而且它們的信心是隨著演化愈來愈堅固。最足以顯示這點的，便是我們將在下一章中所要討論的題目：植物用來保護種子的那些令人不可思議（而且出奇有用）的方式。我們或許看不見休眠種子的生命火花，也很難加以測量，但它們的母親會盡一切的力量來保護它們。

種子的防衛力

千萬不要跑到母獅子和小獅子中間。

——俗諺

又咬，又啄，又啃

喔，老鼠呀，慶祝吧！
這世界已經成了一個大乾貨店！
你就儘管咯吱咯吱的咬、嘎扎嘎扎的嚼，吃你的點心，
早餐、晚餐、正餐和午餐吧！

——羅勃特．布朗寧（Robert Browing），
《斑衣吹笛手》（*The Pied Piper of Hamelin*, 1842）

國際建築法中的附錄F制定了防止老鼠和其他齧齒類動物進入人類居所的規範，其中規定要有五公分厚的底板、不鏽鋼踢腳板，在地面層的任何一個入口，都要裝上強化鋼絲或金屬板做成的格柵。此法對於穀物貯藏場所或工業設施的規範可能更加嚴格，這些地方得要有更厚的

混凝土牆、更多的金屬，同時帷幕牆要埋到地下六十公分深。儘管如此，老鼠和牠們的親戚仍舊消耗或汙染了全球百分之五到二十五的穀物，並且不時入侵各式各樣的重要建築。二〇一三年時，一隻老鼠闖進日本那座不幸的福島核電廠，造成配電盤短路，使得三座冷卻槽的溫度瞬間飆升，差點引發類似二〇一一年反應爐核心熔毀的現象。這個事件登上了世界各國的頭條新聞。記者、部落客和電視名嘴都在猜測，老鼠為什麼會對電線那麼感興趣。然而，真正的問題不在老鼠喜歡吃什麼，而是要防堵老鼠有多麼困難。話說回來，老鼠究竟為什麼能夠咬穿混凝土牆壁？

Rodent（囓齒類）這個字源自拉丁文的動詞 ordere，後者有兩個意思，一個是指囓齒類動物咬東西的方式，另一個則是指那些讓牠們如此擅於咬囓的巨大門牙。大約在六千萬年前，那些類似老鼠或松鼠的小動物，就已經發展出這樣的牙齒，而這是在混凝土、塑膠玻璃（Plexiglas）、金屬板，或任何其他老鼠照咬不誤的人工材質發明之前，將近六千萬年前的事。對於囓齒類動物的起源，目前專家學者仍有歧見，但對於牠們那些大牙有什麼本事，則鮮少有爭議。囓齒類動物家族如今雖然加入了海狸（牠們喜歡咬木頭）和裸鼴鼠（牠們把牙齒當成挖掘的工具）等怪咖，但大多數囓齒類主要還是以老方法維生：吃種子[1]。

在囓齒類動物出現之前，櫟樹、栗樹和胡桃樹等樹木的祖先，只要製造出有翅膀的小籽籽就行了。這些籽籽的化石，看起來像一片片凹凸不平的穀糠，又小又輕，沒有什麼分量。這個設計的目的，是讓它們在落地時可以稍微飄起來一下，但不能防止它們被咬。在齧齒類動物出現後，這些植物便和牠們展開了一場不折不扣的軍備競賽：老鼠的牙齒變得愈來愈利之後，種皮也變得愈來愈硬，反之亦然，以致那些古代的種子，變成了我們今天所熟悉的橡實和厚殼的堅果。（其他種子則變得愈來愈小，希望掠食者能把它們整個吞下去，或完全視而不見。）對於這些樹木而言，齧齒類的存在讓它們陷入兩難的局面，因為這些動物可以幫它們散播種子，但也可能把種子吃個精光。對於齧齒類動物而言，種子裡的營養對牠們的進化大有裨益，以致牠們很快就成為地球上數量最龐大、種類最繁多的哺乳動物。

「共演化」的概念意味著：一種生物的改變，會導致另外一種生物發生變化。如果羚羊開始跑得更快，則獵豹必須跑得更快才能抓到牠們。在從前的觀念中，這個過程就像是兩個彼此熟悉的夥伴在跳優雅的探戈，一方踩出一步，另外一方也會跟著踩出對應的一步。但事實上，在演化的舞台上，舞者通常遠多於兩位。齧齒類動物和種子，比較像是置身於一場方塊舞的表演中，彼此過招。台上同時有許多對舞者飛快的旋轉、側身、互繞，並不停的更換舞伴。結果看起來雖然像是你來我往，但在過程中很可能受到許多其他舞者的影響。它們一路帶領、跟隨著主要的一對，有時甚至會踩到它們的腳趾頭。沒有人知道，究竟是齧齒類動物先發展出強壯的下顎，還是種子先發展出厚厚的殼，因為這是很久以前發生的事情，我們只能在化石中找到籠統的線索，但很少有專家學者認為，這兩者突然同時崛起只是一個巧合。

在許多例子當中，兩者會發展出一種互惠的關係：種子讓齧齒類動物有東西可吃，而後者也會在這個過程中幫忙散播一些種子。齧齒類動物吃種子完全是受到飢餓的驅使。但對植物來說，這種關係就像是走鋼索一樣：它們的種子必須具有足夠的吸引力，讓齧齒類動物想要吃它們，但也必須足夠堅硬，以免當場就被吃掉。堅硬的外殼可以迫使齧齒類動物不得不把種子帶走，等回到洞穴、安全無虞時，再把它們咬開。當然，最理想的狀況是：牠們後來就忘了自己把種子藏在哪裡，或者在還來得及吃之前就死了。

以英國童書作家兼插畫家碧雅翠絲·波特（Beatrix Potter）寫的《松鼠納特金的故事》（*The Tale of Squirrel Nutkin*, 1903）為例，學者們認為這本書是在評論英國的階級制度，但它也是一個關於種子的故事。如果貓頭鷹島上的松鼠會搜集堅果，並且把它們藏起來，如果那隻名叫「老布朗」的貓頭鷹偶爾會攻擊松鼠，那麼當然有些堅果就不會被吃掉。這樣，櫟樹和榛樹便可以繁衍下一代。（松鼠納特金後來逃了出來，只失去身上的尾巴，但我們必須假定老布朗在別的攻擊行動中會更成功。）

波特把這個故事的背景設定在英國的「湖區」（Lake District），但如果她住在中美洲，一

圖8.1：碧雅翠絲．波特所寫的經典故事《松鼠納特金的故事》中，忙碌的松鼠們正在貓頭鷹島上搜集（與散播）橡實與榛果。

定會讓故事發生在我當年為博士論文做研究的地方：在一棵枝葉扶疏的巴拿馬天蓬樹下。在這裡，小松鼠納特金不僅可以找到許多松鼠作伴，也會看到其他的齧齒類動物，包括更格盧鼠、稻鼠、攀緣鼠、棘鼠、無尾刺豚鼠和刺豚鼠等等（後兩者看起來有點像天竺鼠，只是體型有小狗那麼大）。這些齧齒類動物都像我一樣，是來天蓬樹下找種子的；但和我不同的是，牠們早在幾千年前就開始這麼做了（雖然寫博士論文的過程，感覺起來也差不多一樣漫長）。在這麼多齧齒類動物虎視眈眈的情況下，難怪巴拿馬天蓬樹後來發展出的種子外殼，硬得連一個研究生都很難撬開。但種子的防衛機制，鮮少只有身體上的保護而已。從巴拿馬天蓬樹的生態，我們可以看出，為什麼有這麼多種子硬得像石頭一樣，又為什麼連混凝土牆也阻擋不了一隻飢餓的老鼠。

一顆巴拿馬天蓬樹的種子長約五公分，寬度略超過二公分半，體表光滑，兩頭較尖，看起來像一顆巨大的喉糖。它就像桃子或李子的核一樣，外面多了一層硬得像石頭的殼，把那柔軟的堅果包住[2]，保護它的安全。果核周遭的果肉很薄，呈褐綠色，但還滿甜的，足以吸引各式各樣的猴子、鳥兒與蝙蝠。在高峰期，有好幾十種動物會聚集在巴拿馬天蓬樹四周，在樹冠裡覓食，並盡情大啖掉在地上的許多果實。但在這些動物當中，只有一種大型的蝙蝠會把果實叼走。因此，如果一棵巴拿馬天蓬樹想讓它的後代被散播到他方，也必須顧及那些會把它的種子吃掉的動物。我們或許很難想像，樹木是有智慧的生物（托爾金小說裡的那些樹除外），但巴拿馬天蓬樹所想出來的辦法，似乎經過精心的算計，近乎完美。

對那些有可能替它們散布種子的動物，植物並非一視同仁。比方說，我搜集了大量的天蓬樹種子之後，就把它們運到遠方，然後再把它們逐一打破，以供研究之用。即使我打算種幾棵，但我的實驗室位於愛達荷州北部的一所大學，並不適合雨林樹木生長。相反的，那些體型較小的齧齒類動物（例如稻鼠和更格盧鼠），則沒有力氣把巴拿馬天蓬樹的種子，搬到約半公尺外的地方。如果吸引牠們來吃，則天蓬樹的後代勢必會死在家門口，根本沒有機會出遠門。因此，它得把那些體型較小、沒有效率的動物排除在外，只讓那些較大的齧齒類來吃。要這麼做，它就得有具有適當保護力的外殼，把生態學家所謂的「處理時間」（handling time）延長到極限。

對巴拿馬天蓬樹而言，最理想的外殼就是木質硬殼，其最寬處的厚度要超過七公釐，重量則為李子核或桃子核的兩倍，而且這個殼還提供了額外的防護：它含有一層樹脂結晶，很像是除蟲公司要把老鼠洞堵住時，貼在混凝土牆面的那層毛玻璃。但種子的目標，並不是要完全防止齧齒類動物的啃咬，只是要減緩牠們啃咬的速度。

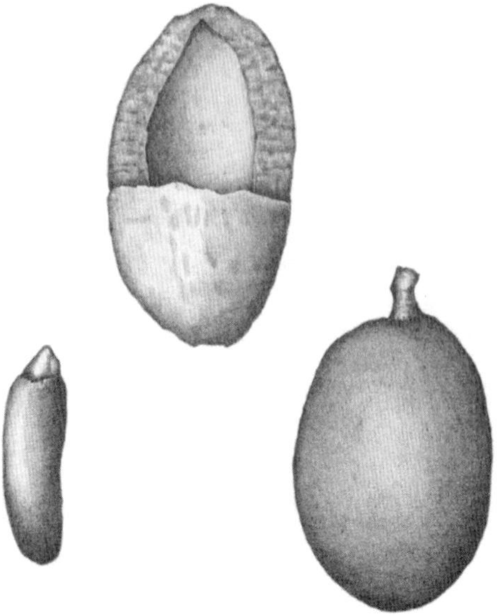

圖8.2：巴拿天蓬樹（*Dipteryx panamensis*）。巨大天蓬樹的種子藏在自然界最堅硬的外殼之一內，以對抗齧齒類動物的利齒。最上方畫的是種子的外殼，圖的上半部顯示的是橫切面。左下方是取出的種子，右下方則是完整的果實。
ILLUSTRATION © 2014 BY SUZANNE OLIVE.

一般來說，一隻松鼠要

把巴拿馬天蓬樹那一層充滿樹脂結晶的外殼咬破，至少需要花八分鐘的時間，有時甚至長達半小時。對於一隻需要找到並吃掉大量堅果（多達牠體重的百分之十到百分之二十五）的動物而言，這可是在時間上的一個巨大投資。巴拿馬天蓬樹的種子並不太值得牠們這麼做，所以棘鼠和一些更小的齧齒類動物很少去碰它們，這並不一定是因為牠們咬不開，而是這麼做太麻煩了。要咬開這些種子需要花不少工夫和時間，這會讓牠們太過疲累，即便牠們可以因此得到一顆很大的堅果也不值得。在這種情況下，巴拿馬天蓬樹種子外殼的硬度與厚度，似乎正好適合松鼠、刺豚鼠和無尾刺豚鼠等，最有能力把它們帶走的大型齧齒類動物。但後者是否真的會把它們帶走，就不在天蓬樹的掌控之內了。這個誘因必須靠舞台上的其他舞者來提供。

當我愈來愈會使用大頭鎚和鑿子之後，我可以在不到一分鐘之內，就把巴拿馬天蓬樹的種子剖開，很俐落的將裡面的核仁取出來；這個速度已經比松鼠快很多，但如果我當時置身在一個危險的環境裡（比方說在鱷魚池，或關著一群餓狼的柵欄裡），這樣的速度還是不夠快。齧齒類動物也面臨同樣的困境，因為巴拿馬天蓬樹固然會吸引喜歡吃種子的齧齒類動物，但同樣也會吸引喜歡吃這些齧齒類動物的其他動物。根據實際的經驗，我知道巴拿馬天蓬樹的四周經常都有粗鱗矛頭蝮、巨蝮（bushmasters）和巨蚺等愛吃齧齒類動物的蛇出沒。我曾經看過一隻淡灰南美鵟（Semiplumbeous Hawk）在光天化日之下，把一隻有毛的小動物叼走。如果我一直待到晚上，可能可以看到六、七種不同的貓頭鷹，以及豹貓、長尾虎貓和細腰貓。牠們全都是被這麼多美味的獵物吸引過來。

一個研究哺乳類群落的朋友，曾經給我看用散置於森林裡的遠距照相機所拍攝的一疊照片：一群似乎受到驚嚇的美洲豹、美洲獅、大鼬鼠等動物，甚至還有幾個獵人和他們的狗。他問我，有沒有看到什麼熟悉的東西，這時我才發現，照片上的背景都有巴拿馬天蓬樹的樹幹，而地上則到處都是種子。在中美洲的雨林中，一棵結實累累的巴拿馬天蓬樹不僅會吸引愛吃果實、種子或肉食的動物，也會吸引那些追尋這些動物的人，包括科學家、獵人、賞鳥人士以及所有愛看熱鬧的人。

在眾多人馬環伺、虎視眈眈的情況下，松鼠和其他齧齒類動物，通常都把巴拿馬天蓬樹當成「得來速」餐廳。牠們拿了餐點之後就會把它帶走，跑到十二公尺、十五公尺，甚至更遠的地方再停下來享用。在這些動物當中，刺豚鼠是很重要的散播者。牠們不僅會把種子搬到很遠的地方，還會把它們埋藏在自己活動範圍內一些整潔的小洞穴中。這種習慣有一個很可愛的名字叫「散播貯藏」（scatter-hoarding）。這種既會搬運種子、又會把它們放在土裡，而且還很可能會被附近的掠食者殺掉的動物，很符合天蓬樹的需求。

這樣的模式也存在於世界各地其他齧齒類動物和別的植物之間，刺激了那些狀如堅果的種子發展出又厚又硬的外殼。事實上，除了這樣的殼之外，任何能夠延長「處理時間」的特徵，都可以增加它們的優勢。這或許是胡桃的外觀之所以有著像大腦一樣錯綜複雜的紋路，很難完整將它們剝開的緣故。同樣的，齧齒類動物也不只發展出強壯的牙齒而已，牠們還發展出鼓鼓的、能夠裝很多東西的頰囊，以便一次就能攜帶許多種子。此外，牠們也發展出一種不可思議的能力，可以憑著嗅覺辨識哪些種子有病蟲害，然後便將它們丟棄，不會浪費時間把它們咬開。就像許多有關演化的故事一般，齧齒類動物對種子的防衛機制所造成的影響，絕不只是雙方之間的一場軍備競賽而已。牠還牽涉到一整個系列的植物，以及它們之間的關係，而且其中的每一方都互相遷就、有得有失。就巴拿馬天蓬樹而言，我的研究顯示，這套系統不僅精細複雜，也很容易瓦解。

在一座健全的雨林中，當你走在那些高大的巴拿馬天蓬樹附近的泥地上時，感覺就像走在凹凸不平的碎石路上，因為你腳下滿是被咬過、裂開或被丟棄的種子殼。我曾經算過那些殼的數量，發現它們多達成千上萬個，但我卻很少看到一顆完整的種子，更別說幼樹了。在這麼多齧齒類動物環伺的情況下，唯一能夠發芽並長成幼樹的，便是那些被帶到遠方的種子。然而，在那些破碎的林地上，狩獵和其他人為的干擾，已經使得大型齧齒類動物大量減少，以致如今幾乎已經看不到牠們咬齧或貯藏種子的跡象。因此，巴拿馬天蓬樹的種子就直接在落地處發芽，以致每一棵大樹四周都密密麻麻長滿了小樹。就短期來看，這對它們的下一代非常不利，因為小樹在母樹的樹蔭下[3]無法長得很好。從演化的角度來看，這讓巴拿馬天蓬樹陷入了困境：在它的舞伴離開之後，森林裡已經沒有其他動物可以咬開它種子的硬殼。

我從巴拿馬天蓬樹的研究中領悟到：植物在設計種子的防衛機制時，自有一套複雜縝密的盤算，並不完全是為了保護它們。但有一個很明顯的問題，還是沒有得到解答：巴拿馬天蓬樹的種子究竟有多硬？比混凝土還硬嗎？我在撰寫這一章時，找到了答案。

我的博士論文好幾年前就寫完了，但既然在中美洲雨林待了這麼久，總不免會帶一些紀念品回家。我放在桌上的巴拿馬天蓬樹種子，外殼已經乾掉了，表面粗糙，呈蜜褐色，一端仍有幾道溝紋，顯然是被齧齒類動物咬過的痕跡。為了測試它和混凝土哪個比較硬，我走出浣熊小屋，爬到門廊底下。我的浣熊小屋蓋在一個由混凝土墩（就是裡面嵌有你在任何一家建材行都買得到的那種托架）所形成的地基上。我把這片天蓬樹種子的殼邊緣朝上，放在一個混凝土墩上（就像一個鑿子一樣），然後便用鐵鎚猛力的敲下去，只見混凝土墩出現了幾道裂縫。對此我毫不意外：如果因為齧齒類動物的啃咬，巴拿馬天蓬樹發展出自然界最硬的種子之一，則它的殼應該幾乎就像老鼠的牙齒一樣強壯。我又敲了幾下，便有一大片種子碎屑從土墩上剝落，掉到下面的土壤中。我伸手去把它撿起來，並小心避開門廊下那些不那麼可愛的東西：雞糞、一些已經破爛的羽毛（來自我們所養的雞）和六個捕鼠器。看到這些捕鼠器依舊空空如也，我有些氣惱，於是決定當天晚上再帶一些堅果泥回來，重新裝餌。

當我告訴伊萊莎發生在浣熊小屋底下的事情時，她笑著告訴我：「沒有人會相信你的。」但正如英國作家王爾德所說：「不是藝術模仿人生，而是人生模仿藝術。」就在我坐在桌前，撰寫有關齧齒類動物的牙齒和種子的文章時，同樣的劇情就在我的腳底下上演。有一大家子的挪威老鼠因為受到附近雞舍裡的穀子吸引，便咬破了一片二十三號線徑的鍍鋅鋼絲網，搬進了浣熊小屋地板下低矮的空間。牠們進駐這個舒適的家之後，便以此為基地，四處劫掠附近可吃的東西。不久，牠們便發現了我的那床豌豆。當時我很不智的把所有要用來做實驗的豌豆，都留在豆藤上讓它們變乾。等我發現的時候，那些老鼠已經把那些Bill Jump種的豌豆都吃得差不多了，我的符騰堡冬季豆也被吃了好些。我和諾亞把剩下的採下來，結果還不到三杯。幸好其中包括足夠的成功混種，讓我得以在下一季繼續做實驗（當然，下一回我會加強防禦工事）。

誠如王爾德先生所說：「我們把自己所犯的錯誤稱為經驗。」老鼠吃掉我的豌豆，也使我上了寶貴的一課。首先，我對那位精明的老修士所用的實驗方法有了新的發現。除非當年聖

圖8.3：浣熊小屋下方一個挪威鼠家族的貯藏庫，也是我做孟德爾實驗時所收成的大多數豌豆最後安息的處所。PHOTO © 2013 BY THOR HANSON.

湯瑪斯修道院養了一大群貓，否則想必孟德爾曾經建造一個安全的處所，讓他的豆子可以晾乾。就算他那些已經散佚的日誌和論文當中，包含了如何興建防鼠穀倉的詳細計畫，我也不會感到訝異。更重要的是，我學到即便像我的豌豆床這樣、由經過馴化的蔬菜和非本土的齧齒類動物所構築的人為環境裡，同樣的法則仍然適用。當那些老鼠嗅到我的豆藤氣味時，牠們完全依照齧齒類和種子互動的邏輯行事。Bill Jump豌豆成熟得很慢，因此尚未完全乾燥，也因此比較容易咀嚼，所以當場就被吃掉了。可是當我試著咬一顆符騰堡冬季豆時，險些把一顆臼齒咬裂。這些豆子需要更多的「處理時間」，而且按理說應該被搬到一個安全的處所再吃。果不其然，當我打開浣熊小屋下面低矮的空間時，發現裡面有一大堆空的豆莢和冬季豆的種皮。（挪威老鼠和那些喜歡分散貯藏的鼠類相反，會把所有的種子都貯藏在同一個地方，所以生物學家把牠們稱為「食品室貯藏家」〔larder-hoarder〕。）

後來那幾個星期，我不停的在浣熊小屋底下為捕鼠器裝誘餌，打心底希望老鼠從來不曾進化。但就算世上沒有齧齒類動物，可能也會有別的生物打那些豌豆的主意。事實上，在植物媽媽開始為它們的嬰兒準備便當之後，所有的生物（大至恐龍，小至菌類）無不想要分一杯羹，因此種子自然必須演化出更好的防禦機制。它們和掠食者的關係有時可以達到平衡，但並不一定總是如此。以巴拿馬天蓬樹為例，它們似乎已經考慮到齧齒類動物的威脅，但必然不曾想到如何防止西貒的危害。這種具攻擊性的野豬有巨大的臼齒，可以輕易把它們的種子咬開並磨碎。更糟的是，大綠金剛鸚鵡甚至住在巴拿馬天蓬樹上，專吃它的種子，因為牠們已經演化出一個可以輕鬆就把那些種子弄破的鳥喙。

在吃種子的動物當中，鳥類的演化歷史很長。牠們源自恐龍，有些在超過一億六千萬年前，就已經發展出可以磨碎種子的器官了。古生物學家之所以知道這點，是因為他們在化石當中，看到了一些胃石（鳥類砂囊中特有的小石頭）。現代的鳥兒仍然靠砂礫來磨碎食物，而擁

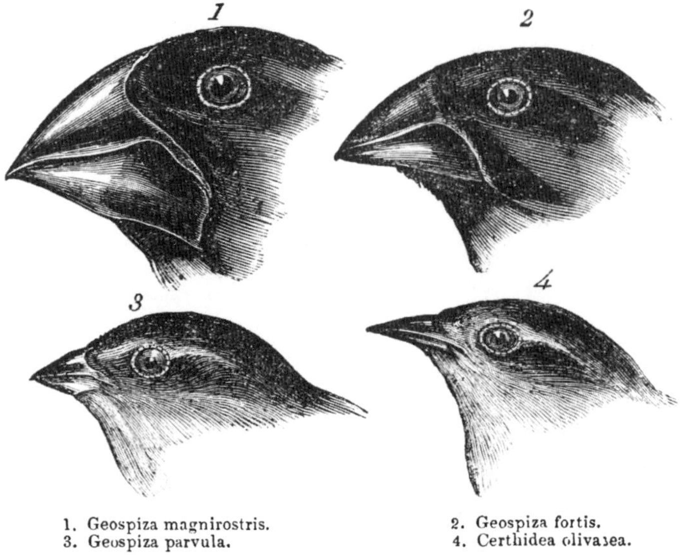

圖8.4：這幅由約翰・古德所繪製的經典插畫，顯示了達爾文在加拉巴哥群島所見到的燕雀，其鳥喙之多樣性。達爾文，《小獵犬號日誌》（*Journal of the Beagle*, 1839）。WIKIMEDIA COMMONS.

有最強大砂囊的，則是那些以種子為食的鳥類，包括雞、金絲雀、松雀（蠟嘴鳥）、松鴉，以及一群可能是全世界最有名的鳥。

對達爾文來說，加拉巴哥群島的那些燕雀看起來物種各異，而牠們最令人矚目的特色便是非常溫馴。他在田野日誌中寫到：「這些小鳥……會飛到你身上，並從你手上拿著的盆子裡喝水。」但後來他的樣本到了鳥類學家約翰・古德（John Gould）的手裡。他之前一直在研究鸚鵡，對吃種子的鳥類的喙非常熟悉，才看出了這些燕雀的相似性。正如強納森・溫納（Jonathan

Weiner）在他的名著《雀喙之謎》（*Beak of the Finch*）中所言，從此以後，生物學家便開始發現，種子數量的季節性變化對燕雀的演化[4]，產生了重要的影響。鳥喙的長短即使只有不到半公釐之差，就可以決定哪些鳥可以咬開最硬的種子，哪些不能。在種子稀少的時節，這樣的差異可以決定鳥兒的生死，因此一整個族群的鳥喙有可能在「一個世代」就發生變化。

這顯示演化的過程可以非常迅速，也說明了為什麼加拉巴哥群島的十三種雀鳥，有可能是由同一種燕雀演化而成。這十三種雀鳥中，有些具有可以咬破種子的鳥喙，有些專吸花蜜，有些則以果實或昆蟲為食。此外，還有專吃仙人掌花的。有一種雀鳥甚至可以像啄木鳥一樣，用嘴巴敲打樹皮。類似加拉巴哥群島這樣的演化現象，在世界各地都可以看得到。這讓我們更加了解，生物如果專門吃種子（或其他食物），有可能對牠們的演化產生什麼樣的影響。有人甚至提出一個理論：人類的頭骨之所以變成如今這個形狀，可能是為了要更容易食用硬殼的種子。

我小時候曾經嘗試過各種具代表性的運動，最後雖然選擇了游泳，不過在此之前曾經打過好幾季的足球和棒球。有一陣子，體型瘦小的我甚至加入了美式足球的混戰行列。這幾種運動都有一個共通性：我們在練習和比賽時，都可以吃到一種很健康的點心——切成一片片的新鮮柳橙。每次一拿到這種點心，我們這些小選手就會立刻把一片塞進嘴裡，讓橙皮朝外，然後便像黑猩猩一樣呼呼作聲，跑來跑去。你如果試著這麼做，就會發現這樣子看起來確實很像猩猩，但並不是因為你含著柳橙、咧嘴傻笑的緣故（我曾經花二年的時間，在烏干達研究山地大猩猩，這些猩猩雖然會用各種方式表達牠們的情緒，我卻很少看到牠們笑），而是因為含在嘴裡的柳橙片，改變了我們頭骨的外觀，讓我們的顎骨看起來好像往前凸出；所有的猿猴以及大部分的原始人類，都有這樣的特徵。但人類的祖先卻不一樣，他們的臉開始變平了，之所以如此，和種子有關。

「大約四百萬年前，發生了一個根本性的改變。」紐約州立大學的人類學教授大衛・史垂特（David Strait）告訴我，現代人的臉部之所以看來扁平，是因為我們的骨頭較小，這或許是吃了經過烹煮的柔軟食物所致。不過，這一切都起源於人類飲食的另外一項變化。「經過強化的臉部構造、發達的頰骨和肌肉，以及牙齒的大小和形狀，這些都是為了能夠增強咬力。」這裡所謂的「咬力」，也就是咬開堅硬的種子與堅果外殼的力道。

過去近十年來，史垂特和他的團隊一直主張，遠古人類的頭骨之所以發生變化，是因為他們經常咬嚼像堅果這類又大又硬的食物。他們用電腦繪圖模型顯示「南方古猿」（*Australopithecus*，一種已經絕跡的原始人類，其中最出名的代表就是「露西」）咬東西時，有些牙齒會特別用力。人們至今都還保有這樣的習慣。讓我們再次以運動比賽的例子來說明；在看球賽時，人們吃的通常不是柳丁，因為你會看到看台上到處都是包熱狗的紙、飲料杯，以及乾的花生殼。下次你拿著一包烤花生時，請注意自己是用哪幾顆牙齒，來咬開那些比較硬的花生殼。通常你會把那顆花生放在嘴巴一側犬齒後方，也就是前臼齒，那裡是我們的頭骨最能吸收咬嚼力道的地方。如果史垂特的理論正確，則使用前臼齒來咬開堅果殼，乃是我們演化出來的本能。

「我的很多同事都不相信這個說法。」他笑道。「不過沒有關係！」反對史垂特這個「堅硬食物」理論的人士指出：從化學分析的結果和人類牙齒磨損的模式來看，當時的人類主要是以禾本科和莎草科植物為食。但史垂特認為這兩者並沒有衝突。原始人類在食物很充足的時候可能什麼都吃，但就像加拉巴哥群島的雀鳥一樣，對牠們來說，真正重要的是，如何度過糧食不足的時期。「這時堅果便是他們所仰賴的食物。」他說。這些食物因為攸關生存，所以可以刺激演化。「柔軟的食物和水果很好吃、很甜，但在沒有這類食物的情況下，你要不就得搬到別的地方，要不就吃些別的，不然就會沒命。」他說得簡潔扼要。在這種情況下，原始人類的臉部構造自然會改變，以便能用前臼齒來咬堅果。

如果食用堅硬種子的習慣確實影響到人類頭骨的形狀，就像它影響了雀鳥的喙和囓齒類的下顎一樣，那麼人類吃種子的行為，對種子產生了什麼影響呢？在我們的談話快要結束時，史垂特似乎提出了一個可能的答案。他提到有些新的研究顯示，種子殼的微結構和人類牙齒上的琺瑯質很像，兩者的細胞都有如射線般排列得很緊密，彷彿雙方都想出了同樣的辦法，以同樣的結構來對抗對方所造成的衝擊似的。

他還拿了一篇有關一種東南亞種子的論文給我看。這種種子的殼密度很高，兩個半殼緊緊黏在一起，嫩芽鑽不出來，以致它很難發芽。儘管如此，它仍然可能被甲蟲和松鼠吃掉，偶爾也會成為紅毛猩猩的食物。這提醒我們，身體上的防護效果有限。從巴拿馬天蓬樹到花生都一樣：無論種子的殼有多硬，總是會有老鼠、鸚鵡或球迷有本事把它們咬開。因此，種子的外殼只是冰山的一角。如果植物光靠著建造一個更堅固的箱子，就可以成功保護它們的嬰兒，那麼咖啡就沒什麼好喝，塔巴斯科辣醬也不會有什麼味道，哥倫布也不會航行到美洲了。

豐富的滋味

來喔！來喔！
熱騰騰的胡椒肉湯！
強筋健骨，
延年益壽，
來喔！來喔！
熱騰騰的胡椒肉湯！

——昔日費城街上小販的叫賣聲[1]

「你來自遠方，」老人說道，「那是魔鬼的地盤。」他胯下那匹身上有斑點的灰色小馬動了一下，他那手織的轡繩上垂掛著的藍、紅、綠三色辮狀皮質飾環，也跟著搖晃。我試著看他的眼睛，但他的目光一直盯著我們的頭頂上方。於是我便對著那馬兒笑了一下，覺得自己有點傻。他們擋住了我們的路，但在這個屬於部落的地區，我們是外來客，得經過許可才能通行。不過，剛才我們談話的氣氛好像不是很好。

「自從你們來了以後，我們就受到了粗暴的對待。」他說。我有些迷惑。我們不是才剛到嗎？我甚至不確定這兒的森林裡有巴拿馬天蓬樹呢。不過，他接著就做了澄清：「你們和你們的哥倫布。」

在從事生物學研究時，如果要尋找新的研究地點，偶爾就得在未經別人許可的情況下，窺視一座田野或森林的面貌，但他這些話卻提醒我：我已經擅自闖入了整個美洲大陸。就連跟著我的那些哥斯大黎加人，也不能算是本地人，因為他們的祖先來自西班牙，是繼哥倫布一五〇二年在附近的利蒙港（Puerto Limón）下錨之後，才來到這兒的。最後，老人終於輕輕拉動了一下他的小馬，讓到了路邊。同時，他既然已經把該說的話都說了，便開始親切的歡迎我們。那天我們並未找到巴拿馬天蓬樹，而且從此再也沒有回到那個地方，但我仍不時想起老人所說的話；雖然距離哥倫布的時代已經有好幾百年，但至今仍有人跋涉千里，前往天涯海角搜尋。後來我意識到，哥倫布和我確實有一個非常相像的地方：我們都是來尋找種子的。

「光是站在這海灘上……我們就看到了這麼多有關香料的痕跡和線索，因此我們有理由

圖9.1：哥倫布搜遍新大陸尋找亞洲香料的蹤跡。他在第一次航行時於航海日誌記錄下超過二百五十段有關植物的描述。當他遍尋不著肉豆蔻、肉豆蔻皮與黑胡椒時，便帶回了多香果以及辣椒的美味種子。COLUMBUS TAKING POSSESSION OF THE NEW COUNTRY, L. PRANG & COMPANY, 1893. LIBRARY OF CONGRESS.

相信，今後還會找到更多、更多。」這位偉大的探險家如此寫道。他第一次航行的航海日誌，包括了至少二百五十段有關植物的描述，其中多半是他在加勒比地區所看到的作物、樹木、水果和花朵，而且描繪得非常詳細。其中有些植物（和種子）後來雖然改變了歐洲飲食和貿易的面貌，但在最初幾個星期，哥倫布似乎顯得有些失望。他在勘查了伊莎貝拉島（現在叫做克魯克德島〔Crooked Island〕）上的藥草和灌木之後，寫道：「很抱歉，我必須承認我並不認得它們。」幾天之後，那些花也讓他「非常遺憾」。

在另外一段文字中，他描述自己來到一座芳香的森林，可惜卻不知道裡面長的是什麼樹木：「很遺憾我不認識它們。」他之所以如此憂慮，是因為他的船隊雖然在無意中發現了新大陸，但這卻不是他對贊助者所允諾的成果。除了這些新發現之外，那些支持他的王公貴族（包括伊莉莎白女王、費迪南國王等等），也期待他能夠為他們帶來財富。他們之所以投資開闢前往亞洲的貿易路線，就是希望能夠獲得來自亞洲的黃金、珍珠和絲綢等商品，其中最重要的是，亞洲特有的香料。不幸的是，哥倫布和他的手下都不知道這些香料長什麼模樣。

十五世紀時，香料沿著複雜的亞洲和阿拉伯貿易路線，經過了許多中間商才傳到了歐洲；因此歐洲人只看到最後的成品，並不清楚它們的生長狀況和產地。在民間傳說中，香料是來自冒著火焰、並且還有大蛇看守的樹上、阿拉伯鳥巢裡的枝條，或天堂裡的樹枝和莓果。馬可波羅雖然在他的遊記中指出，香料乃是來自印度和摩鹿加群島（Moluccas）等地的植物，但對他家鄉的人而言，這些都只是故事裡的地名而已。他們連這些地方在哪裡都不知道，當然更不了解這些地方的植物。當年哥倫布看到一種陌生的植物時，想必會聞聞它的樹皮，看看它是不是肉桂；嘗嘗它的花苞，希望它是丁香；或刮一刮樹根，期待能找到生薑。接著他應該會察看它的種子，希望能找到當時最珍貴的香料：肉豆蔻、肉豆蔻皮和胡椒。*

學者們往往認為，當時的人對香料的渴望就像現代人對石油的需求一樣。由於供應量有限但需求無限，以致兩者都成為全球貿易的基石。不同的是，石油的蘊藏量現已逐漸減少，但幾百年來香料的產量卻一直處於穩定狀態，甚至還持續增加。追溯香料的發展史，就像閱讀有關貿易、探險和人類文明的歷史一般。舉個例子，在古代的埃及，來自印度馬拉巴海岸（Malabar Coast）的胡椒粒，不知怎的居然跑到了過世法老王的鼻孔內；原來，它們是皇家防腐師心目中最珍貴的防腐劑。西元四〇八年，蠻族西哥德人包圍羅馬城時，要求後者給付三千磅的胡椒，做為他們放棄圍城的代價之一。西元七九五年時，查理曼大帝頒布了一道命令，要求法蘭克王國境內的庭園，都要種植孜然、葛縷子、芫荽、芥子等各種香料植物。在中世紀，農民們經常以香料來支付獻給封建領主的什一稅，而這樣的做法至今依舊存在：一九七三年時，現今的康瓦爾公爵（或稱威爾斯親王），也就是查爾斯王子，正式接受他的頭銜時，被贈予一磅的胡椒和一磅的孜然。

然而，我們從一些簡單的數據就可以看出香料受歡迎的程度。事實上，這些數字聽起來

＊作者註：肉豆蔻和肉豆蔻皮兩者都來自馬來西亞的一種原生樹木。肉豆蔻是種子，而肉豆蔻皮則是被稱為「假種皮」的一種紅色肉質附屬物。胡椒來自印度西岸雨林內的一種原生藤蔓植物。黑胡椒當中包含了種子和薄薄一層乾掉的果實組織，把這一層組織去掉之後便成了白胡椒。

像是股票公開說明書的內容。荷蘭的東印度公司成立後，稱霸全球肉豆蔻、肉豆蔻皮、胡椒和丁香的市場長達五十年，期間獲得極大的利潤。這段期間，他們的毛利從未低於百分之三百，同時該公司所支付的股息（包括現金和香料）也極其豐厚，持有股票的原始股東平均每年可以得到百分之二十七以上的股息，而且期間長達四十六年。這樣的利率可以讓一筆五千美元的投資，在四十六年後變成超過二十五億美元的財富[2]。（相形之下，艾克森美孚石油公司〔Exxon Mobil，目前全世界最賺錢的企業〕一年的利潤，大約只有百分之八。）由於報酬如此豐厚，難怪一六七四年荷蘭政府會願意把曼哈頓讓給英國，以交換馬來西亞一個生產肉豆蔻的小島。也難怪探險家在找到一六九九年被海盜威廉・基德（William Kidd）船長所埋藏的幾箱寶藏時，發現其中一箱裝的不是黃金或白銀，而是幾匹別緻的布料，以及一大包肉豆蔻和丁香。

然而，說到探險，有一次航行（幾乎和哥倫布的一樣有名）的結果，最能夠說明哥倫布為何會如此擔心自己是否能夠找到香料。在哥倫布死後約二十五年，麥哲倫也出海探險，當時他同樣向支持者承諾，他會找到一條由西方直接通往「香料群島」的貿易路線。結果三年後，他的五艘船艦中有四艘沉沒，麥哲倫和他所有的副手以及二百多名船員都死了。但是，當十八名生還的船員乘坐僅存的一艘船艦，在一五二二年回到塞維亞港（Seville）時，他們所帶回來的成果，不僅是一趟環繞地球的航行而已。他們船上的貨物雖少，卻包括來自麻六甲海峽德那第島（Ternate）的肉豆蔻、肉豆蔻皮、丁香和肉桂。這些香料被出售之後所換得的現金，用來彌補船隻的損失和補償死去船員的家屬還綽綽有餘，使得這次航行不僅有了新發現，還有利可圖。如果沒有找到香料，哥倫布就不可能獲得這樣的成果。

在歷史上，哥倫布首度橫越大西洋的航行乃是劃時代的創舉，並從此開創了一個探險和征服的新紀元。但人們通常會忽略一個事實：他後來曾經三度返回新大陸，試圖尋找香料、黃金和其他值錢的商品，卻徒勞無功。在第二趟航程中，他發現和他在伊斯帕尼奧拉島（Hispaniola）建立新殖民地的成員，全被當地土著殺死了。第三次航行結束時，他被控叛國，成了階下囚。第四次航行的末了，他曾經因為船隻損壞而被困在牙買加達一年以上。誠如一位傳記作家所寫：「船隻和補給品持續耗費了許多成本，但什麼時候才能回收？……『香料的國度』在哪裡？……即便在那些對他沒有偏見的人眼中，哥倫布也開始看起來像是個騙子或傻瓜了[3]。」儘管有人猜想他發現了新的地方，但哥倫布始終相信，加勒比群島諸島及其周圍的海岸線，確實是亞洲的一部分，假以時日他們自然會抵達日本、中國和印度等地[4]，並找到香料。他一直到死都不知道自己發現了新大陸，不過他倒是很確定一點：他找到的那種「椒」並不是胡椒。

有一次，他和伊斯帕尼奧拉島當地的居民吃完飯後寫道：「那裡也有很多的『阿及』

（aji）。那是他們的胡椒，比我們的胡椒還值錢。」他雖然從未看過黑胡椒生長的模樣，但他看得出來「阿及」種子與果實的形狀和顏色、乃至風味和辣度，都與胡椒有別，因此是一種不一樣的香料。他之所以宣稱「阿及」比胡椒值錢，可以說是一種操縱輿論的手法。在第一次航行的後期，無論他找到什麼種子、植物或黃金，他都必須讓它們看起來很有價值。如今看來，他當時所說的話其實頗有先見之明，因為大體上說來，他橫越大西洋帶回去的辣椒，現已成為世界上最大眾化的香料。

辣椒的果實和種子，無論是乾辣椒、辣椒粉，或整個辣椒，如今已被用在各式各樣的料理中，包括泰式咖哩、匈牙利燉肉（goulash）和非洲的花生燉肉。當初從新大陸帶回來的四個野生種，如今已經被培育成二千多個品系，其中最不辣的是匈牙利紅椒（Paprika），最辣的則是哈瓦那辣椒（habañero。燈籠椒也是源自這個家族，但在育種時強調的是它的大小和甜度，而非辣度）。現在全世界有四分之一的人每天都吃辣椒，而且辣椒在印度和東南亞地區已經取代黑胡椒的地位，成為主要的辣味來源。哥倫布如果地下有知，或許會感到欣慰吧。他雖然不曾抵達「香料群島」，最後卻改變了當地人所使用的香料。

事實上，哥倫布和他的辣椒，最終改變了整個香料產業。他將種子越洋運回歐洲之舉，顯示辣椒這種植物就像其他任何作物一樣，只要環境適合，它們就可以在遠離家鄉的地方繁榮茁壯。這樣的概念很快掀起了一股風潮，並且持續蔓延。到了十八世紀末時，肉豆蔻已經到了西印度群島的格瑞那達（Grenada），丁香和肉桂也出現在東非的桑吉巴（Zanzibar）；熱帶地區的人們也競相種植黑胡椒。一時之間，市場上堆滿了廉價的產品，香料價格為之劇降，不再具有昔日的異國風情與聲勢。香料貿易雖然仍是頗有利潤的事業，但已經無法再引發戰爭、創建帝國，或促使人們進行航海探險之旅了。但在之前的數百年間，人們對香料的渴望卻形塑了歷史的走向，而位居核心的乃是種子。現在，你隨便走到一家食品雜貨店賣香料的區域，觸目所見盡是各式種子。然而，人們雖然每天又磨又撒的使用各種香料，卻很少想到其中所涉及的生物學原理。香料為何會具有辛香刺激的風味？關於這點，辣椒（哥倫布的胡椒）的故事最能提供我們完整的解答。

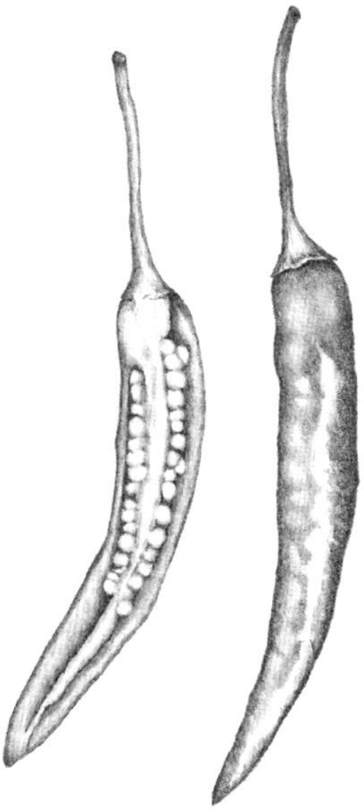

圖9.2：辣椒（*Capsicum* sp.）。數千種馴化的辣椒品種，乃是原生於南美洲的四種辣椒的後代。在野外時，它們的辛辣能驅走會殺死種子的真菌、囓齒類動物，以及無法承受其辣度的哺乳類動物。ILLUSTRATION © 2014 BY SUZANNE OLIVE.

「這都和種子的生成有關。」肯定知道問題答案的諾愛拉．麥許尼基（Noelle Machnicki）說。她寫過一篇〈辣椒為什麼會辣〉的博士論文，花在辣椒上的時間幾乎比任何人都多。我和她聯絡時，她才剛完成博士論文口試不久，正在兩所位於不同城市的大學，擔任兩份不同的職務，頗為忙碌。「我現在有點像個雙面人。」她一邊說，一邊拿起一大杯咖啡啜飲了一口，臉上帶著倦容。她有一頭黑髮和烏黑的眉毛，臉上的表情很豐富，前一刻還帶著倦容，下一秒就又露出溫暖的表情。當我們的話題轉移到辣椒上時，她所有的疲態都消失了，口氣突然變得熱烈起來，彷彿急著要告訴你一個祕密似的。她的論文總結了華盛頓大學托克思貝瑞實驗室（Tewksbury）的「辣椒小組」十五年來的研究結果；這個小組所發表的論文，充分體現了科學運作的方式：起先有人提出一些問題，這些問題導致了若干發現，而這些發現又導致新的問題，到最後便有了精彩的成果。對諾愛拉來說，這一切都源自她對蘑菇的熱愛。

「基本上，我是研究真菌的。」她原本住在芝加哥附近，但為了研究美國西北太平洋岸多雨地區生長快速的傘菌（toadstools），來到了華盛頓。她在長青州立學院（Evergreen State College）樹木林立的校園裡研究這些傘菌，之後便進入研究所，鑽研她特別感興趣的一個領域。「我對菌類和植物互動的過程很著迷。」她告訴我。她想了解菌類如何和植物在土壤裡的根交換養分，又如何會出現在樹皮上、花朵中，以及葉片的內部。因此，當生物學教授約書亞・托克斯貝瑞（Joshua Tewksbury）請她幫忙辨識一種長在野生辣椒籽上的菌類時，她立刻就答應了。當時托克斯貝瑞教授為了研究辣椒，已經特地從美國西南部前往玻利維亞的查可地區（Chaco），並在那裡發現一個特殊的辣椒品種。這種辣椒的辣度會改變；它長在乾燥的地區時完全不辣，長在潮溼的地區時，則會變得像諾愛拉所說的「比塔巴斯科辣醬還辣」。他們找了幾個溼度介於中間值的地方，把這兩種辣椒種在一起，而要知道它們之間的差別，唯一的方法便是實際去品嘗，有時一天要試吃好幾百個。幸好，托克斯貝瑞教授找到了一個理想的研究夥伴：一個喜歡吃辣的真菌學家。「我確實比一般人更能吃辣。」她表示。但是當我進一步追問，她便笑著承認，她的辦公桌抽屜裡一直都擺著一瓶辣醬。「約書亞也一樣！」她說。

這種玻利維亞辣椒讓我們得以一窺原始辣椒可能的面貌，因為它們似乎停留在辣椒才剛開始演化出辣度的時刻。「我們知道最初的辣椒是不辣的。」諾愛拉說得很肯定。她指出，現在的品種無論多辣，都是從同一個不辣的祖先發展而成的。當初促使辣椒變辣的生態困境，似乎仍在玻利維亞上演，以致有些辣椒變辣，有些沒有。如果諾愛拉和她所屬的團隊能夠搞清楚那裡究竟發生了什麼事，他們就能了解辣椒為什麼會變辣，又是如何變辣的。就化學上而言，答案已呼之欲出。

很久以前，科學家們就已經發現辣椒之所以會辣，是因為它含有「辣椒素」。這是一種由辣椒籽四周的白色海綿狀組織[5]所製造的化合物，屬於專家所謂的「生物鹼」。這種化學物質和你之間的關係，可能比你想像的更親密。所有的生物鹼都具有以氮為主的相似結構。植物們把這些基本結構加以排列組合，便成了二萬多種不同的化合物。氮是一種很重要的元素，因為它是植物成長所需的重要養分，因此植物不會無緣無故把氮拿來製造生物鹼，通常只有在為了建立某種化學防禦機制時才會這麼做。而由於植物通常需要提防動物的威脅，因此所有的生物鹼幾乎都會對人產生作用；它們有可能具有辣味（就像辣椒素），但並不止於此。如果我們把幾種常見的生物鹼列出來，就會發現其中包括大家最熟悉的一些興奮劑、麻醉劑和藥品，比如咖啡因、尼古丁、嗎啡、奎寧和古柯鹼。然而，在玻利維亞，似乎很少哺乳類動物對辣椒（包括不辣的那種）感興趣，因此，對諾愛拉而言，真菌會長在辣椒種子上就更讓人覺得奇怪了。

「一個會危害種子的真菌病原體，會對植物造成最強烈的淘汰壓力。」她解釋。「種子是它們的後代，攸關它們能否繼續生存。」換句話說，如果一顆不辣的辣椒種子受到了真菌的危害，它便有充分的理由發展出某種化學防禦機制。畢竟，沒有什麼事會比後代的生死存亡更加重要。諾愛拉透過一系列漂亮的實驗，證明真菌確實會殺死被它們感染的大半種子，而辣的種子的抵抗力，比不辣的種子高得多，因為辣椒素會使得多種真菌的生長速度減緩或停滯，無論在野外或實驗室的培養皿中都是如此，充分顯示辣椒素之所以形成，就是為了達到這個目的。但這項成功的實驗，卻引發了另外一個問題：為什麼有的辣椒不辣？如果辣椒素這麼管用，為什麼有的辣椒就像蘋果一樣一點都不辣？

要解開這個謎團，我們必須回到那個方塊舞的比喻。辣椒素演化出來的過程，就像老鼠的牙齒變得更利、堅果殼變得更厚的過程一樣，是經過取捨的結果，只不過辣椒和真菌之間，上演的是一場看不見、卻一樣重要的戰爭。諾愛拉的研究顯示，辣椒和真菌會對彼此的改變做出回應：當真菌抵抗力增強時，辣椒就會製造更多的辣椒素，反之亦然。「這是一場共演化的軍備競賽。」諾愛拉下了這樣的結論。但這樣的競賽，會使雙方付出沉重的代價。真菌要抵抗辣椒素，就不能快速的生長，這會讓它在辣椒以外的環境中處於明顯不利的態勢。對植物而言，製造辣椒素會干擾它們保水的能力，會減少它們在乾燥的天氣中所生產的種子數量；更重要的是，這會消耗一部分能量，使得它們無法在種皮中製造足夠的木質材料，使得種子比較容易被螞蟻掠食。凡此種種都對它們非常不利。不過，這些因素只有在特定的狀況下，才會產生影響。這提醒我們：共演化的結果，不僅取決於一起跳舞的夥伴，也取決於舞台的地點。

玻利維亞的大廈谷（Gran Chaco）地區綿延三百公里，橫跨各種地形，包括乾燥的稀樹草原、仙人掌地帶，和靠近巴拉圭和巴西邊界的潮溼山林。諾愛拉和她的團隊在試吃了此區各種地形所生長的辣椒之後，很快便發現了一個模式。「在雨量多的地區，所有的辣椒都是辣的。」她告訴我。「但在雨量愈少的地區，辣椒也愈不辣。」在潮溼的森林中，由於真菌和昆蟲（它／牠們會在果實之間傳播真菌）眾多，因此辣椒如果提高種子的辣度，明顯對自己有利。但在乾燥的環境中，真菌較不容易生長，同時植物面對缺水的壓力，如果提高種子的辣度，將會對它們自己造成負擔。由此可見，辣椒種子是否會變辣，乃是植物衡量雨量、昆蟲、真菌和辣椒素的製造成本等因素，在各種利弊得失之間做取捨的結果。這也可以說明，辣椒的祖先在經歷氣候、生長地或產地的改變之後，為何會從不辣變辣。當環境變得潮溼、充滿黴菌時，辣椒就以辣味來回敬。

大多數的香料都不可能像辣椒那樣，成為諾愛拉和她的同事們仔細研究的對象，但這個有關辣椒素的故事，大體上顯示了植物演化出辛香風味的過程。或許有一天會有人從事類似的研究，解開肉豆蔻核仁和肉豆蔻皮中的肉豆蔻醚，或黑胡椒中的胡椒鹼背後所隱藏的謎團。我們眼中的這些「辛香風味」，其實是植物和它們的對手在一場錯綜複雜的共演化之舞中，所發展出來的東西。如果這樣的關係不存在，則全世界的料理都會變得淡而無味。這引發了一個值得我們思考的問題：為什麼我們是用植物的種子、樹皮、根部和其他部分，來增添肉類的風味，而不是用肉類來增添植物的風味呢？

從義大利辣香腸、黑胡椒牛排到酸咖哩豬肉，我們最愛的肉類料理風味，必然是來自香料，而非肉類。之所以如此，自然有其道理。肉類之所以沒有辛香味，是因為肉可以移動。當一隻雞、一頭牛、一隻豬，或任何其他動物受到攻擊時，由於牠有移動能力，因此牠有很多選擇：牠可以跑開、飛起來、爬到樹上、鑽進洞裡，或挺身戰鬥。但植物卻不能動[6]；它們只能留在原地承受攻擊。這樣的情況，正是它們之所以演化出化學元素的原因。由於它們不能逃跑或反擊（除了那些有刺的植物之外），自然必須發明出生物鹼、丹寧酸、烯、酚等等各式各樣的化合物來趕走攻擊者。當然，昆蟲也有各式各樣的化學防禦機制，但這些多半是得自牠們所吃的植物。有些青蛙和蠑螈也會製造毒素；此外，至少有一種鳥是有毒的。但大體上，動物的肉都不含有化學刺激物，唯一明顯的例外是生活在海床上的一些動物。那裡的苔蘚蟲、海綿、海葵和其他一些生物，大多數時間都附著在岩石上，一動也不動，就像植物一樣。科學家們已經從這些動物身上解析出成千上萬種海洋生物鹼，但目前還不知道當中是否有任何一種生物鹼可以用來撒在墨西哥烤肉、希臘串燒，或串烤印度咖哩雞上，以增添風味。

在談話結束前，我問諾愛拉辣椒素和辣椒還有哪些值得探討的地方，也就是她和她的同事目前正在從事哪些方面的研究？此話一出，我們的談話立刻轉向新的主題，而每個主題都可能像諾愛拉的博士論文一樣極富開創性。舉個例子來說，那些替辣椒散播種子的鳥類似乎完全不怕辣，牠們會隨意把辣椒的果實吞下，而辣椒種子在經過牠們的消化道時也不會受到傷害，甚至還會受益，因為這個過程似乎可以幫助它們清除身上的真菌。此外，辣椒素也會使鳥兒的消化速度變慢，迫使牠們把種子帶到更遠的地方。諾愛拉告訴我，在果實之間散播真菌的那些昆蟲可能是辣椒專家，此外，有一名學生正在研究螞蟻如何辨識辣與不辣的辣椒。接著，她還提到有人最近發現了一種能夠自行製造辣椒素的真菌，只是還不清楚它為什麼要這麼做。但最吸引人的研究題目，或許是辣椒素對哺乳動物的效果。畢竟，這是哥倫布為何要在他的貨艙裡裝滿辣椒的原因，也是辣椒何以很快就成為風行全球的香料。

當辣椒素碰到人類的舌頭、鼻腔或其他敏感部位時，它會製造出化學家所形容的「令人難以忍受的灼熱和燃燒感[7]」。廚子和愛吃辣的人可能會用不一樣的字眼來形容，但原因是一樣的：辣椒素這種化學元素會耍一種把戲，擾亂人體偵測熱氣的系統。通常，人類皮膚上的熱度感測器，只有在攝氏四十三度以上（這是可能會開始對細胞造成傷害的溫度）才會啟動。舉例來說，當你喝熱湯不小心燙到嘴巴時，你之所以會感受到疼痛，就是因為這個系統正在發揮作用。然而，當你咬了一口辣椒，無論當時的溫度如何，你都會有同樣的反應。這是因為辣椒素的分子會針對那些熱度感測器，將它們全部啟動，讓我們的身體產生通常只有在受到嚴重傷害時，才會有的那種疼痛與腦內啡大量分泌的現象，使得大腦認為我們的嘴巴著火了。這種感覺可能只持續幾秒或幾分鐘，如果劑量很高的話，甚至會持續更久，但最後辣椒素會消散，我們的身體也會意識到它並有受到任何傷害。

對人們來說，這種感覺可能是很愉悅的，相當於坐雲霄飛車或看恐怖片一樣，雖然可怕卻沒有真正的危險。根據某些研究，這種由腦內啡造成的愉悅感，只有在灼熱的感覺消退後才會達到巔峰。因此，我們之所以吃辣椒，有可能正是因為我們在停止吃它們的時候，會感到很愉快（這真是矛盾呀！）。諾愛拉因為太喜歡吃辣，所以手邊總是會擺一罐辣醬，連辦公室裡都有。但她認為人們之所以喜歡吃辣，是出自他們的需要，而辣椒之所以會進入人類的飲食中自有其作用。「添加少量的辣椒到食物裡，可以產生相當不錯的防腐作用。」她指出，除了真菌之外，辣椒素還能嚇阻許多種微生物。這是何以辣椒以及其他許多種香料，都是在天氣潮溼的熱帶被馴化的原因。在這些地方，肉類和新鮮的蔬菜很容易腐敗，因此在冷藏設備發明之前，有好幾千年的時間，人們都是以辣椒來抑制黴菌和有害的細菌，而舌頭被辣到只不過是他們必須付出的小小代價。如果諾愛拉說得沒錯，人們之所以開始吃辣椒，和植物之所以發展出辣椒素的理由一模一樣：都是為了驅退真菌、防止腐敗。

除了人類之外，其他哺乳類動物由於不需要保存一鍋燉肉或豆子，所有都沒有吃辣的習慣。牠們吃到辣椒時會跟我們一樣有灼熱感，但對牠們而言，那純粹是種不舒服的感覺。因此，辣椒素雖然是為了對抗真菌才發展出來，但它也可以有效的嚇阻老鼠、田鼠、西貒，以及其他所有不喜歡辣味的哺乳類動物。在這些動物很普遍的地區，會生產辣椒素的辣椒便具有強大的演化優勢。這必然是這麼多種辣椒都會辣的原因。此外，這也是個很聰明的散播策略：辣椒素可以驅退那些會把辣椒的種子嚼爛、摧毀的動物，把更多的種子留給那些鳥類（牠們體內的疼痛感受器對辣椒素沒有反應，所以不會有灼熱的感受）。

我和諾愛拉告別時，滿腦子還是有關辣椒的問題。不過，搞科學就是這樣——知道新的資訊只會讓你更加好奇。關於辣椒的複雜故事，不僅說明了種子何以會產生辛香風味，也讓我們明白，為何香料除了用來調味之外還有這麼多用途。如果它們之所以演化出來，是為了和細菌、蘑菇和松鼠等各式各樣的生物交手，則難怪人類會發現香料在許多情況下都能派上用場。在哥倫布的時代，香料當然是用來調味的，但它們也經常被當成藥物、春藥、防腐劑和祭祀品。（許多人以為異國的香料經常被用來掩蓋肉類腐爛的氣味，但事實正好相反。這些香料都很昂貴，並且是身分地位的象徵。那些買得起香料的人，當然也買得起新鮮、優質的食材。）時至今日，情況還是差不多。從辣椒中提煉出來的辣椒素（這只是其中的一個例子而已）被用來做成各式各樣的東西，包括關節炎的藥膏、減肥藥丸、保險套的潤滑劑、船隻的底漆，以及防身噴霧。參加奧運的馬術選手曾經因為在馬腳上塗抹辣椒素，而被取消資格；非洲的野生動物管理員會用無人飛機噴灑辣椒素，以便將象群趕離盜獵者。但在中國，辣椒素還有一個作用，而大多數人都是靠另外一種種子達成這個作用，而且這種種子可能比辣椒更加有名。

當年毛澤東主席提倡過簡樸生活，吃農民所吃的簡單食物，但他也出了名的嗜吃辣椒。即便是住在洞穴裡，他也會命人把辣椒加進麵包裡，而且據說他深夜工作時，還會吃一整把辣椒來增強活力。至今，他家鄉湖南省的警察還不時會拿辣椒給想睡覺的駕駛吃，以期減少交通事故。不過，對大多數夜貓子來說，最好的興奮劑是一種液體，萃取自一種非洲灌木的種子。就像極盛時期的香料，這種種子曾經為人帶來巨額財富，對世界局勢產生影響，並引發了至少一趟可以媲美冒險故事的航海之旅。

最讓人開心的豆子

如果我不能每天喝三次咖啡，我會很痛苦，並且縮得像塊烤山羊肉！

——巴哈與韓賀奇（Christian Friedrich Henrici），
《咖啡清唱劇》（*The Coffee Cantata*，約一七三四年）

一七二三年，一艘法國商船試圖橫越大西洋，到了半路卻因為沒有風而無法繼續航行。有一個多月的時間，船上的帆一直都處於鬆弛狀態，在微風中輕輕飄動，船只能隨著洋流緩緩漂流，等待穩定的風吹來。它所走的路線和二百多年前的哥倫布一樣，只不過橫越大西洋之旅已經不像當初那麼稀奇了。儘管如此，這次航行的結果仍與種子有關。據說，這艘船在漂流之前已經遇過不少麻煩：它曾經在直布羅陀外海遭遇致命的風暴，也曾差點被突尼西亞海盜劫持。現在，它被困在赤道的無風帶，船上的淡水已經所剩不多，因此船長下令對船員和船上的乘客實施嚴格的配給制度，每人只能分到一些水。在這些乘客中，有一位紳士感到特別口渴，因為他把分到的一部分水，拿來澆灌一株缺水的熱帶灌木。

所幸，後來又開始起風了，於是這艘船得以安全的停靠在加勒比海的馬丁尼克島（Martinique）。過了許久之後，這位紳士在文章中寫道：「那株植物很嬌貴，我不知道花了多少工夫照顧它，但在此就不必詳述了。」他所照顧的那株細瘦幼樹的子孫，後來改變了整個中南美洲的經濟。毫無疑問，這株植物便是咖啡樹。但這位名叫狄克魯（Gabriel-Mathieu de Clieu）的年輕海軍軍官究竟如何拿到這株咖啡幼樹，迄今仍眾說紛紜。

有人說，狄克魯和一群戴著面具的同事翻越巴黎植物園的圍牆，闖進了那裡的溫室，拔起了一棵咖啡幼樹，然後便遁入夜色中。大多數歷史學家都對這個說法存疑，但對於咖啡幼樹所在的地點，他們倒是都沒有異議。因為在十八世紀初，全法國唯一的一棵咖啡樹確實位於皇家植物園，這棵高大健壯的咖啡樹，是阿姆斯特丹市市長為了向法王路易十四表達敬意而獻上的禮物。根據狄克魯的說法，他的咖啡樹很小，「差不多和一株石竹的枝椏一般高[1]」，所以它必然是從國王的那棵樹剪下來的枝葉或是幼苗。當時咖啡樹是稀有的園藝植物，因此皇家植物園的人員一直試圖加以繁殖，但他們可能沒想到，它會帶來如此巨大的經濟效益。狄克魯曾經遊歷各地、見多識廣，他知道西方國家的人民已經不再把咖啡當成異國的新奇玩意兒，只有土耳其人和阿拉伯人才喝。事實上，無論在倫敦、維也納或各個殖民地，咖啡已經成為人們每天主要的飲料，不僅餐館和咖啡廳裡販賣，也是人們的家常飲品。然而，當時全球的咖啡市場完全被荷蘭人在爪哇的咖啡莊園所壟斷，以致「爪哇」（Java）一詞很快便成了咖啡的同義詞。而狄克魯在馬丁尼克島有一座很大的莊園，如果他能把咖啡樹帶到那裡，說不定就可以打破荷蘭人的壟斷，讓法蘭西帝國更加強大，並從中賺取龐大利潤。

圖 10.1：一七二三年，傳說中法國海軍軍官狄克魯在橫渡大西洋，卻因無風而動彈不得時，將他分配到的水分給一小株咖啡樹。從那唯一一棵咖啡樹剪下的樹枝與種子，幫他在加勒比地區建立起咖啡農場，或甚至遠及中美洲及巴西。繪者名不詳（十九世紀）。WIKIMEDIA COMMONS.

他後來在一封信函中回憶當時的情景：「一抵達馬丁尼克島，我立刻把那株珍貴的灌木種下去。在經歷了這麼多危險之後，這棵樹已變得愈發寶貴。」從狄克魯的信函中，我們可以得知，除了海上的缺水危機之外，當時船上還有一名乘客出自忌妒的心理，曾經好幾次試圖偷取那株幼樹，而且最後還折斷了一根樹枝。此外，在咖啡幼樹抵達狄克魯的莊園後，他還必須設置有刺的圍籬，並且派人看守，以便保護它的安全。更有人暗示，狄克魯的幼樹不是他偷來的，而是他色誘法國宮廷某位「地位崇高的女士」的結果。時隔數百年，哪些是真相，哪些是加油添醋的說法，如今已然不可考[2]；但無論如何，狄克魯的事蹟充分顯示，人們會為了喝上一杯好咖啡，而無所不用其極。那株寶貝灌木終於結果時，他所有的辛苦終於得到美好的報償。他把一些種子和枝條送給鄰近的莊園，結果不到幾十年間，馬丁尼克島就種植了將近二千萬棵產量極高的咖啡樹。

時至今日，雖然沒什麼人記得狄克魯的名字（維基百科上介紹他的英文字，不到二百五十字），但他在愛好咖啡的人士當中一度享有盛名。一八一〇年時，英國詩人查爾斯·蘭姆（Charles Lamb）曾經寫一首詩向他致敬。這首詩的開頭是這樣的：

每當我啜飲那芳香的咖啡，
便想起那慷慨的法國人，
因為他那堅毅、高貴的舉動，
咖啡樹才能到達馬丁尼克海岸。[3]

如今從馬丁尼克到墨西哥乃至巴西[4]這個地區所生產的咖啡，占了全球總量一半以上。狄克魯並非唯一帶著咖啡橫越大西洋的人，但蘭姆等人把所有功勞都歸給了他。這種說法誇大了狄克魯在其中扮演的角色，但有一件事情，他倒是看得很準：人們對咖啡的需求與日俱增。自從狄克魯的時代以來，全球咖啡的消耗量已急遽上升。誠如一九四〇年Inkspots樂團發行的經典專輯「Java Jive」中所指出的，人們喜歡買「讓人開心的咖啡豆」。這樣的愛好已經使咖啡豆成為世界第二大商品，年收益僅次於石油期貨。據估計，全球約有十億到二十億人每天都喝咖啡（包括我在內），但這些人在購買、沖泡和啜飲咖啡時，可能很少想到一個很基本的問題：我們為什麼要喝咖啡？如果有人提出這個問題，通常很快就會有人回答：是為了咖啡豆所富含、一種具有輕微成癮性的興奮劑，也就是「咖啡因」。但這個答案卻會引發另外一個問題：咖啡裡為何會含有咖啡因？

如果蘭姆真想為早晨所喝到的咖啡表答謝意，與其說「島民傳誦他的功績／咖啡莊園到處林立」，他應該寫一首頌歌讚美各種昆蟲、蛞蝓、蝸牛和真菌，並描述咖啡因如何讓蝸牛的心跳變慢、讓蛞蝓身體出現研究人員所謂「不協調的扭動」[5]。此外，詩中還應該提到菸草天蛾和圓胸小蠹蟲（shot-borer beetles），因為牠們的幼蟲只要稍微一碰到咖啡因就會失去生氣。同時，詩中或許也應該說明，咖啡因如何減緩那些會引發根腐病和簇葉病等病害的真菌生長速度。但是詩人們在泡咖啡時，並不會想到幼蟲或真菌——沒有人會。不過，事實並未改變：沒有這些幼蟲或真菌，我們就不會有咖啡可喝。

「咖啡因是天然的殺蟲劑。」在一群研究人員初步發表咖啡所具有的效果後不久，《紐約時報》便刊出了這樣一則頭條新聞。當時他們所公布的內容很簡短，但其中指出蚊子特別容易受到咖啡因的影響。事實上，咖啡因確實有效，而且可以對抗許許多多的蟲害，因此除了咖啡樹之外，有些植物也懂得加以運用。在熱帶地區就至少有三種其他樹木的種子含有咖啡因，分別是：可可、瓜拿納（Guarana），和可樂果（Kola nut）。這些種子就像咖啡豆一樣，可以被磨成粉再和水混合做成飲料，包括熱可可、巴西的瓜拿納汽水，和市售的各種可樂（包括最初的可口可樂和百事可樂[6]）。除此之外，茶葉和南美洲一種名為「瑪黛」的冬青屬植物中也含有咖啡因。以上這些都是人們最喜愛的提神飲料。看來，自然界有咖啡因的地方，人們便會拿著馬克杯、葫蘆或茶壺趨之若鶩。

咖啡因就像辣椒素一樣，也是一種生物鹼。要製造咖啡因，植物必須用掉一部分的氮，而這些氮是原本可以拿來用於生長的，因此咖啡樹便透過「咖啡因回收系統」，把這些咖啡因做最有效的利用。它們會先在身上最脆弱的組織中製造出咖啡因，然後再把這些咖啡因轉移到最重要的地方，也就是它們的種子。嫩葉是最先出現咖啡因的部位，此時咖啡因有助驅除那些以嫩葉為食的昆蟲與蝸牛；但是當這些葉子逐漸長大變硬時，咖啡樹便會把一大部分的咖啡因收回，放在花朵、果實和發育中的種子當中，以便保護它們。咖啡樹的果實（一種淡紅色的漿果）也會製造咖啡因，其中很大一部分都滲進果實內的一對種子中，而這些種子不僅接收咖啡因，它們本身也會製造更多的咖啡因，使其濃度達到幾乎可以驅退所有攻擊者（那些最強硬的對手除外[7]）的地步。由於會對咖啡下手的昆蟲和其他害蟲，總計在九百種以上，因此我們可以合理假定，咖啡樹是為了因應這樣的狀況而演化出咖啡因，但就像歷史學家對關於狄克魯的故事細節仍有歧見一般，科學家們對植物之所以演化出咖啡因的原因，仍有不同的看法。咖啡因雖是很好的殺蟲劑，但這並不是它唯一的用途。

咖啡樹會在各個部位製造出咖啡因，但咖啡因一旦到了種子裡就會停留在胚乳中，不再流動。對愛喝咖啡的人來說，這是一件好事，但對種子而言，就不盡然了。這是因為咖啡因除了能驅退攻擊者之外，也會使種子無法發芽。咖啡因的化學結構既能殺死甲蟲的幼蟲、讓蛞蝓痛苦的蠕動，同樣也會使植物細胞無法正常分裂。我們先前已經提過咖啡豆所面臨的這個困境，但值得在這裡再提一次。為了能成功的發芽，咖啡種子必須讓它細小的根和幼芽遠離咖啡豆內含有咖啡因的部位。它所用的方法便是：快速的吸水，讓它原本就有的細胞飽含水分並膨脹，並將生長點往外推。唯有在逃離了咖啡豆之後，幼芽的細胞才能正常的分裂與生長。然而，當它們成功的完成了這個任務之後，還會發生一個更有趣的現象：當咖啡幼苗愈長愈大時，咖啡因會從逐漸萎縮的胚乳中滲漏出來，擴散到周圍的土壤中，而且似乎能夠抑制附近植物的根部生長，並阻止附近的其他種子發芽[8]。換句話說，咖啡豆知道該如何殲滅它們的競爭對手；它們會分泌自製的殺蟲劑，清出一小塊地盤來占地為王。在植物的演化上，這是一個很大的優勢，能夠幫助植物順利發芽，並確保自己的生存。這一點就像驅除害蟲一樣重要。

我們很容易理解咖啡樹為何想保護自己的種子和葉子，或讓它們的幼苗能夠「贏在起跑點」，但有關咖啡因之所以形成的原因，有個理論卻頗令人意外，不過想必也有很多人能夠認同，因為他們在一大早也有同樣的感受。這和「成癮」有關。當被回收的咖啡因在咖啡樹內流動時，也會出現在花蜜中。長久以來，這一點一直讓科學家們大惑不解：為什麼咖啡樹要把殺蟲劑放在用來吸引昆蟲的花蜜中呢？科學家們最近在研究蜜蜂之後，終於找到了答案：在劑量適當時，咖啡因不會驅退那些幫助傳粉的昆蟲，反而會使牠們一而再、再而三的回來。

「我認為咖啡因強化了牠們大腦中的酬賞路徑（reward pathway）神經元反應。」傑蘿汀．萊特（Geraldine Wright）告訴我。她是英國新堡大學（Newcastle University）的神經科學教授，畢生都在研究蜜蜂的思考模式。她對蜜蜂非常熟悉，因此偶爾會在公共場合穿上「蜜蜂比基尼」，讓一群活生生的工蜂停駐在她身上，蓋住她胸部到領口的部位。蜜蜂的腦子雖然簡單，卻表現出驚人的合作能力。萊特和同事曾經訓練一群蜜蜂造訪他們用來做實驗的花朵，結果發現：這些蜜蜂比較有可能記住並回到那些被塗抹了咖啡因的花朵上[9]，而且頻率高達三倍。在這個情況下，蜜蜂腦子運作的方式就像人類一樣：當牠們啜飲花蜜中的咖啡因時，牠們的酬賞路徑就會亮起來。對於咖啡樹而言，製造含有咖啡因的花朵，可以吸引一票忠誠的傳粉昆蟲，就像每天早上通勤的人士在他們最喜歡的咖啡攤之前，排隊購買義式咖啡一樣。

當我問萊特這是不是咖啡因產生的目的，而它的殺蟲和除草作用只是附帶效果時，她似乎認為這種說法太過牽強。她在寫給我的一封電子郵件中表示：「我不確定『擇汰』的壓力有這麼強大。」我幾乎可以看到她皺著眉頭表示懷疑的神情。但是柑橘屬樹木的花朵裡也含有咖啡因，它們的種子或葉子裡卻沒有，這顯示這樣的說法還是有可能成立。由於柳橙、檸檬和萊姆都是以揮發性的油和其他化合物，做為自我防衛的工具，因此，它們之所以使用咖啡因，顯然只是為了要操縱蜜蜂的腦袋。

在談論種子時，與其推測咖啡因形成的確切原因，不如了解它的作用。它對驅除昆蟲和抑制附近植物的生長都很有效，但蜜蜂的故事也很重要，因為在咖啡豆的所有特性中，對於咖啡的歷史以及飲用咖啡的文化影響最大的，莫過於咖啡因對人腦的作用。

「情緒會更高昂，想像力會變得活躍，對人會充滿善意……記憶力會增強，判斷力也會提高，同時在短時間之內會變得口若懸河、滔滔不絕。[10]」這是一九一〇年英國某醫學期刊的報告。現代學者的用語可能會比較保守一些，但他們研究所得到的結論是相同的。人們在喝下一杯普通容量大小的咖啡之後，進入血液中的咖啡因就足以對他們的中央神經系統產生可以測量的影響。大腦神經元放電的速度會變快，肌肉會抽搐，血壓會升高，困倦的感覺會消退。但就像辣椒素造成的灼熱感並不是由熱氣導致，咖啡因造成的興奮感也不會真正提振你的精神。我們喝下咖啡後，精神之所以會變好，是因為咖啡因會防止我們感到疲倦。專家們稱咖啡因為「拮抗劑」（antagonist），因為它會干擾腦部若干化學物質的正常運作，尤其是腺甘酸（adenosine）。科學家們至今尚未能完全了解腺甘酸在腦部的作用，但有個方式可以說明它所扮演的基本角色。

數十年來，葛瑞森．凱勒（Garrison Keillor）的廣播節目「原野良伴」（A Prairie Home Companion）當中都會播出一齣滑稽短劇，內容以「番茄醬顧問團」的廣告為主。這個顧問團是虛構的企業團體，專門宣揚番茄醬中含有「讓人變得成熟穩重的天然物質」。短劇中有一些乏味無趣的角色，他們如果沒有定期吃些番茄醬，行為就會變得愈來愈古怪、愈來愈衝動，例如他們會突然決定要去跑馬拉松、穿鼻洞、寫回憶錄，或搶劫賣酒的店。腺甘酸不是番茄醬，它是讓我們的身體能夠運作的基本生化物質之一。但在大腦的活動中，腺甘酸所扮演的角色，正是「讓人變得成熟穩重的天然物質」。它會減緩神經元活動的速度，並引發一連串的化學反應，使人逐漸入睡。人們在喝咖啡之後會覺得頭腦清醒，是因為咖啡因會干擾這個過程，甚至會取代腺甘酸，讓大腦的活動在原本可能遲緩的時候變快。因此，咖啡因並不會真的讓人們更有能量，只是讓他們比較不會疲倦而已。

「番茄醬顧問團」短劇裡的那些角色，在吃了番茄醬之後，總是會再度變得成熟穩重；同樣的，大腦的化學作用最後必然會克服咖啡因的作用，使人們再度能夠入睡。但人們似乎很享受這種暫時充滿活力的感覺，因此，他們也像蜜蜂一樣，會一而再、再而三的尋求咖啡因的刺激。同時，就像幾隻蜜蜂就能帶領整個蜂群找到那些含有咖啡因的花朵一般，喝咖啡的習慣也改變整個人類社會的走向。歷史學家認為，這個習慣為啟蒙時代和其後的工業革命[11]，奠定了一部分的基礎，而這一切都從人們改變早餐的內容開始。

從事廣告業的人都知道，「冠軍的早餐」（Breakfast of Champions）是Wheaties這個穀麥片品牌，沿用了超過八十年的一個代表性口號。對於大學兄弟會和住在學校宿舍裡的學生來說，這些穀麥片要配上大量的啤酒，才能算是「冠軍的早餐」。據說在一夜的狂歡之後，這樣的組合可以「以毒攻毒」，解除宿醉。問題是，兩者加在一起之後嘗起來軟糊糊的，很少人試過一次之後還會想要再吃。那些睡眼惺忪的大學生如果知道，過去整個中歐和北歐地區的人曾經「每天」吃這樣的早餐，而且期間長達九百多年，可能會感到很驚訝吧。在咖啡到來之前，「啤酒湯」曾是中歐和北歐人民早餐的主食。他們通常是把熱騰騰的啤酒澆在麵包或軟糊的食物上，在特殊的節慶時則會加上蛋、奶油、乳酪或糖。這樣的食物組合，讓各種年齡的人都可以得到碳水化合物、卡路里和適量的酒精（那些啤酒通常都很淡）。但這樣的早餐只是開始而已，他們在一天當中還會喝上很多次啤酒。事實上，中世紀時期中歐和北歐地區的人，每頓飯都會用自家釀的麥芽酒和其他種類的啤酒來搭配麵包，使得啤酒占了他們飲食很大的一部分。到了十七世紀，當咖啡開始進入人們的生活時，北歐地區平均每人的啤酒攝取量是每年一百五十六到七百公升，平均是三百到四百公升[12]；相形之下，現在的數字便遜色許多。美國人每年只不過攝取七十八公升，英國人七十四公升，就連愛喝啤酒的德國人，每年也只喝一百零七公升。

在這樣的環境下，咖啡的到來，便成了社會歷史學家口中的「偉大的清醒劑」（the Great Soberer）。啤酒或葡萄酒（這是南歐人主要飲用的酒類）會使人昏沉，但咖啡卻會使人頭腦清醒、充滿活力，而且或許還能增進工作效率。用大學生的例子來說，任何希望能夠畢業的學生應該很快就會發現，在上課前喝啤酒和在上課前喝咖啡，兩者的效果大不相同。啤酒和咖啡都是由種子製成的，但如果你用能夠提神的咖啡來取代經過發酵的啤酒，所造成的影響將不只是學業成績提高而已。歐洲人開始改喝咖啡，是在宗教改革時期之後。咖啡讓人清醒並增進生產力的效果，很適合當時新興的哲學思維。正如一位學者所說，咖啡「以化學和藥物的方式，達成了理性主義和新教的倫理道德想要在靈性和觀念上達成的目標[13]」。在實際的層面上，咖啡使人們的身心狀態，更適合從事當時在城鎮和市區正變得日益普遍的室內工作，包括管理、貿易和商品的製造。難怪coffee（咖啡）、factory（工廠）和working class（勞工階級）這幾個字，都是在十八世紀才成為英文的一部分。咖啡尤其受到市區工人的歡迎。據說倫敦的咖啡廳一度多達三千家，平均每二百個居民就擁有一家咖啡廳。

就像所有的風尚一般，這股咖啡熱潮當然也包含不少誇大、宣傳的成分。儘管咖啡當時已是合法的興奮劑，但醫師和咖啡商人也推薦患有痛風、肺結核及性病等疾病的人士飲用咖啡。在有關咖啡療效的說法當中，有些彼此矛盾（有人說它會造成頭痛，有人說它可以治療頭痛），絕大多數都不正確（例如，咖啡可以助性或提高智力），但有些則仍是目前醫學研究的題材（例如，咖啡可以抗憂鬱、防止蛀牙、抑制食慾、治療高血壓）。科學界之所以仍然對研究咖啡有濃厚的興趣，並不令人意外。咖啡豆中除了咖啡因之外，還含有至少八百種其他的化合物。因此，有些人認為咖啡是人類飲食中化學成分最複雜的食物，其中大多數成分從來沒有被研究過，因此它們對人體健康的效果如何仍是個謎。大致上，科學家們都認為咖啡可以降低人們罹患第二型糖尿病、肝癌的風險，以及男人罹患帕金森氏症的機率，但沒有人清楚其中原因何在。

喝太多咖啡可能會讓你睡不好，也可能會造成巴哈在其《咖啡清唱劇》，又名《安靜，不要喋喋不休》（*Be Still, Stop Chattering*）中，所嘲諷的那種神經質的現象。巴哈本人是出了名的愛喝咖啡，他經常在萊比錫最好的咖啡屋齊默曼咖啡館（Café Zimmermann）演出他的作品。這類聚會顯示，咖啡在十八世紀時已經開始扮演的社會與文化角色。由於它能刺激人們的思考與對話，因此人們齊聚在咖啡館時不是為了狂歡作樂，而是要進行嚴肅的對話、聚會，或舉行文化活動。在當時（現在也一樣），上咖啡廳和上酒店是很不一樣的兩回事。人們不僅在那裡和朋友見面，也去那裡讀書、聽馬路消息、下棋，甚至去那裡做生意。當年時常出入倫敦愛德華・勞埃德（Edward Lloyd）咖啡館的多名船運保險人，後來打造了全球最大的保險公司，且公司名還沿用當年咖啡館主人勞埃德的名字。不過，這個倫敦勞埃德保險社（Llyod's of London，又稱勞合社）並不是唯一知名的例子。紐約銀行（The Bank of New York）也是在商人咖啡屋（Merchant's Coffee House）成立的；同樣的，倫敦證券交易所也是在一家名叫「強納森」的咖啡屋創始的。此外，當時在咖啡屋中進行的公開拍賣會（拍賣內容包括藝品、書籍、馬車、船隻、不動產和「海盜戰利品」等應有盡有[14]），也促使佳士得（Christie's）和蘇世比（Sotheby's）這全球兩大拍賣公司創立。

對哲學家、作家和其他知識分子而言，咖啡屋也迅速成為一個不可或缺的場所，一個可供他們表達意見、分享觀念的中心。當時的人稱這些咖啡館為「便士大學」（penny universities），意思是，你只要在那裡聆聽那些高水平的知識分子對話，就可以受到很好的教育。據說伏爾泰每天要喝五十杯咖啡；由於他時常待在巴黎的波蔻布咖啡館（Café de Procope），因此他的寫字桌至今仍被供在那裡的一個角落。盧梭也經常光顧波蔻布咖啡館，據說他還曾經在那裡和偉大的百科全書編纂人丹尼斯・狄德羅（Denis Diderot）對弈。山繆爾・強森（Samuel Johnson）文學俱樂部裡的那些知名文人，在蘇活區土耳其頭旅館（Turk's Head）的咖啡聚會持續了將近二十年。強納森・史威夫特（Jonathan Swift）因為太長流連於詹姆斯街咖啡屋（St. James Coffeehouse），索性請郵差把他的信送到那兒。除了文人雅士之外，科學家也喜歡咖啡。有人說牛頓曾在希臘咖啡館（The Grecian Coffeehouse）解剖一隻海豚[15]，雖然這個故事並不是真的，但他晚上確實時常待在那兒，因為這家咖啡館位於英國皇家學會附近——這個學會也是在牛津咖啡俱樂部（Oxford Coffee Club）創立，學會成員在開完會後，都喜歡去那裡喝咖啡。

除此之外，政治思想家也喜歡光顧咖啡屋。羅伯斯比（Robespierre）和法國大革命的其他重要人物經常在波蔻布咖啡館聚會；拿破崙年輕時曾經因為沒錢付帳，不得不把帽子抵押在那兒。富蘭克林每次進城也都會前往造訪[16]；他在倫敦咖啡屋的那些朋友——「誠實的輝格黨」（The Club of Honest Whigs）——當中，有一位激進的自由派分子里查．普萊斯（Richard Price）。普萊斯的觀念對富蘭克林及美國獨立革命的其他領袖，有很大的影響。這證明幾十年之前，查理二世的看法是正確的——咖啡屋是煽動叛亂的中心。說喝咖啡會導致革命當然太過頭了，但說它會導致革命思想倒是一點都不誇張。做為一種藥物和社交聚會的中心，咖啡確實在將啟蒙運動的理想化為政治現實的過程中，扮演了某種角色。

歐洲人士不僅接納了咖啡這種來自阿拉伯的飲料，他們把咖啡屋當成文化與政治活動中心的做法，也等於接納了阿拉伯人的生活方式。在巴黎和倫敦的咖啡屋蔚為流行之前的好幾百年間，咖啡屋一直是整個近東和北非地區人民的社區聚會場所。（據說，咖啡的起源，是因為一個衣索比亞牧羊人發現他的羊群吃了一種豆子之後，會立起後腳跳舞。）做為一種非酒精性的社交飲料，咖啡很符合伊斯蘭教義以及阿拉伯社會（學者認為他們是世上最健談的社會之一）的需求。十九世紀時，咖啡屋對西方的影響逐漸式微，但類似開羅的費沙維咖啡館（Al-Fishway cafe）這樣的場所，已經持續營業超過二百六十年。我們只要看一下最近一篇學術論文的題目：〈手機、計程車和咖啡屋：社群媒體與埃及的反抗運動，二〇〇四～二〇一一〉，就可以看出咖啡在阿拉伯世界至今仍具有的重要性。在阿拉伯之春的「推特革命」期間，咖啡屋成為不可或缺的實體聚會地點，除了是反對人士策劃活動的中心外，也是他們避難的場所，後來甚至成為臨時醫院。事實上，過去這五百年來，埃及和整個阿拉伯地區每次發生暴動時，咖啡屋都扮演這樣的角色。

如果狄克魯在今天橫越大西洋，他將會發現加勒比海和整個中南美地區的咖啡生產業與加工業已然頗為興盛，但如果他想了解「喝咖啡」這回事，人們可能會把他送到距離我們不遠的一個地方：一座被稱為北美洲咖啡「聖地」的城市。一九八三年，美國企業家霍華·舒茲（Howard Schultz）在西雅圖的星巴克咖啡店，設置了第一台義式咖啡機之後，便帶動了咖啡店的復興，使得北美和歐洲地區出現了自從十八世紀以來，最興盛的一股喝咖啡風潮。而今，光是星巴克這家公司，在全球六十二個國家就擁有超過二萬家分店。這樣的榮景有其文化上的因素。星巴克崛起於西雅圖市中心區，這裡也是微軟、亞馬遜、智遊網（Expedia）、RealNetworks，以及其他許多科技公司聚集的地方。咖啡過去曾是啟蒙時代的良伴，但更適合現代這個資訊時代，以及這個時代所培養出來以科技為主、很「宅」的生活方式。套用一個專家所說的話，咖啡所帶給我們的咖啡因，已經成為「現代世界賴以存在的藥物」。

網際網路、簡訊、社群媒體和其他數位新產品，已經使人們的工作時間變得更長，也期望能經常與他人保持連絡。咖啡所帶來的提神效果，正好符合人們的需求。暢銷的科技雜誌和網站《連線》（*Wired*）的名字來自業界的術語，有兩個意思：「對數位科技的熟稔」，以及「服用提神劑之後的精神亢奮狀態」。習慣喝咖啡提神的「電腦怪胎」，如今已然成為主流。隨著人們盯著螢幕（桌上型電腦、筆電、平板電腦和智慧型手機）的時間愈來愈長，這樣的「電腦怪胎」也愈來愈多。茶葉的銷售量也增加了；市售的能量飲料、蘇打水、止痛劑、瓶裝水、口氣清新劑和所謂的「能量葵花籽」，普遍都添加了咖啡因。過去一般公司的職員只能在影印機旁，喝到以過濾式咖啡壺所沖泡的微溫拙劣咖啡，但現在谷歌、蘋果和臉書等公司的員工，卻可以前往設在公司園區內的咖啡館享受免費咖啡。但最能彰顯咖啡、科技與新經濟之間的關係的，莫過於類似西雅圖的衝浪咖啡廳（Surf Café），或舊金山的峰頂咖啡廳（The Summit）這樣的店。顧客可以在這些地方租用辦公桌，以便研擬創業點子，並且和可能的金主碰面。這種咖啡吧台和工作間的組合，就像是現代版的勞埃德咖啡屋。當年那些保險業務員也是先在吧台聚會，然後轉移到餐桌和雅座，現在則已經搬到倫敦市中心一棟十四層樓高的三塔式大廈裡了。如今，咖啡也以同樣的方式，形塑著這個被科技所驅動的經濟體系。在咖啡的作用下，人們產生了新的點子，咖啡廳內的那些聚會，則有助這些點子成為可以販賣的商品。

這一切都是拜種子之賜。為了再次探索這個種子，我決定造訪西雅圖的一家咖啡屋。（就像購買Almond Joy巧克力棒一般，能夠用公費喝咖啡也是前所未有的福利。）但西雅圖有好幾千家咖啡店，我應該去哪一家呢？於是我請教了一位從事咖啡生意的朋友，又打了好幾通電話徵詢各方意見：西雅圖那些在咖啡店工作的人想喝一杯好咖啡的時候，會上哪兒去呢？

不久之後，我就來到了石板咖啡店（Slate）的門口；這家店最近才在年度的咖啡展中獲選為美國最佳的咖啡店。它位於巴勒區（Ballard，西雅圖最時髦的區域之一）的一個巷弄裡，之前是一家理髮廳。（我的挪威姨婆娥爾嘉和蕊吉娜，曾經住在那兒附近的山坡上。當時巴勒區還是一個北歐人聚集的社區，特產是醃鯡魚，而不是義式咖啡。）店裡的陳設非常簡樸，角落裡有一台古色古香的唱機正播放著爵士樂；除此之外，沒有多餘的裝飾物。素樸的灰色牆面、一個整潔的櫃台，以及幾張造型簡單的吧台椅，使人把所有的焦點都放在咖啡上。如果人選不對，這樣的裝潢可能會顯得有些做作，但石板咖啡店的服務人員友善親切，讓這一層顧慮完全煙消雲散，而且他們對咖啡的熱情，就像店裡的牆面一樣赤裸裸、毫無掩飾。

「你坐這裡好了。」咖啡店主人雀兒喜．沃克─華特森（Chelsey Walker-Watson）面帶笑容在門口招呼我，並且和我握手。她讓我坐在吧台前，位於另外兩人中間，這兩人手上也拿著筆記型電腦，因此有那麼一會兒，我以為他們必定也是在寫有關種子的書（真是可怕！）。不過後來雀兒喜就向我介紹他們，說他們是新進的員工，正在接受訓練。因此，接下來的三個小時，

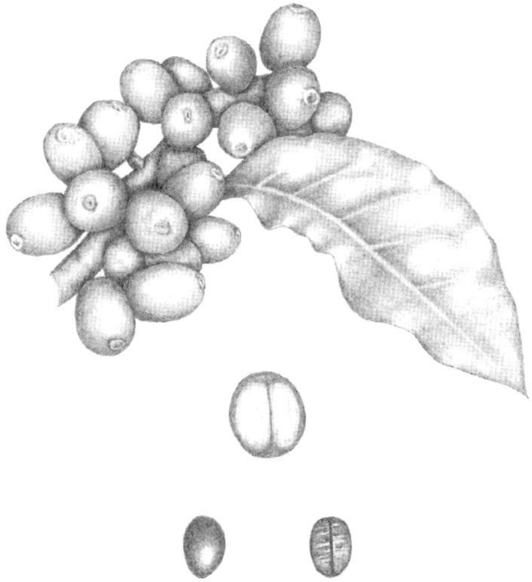

圖 10.2：咖啡（*Coffea* spp.）。這些矮小的非洲樹木的種子，因其提神的咖啡因以及複雜的香氣而為人喜愛，並成為全球最受廣泛交易的商品。插畫上方是如莓果般的果實，而下方橫切面所示的兩瓣種子，在烘烤時會膨脹變黑。ILLUSTRATION © 2014 BY SUZANNE OLIVE.

我便一直坐在吧台前泡咖啡、喝咖啡、談咖啡，並且試著了解如何才能在全國最時尚的一家咖啡屋當個咖啡師。

「基本上，我是因為男朋友希望有免費的咖啡可以喝，才到皮特咖啡店（Peet's）工作的。」當我問雀兒喜怎麼會進入這個行業時，她很老實的告訴我。她個子嬌小，一頭暗色秀髮，戴著同色眼鏡。事業顯然非常成功的她，說起話來卻很會自我調侃。我沒問她是否還跟那個男友在一起，但咖啡顯然不曾離她而去。她在「皮特」這家全美第三大咖啡連鎖專賣店待了十年，一路晉升到主管職，之後才離開自行創立石板咖啡店。這家店開張不到一年，就已經贏得幾個全國性的大獎。他們的作風是回歸基本面，注重咖啡豆的特性；他們知道咖啡豆既是植物的種子，因此不同的生長環境（包括土壤、海拔高度和雨量）會對豆子的風味造成明顯的影響。各地的咖啡豆不僅大小、顏色和密度不同，化學成分也不一樣，這是因為像越南這類地方的咖啡樹所面臨的蟲害，就和衣索比亞、哥倫比亞或馬丁尼克等地大不相同。大多數咖啡店都努力讓他們的每一杯咖啡風味一致，但石板的團隊卻會嘗試各種不同的烘焙與沖泡方式，以帶出不同的風味。

「就像烤土司一樣。」石板的首席咖啡師布蘭登．保羅．韋佛（Brandon Paul Weaver）解釋。「白土司和全麥土司是很不一樣的，但如果你把它們烤焦了，那麼吃起來都一樣。」所以祕訣就是要把豆子烤得剛剛好，不能太過，以免豆子失去原有的獨特風味。「但也不能太生。」他扮了個鬼臉。「生豆子吃起來像草一樣。」

經他這一番說明，當他遞給我當天的第一小杯咖啡時，我不知道自己應該懷著什麼樣的期待，但才喝了一口，我便確定石板的咖啡和我在家沖泡的全然不同。它嘗起來像是某種味道很濃的藥草茶：是咖啡沒錯，可是還帶著強烈的柑橘和藍莓風味。「你覺得怎樣？」布蘭登急切的問道。「有感覺到茉莉的香氣嗎？」

布蘭登身材高瘦，留著一頭又黑又捲的長髮，頭頂上斜戴著一頂草帽。雀兒喜忙著招呼客人時，他便接手訓練工作，談論著咖啡粉的粗細、水溫和飽和點，說話的速度很快。每一杯咖啡他都個別沖泡，用的是加熱板、磅秤和大燒杯，看起來很像化學實驗室的道具。他曾經在美國西北區咖啡沖泡比賽中獲得首獎，當時他所用的方法，最近被公布在網路上：「十九．三克咖啡（來自衣索比亞耶加雪夫的力姆〔Limu〕區），用Baratza Virtuoso磨豆機磨成中等粗細；三百克攝氏九十六度的水；用「聰明濾杯」（Clever Dripper）套上Kalita濾紙沖泡三分十五秒。」

這般一絲不苟、在意細節的態度，似乎到達偏執的程度，但布蘭登、雀兒喜和石板的每一個成員都希望咖啡能夠像上等的葡萄酒一樣，成為一種非常細緻的飲料。如果他們做到了，人們就會開始像鑑賞釀酒的葡萄那樣鑑賞咖啡豆，注意它們的品種、名稱和品質。這種品賞咖啡的嶄新態度，似乎已經逐漸受到認真的咖啡行家歡迎。相形之下，石板團隊為他們的咖啡館所設定的目標則很傳統：他們希望它能成為一個讓人們可以對話的地方。

「我對咖啡所能帶來的東西很感興趣。」布蘭登表示，並談到他曾經親眼目睹坐在吧台前的陌生人逐漸有了美妙的互動。彷彿為了要證明他的說法似的，我們的「咖啡課程」很快便吸引了一小群人前來圍觀；他們都是熱愛咖啡、想在家嘗試用石板的方法來沖泡咖啡的人，但站在我背後的那位則是想用在他工作的地方。他是巴勒區另外一家烘豆咖啡屋（Toast）的咖啡師。「我才剛下班，想說在回家路上可以停下來喝一杯。」他的口氣中不帶一絲嘲諷。這一群人當中有瘦巴巴的青少年，也有一對已經退休的夫婦，甚至還有一位來自喬治亞州的遊客，他因為在一個咖啡部落格上看到了有關石板的報導，因此慕名而來。當布蘭登注水時，大家都很專心的看，因此沒有人注意到角落的唱機已經跳針，不斷的重複班尼．古德曼（Benny Goodman）所吹奏的單簧管音樂片段；那是爵士樂中某種急速彈奏的合音，音調愈來愈高亢，倒是很適合在喝咖啡的時候聽。

在品嘗了三個小時的咖啡後，我感覺自己的腦袋彷彿也要開始跳針了。我可以想像那裡聚集著一大群咖啡因分子，正對著我的腺甘酸擺出不屑的模樣。我開車離開時，突然想到我們之前的談話中，始終沒有提到一個話題：去咖啡因的咖啡。對像石板的成員那般對咖啡狂熱的人士來說，拿掉咖啡中的咖啡因，根本違反了喝咖啡的初衷，並且會糟蹋咖啡的風味。但去咖啡因的咖啡，仍然占全球市場的百分之十二。去咖啡因的過程通常需要用到溶劑或複雜的蒸餾或水洗法，但目前已經有了一個新的可能性。在全世界大約一百種的野生咖啡中，一些生長於東非和馬達加斯加的種類生來就不含咖啡因。它們的祖先在咖啡因被演化出來之前，就已經從咖啡樹家族分枝出去了，並且始終沒有發展出這樣的本事。如果能夠馴化其中一種咖啡，人們就有希望喝到用原豆沖泡、無須經過加工、風味完整的去咖啡因咖啡。在今天的市場上，這可是相當於四十億美元的生意，因此許多育種人士都已經嘗試這麼做。但咖啡樹沒有咖啡因，並不表示它沒有蟲害；那些沒有咖啡因的樹種，就像其他咖啡樹一樣會面臨同樣的攻擊，而它們已經發展出自己的化學防禦機制，以替代咖啡因的功能。不幸的是，到目前為止，專家所研究過的每一種無咖啡因咖啡樹所含的化學物質，都會讓豆子變得苦澀不堪，難以入口。目前相關人士還在努力尋求沒有咖啡因的天然咖啡，但至今還沒有研發出可以飲用的產品。

那天深夜，我盯著天花板在床上輾轉反側時，不禁希望那些研究去咖啡因咖啡的人員能夠成功。儘管我最後還是睡著了，但這適足以提醒我們：植物並不是為了要讓人類獲得樂趣，才把像咖啡因這樣的生物鹼放進它們的種子。這些生物鹼是有毒的，就像它們會毒害許多昆蟲和真菌一樣。事實上，人們甚至可能因為飲用過量的咖啡而喪命，只不過有個研究顯示，你得連續喝下一百五十杯咖啡才能達到這樣的效果。如果要下毒或暗殺別人，有的是遠比咖啡因更致命的東西，而且其中許多同樣來自種子（這並不令人意外）。事實上，冷戰期間，最惡名昭彰的暗殺事件與三種事物有關：一座橋、一把傘和一顆豆子。

11 雨傘殺人事件

如果你喝太多一瓶上面標著「毒藥」的東西，那你幾乎一定是會感到不舒服的。這是遲早的事。

——路易士．卡羅（Lewis Carroll），
《愛麗絲夢遊仙境》（*Alice's Adventures in Wonderland*, 1865）

在小說中，每當倫敦即將發生大事時，市區都會被濃霧所籠罩——如《孤雛淚》中的搶劫與綁架事件、吸血鬼德古拉要來找米娜．哈克，以及福爾摩斯故事《四個簽名》（*The Sign of Four*）中所發生的重大事件。但在一九七八年九月七日，當喬治．馬可夫（Georgi Markov）停妥車子，開始朝著滑鐵盧橋走去時，早晨下的那場小雨已經停了，陽光也出來了。如果那天有霧，馬可夫說不定會把防風夾克留在衣櫥裡，改穿長大衣，或至少穿一條比較厚的長褲。這

樣，他或許就不會喪命了。

馬可夫是保加利亞人，所寫的小說和戲劇使他成了著名的文人，並因此得以與社會菁英和政界顯要往來；他甚至還曾和總統一起打獵。他投誠西方後，便根據之前的見聞撰寫許多詳實的報導，赤裸裸揭露鐵幕後的地區人民所受的壓迫。此外，他還在自由歐洲電台（Radio Free Europe）主持一個每週播出一次的節目，同時也在ＢＢＣ工作；事發那天下午，他正要前往ＢＢＣ上班。馬可夫知道公開保加利亞政壇內幕會讓自己陷入危險，有幾次甚至有人威脅要取他性命。但他並不是什麼大人物，沒有人想到他會成為一樁密謀的目標，更沒想到他會成為冷戰期間最惡名昭彰的暗殺事件受害者。同時，也沒有人想到這樁暗殺事件中，所用的武器竟是如此荒謬，連他的遺孀都難以置信。

那天下午，馬可夫經過滑鐵盧橋南端的公車站時，突然覺得右邊的大腿被刺了一下。他轉過身去，看見一名陌生男子正彎下腰去，要把一把雨傘撿起來。那人喃喃表示歉意，然後便向附近的一輛計程車招手，之後便坐上車走了。馬可夫抵達辦公室後，發現大腿上有一處血漬，還有一個很小的傷口。他向一個同事提到此事，但後來就將它拋諸腦後了。然而，那天深夜，他太太發現他突然發起高燒來。他告訴她有關公車站陌生人的事情，之後他們便開始猜想——他有沒有可能是被一把毒雨傘刺到了？但實際發生的事情甚至更加離奇。

「那把雨傘槍是KGB發明的。他們也有像『Q實驗室』那樣的地方。」馬克・史道特（Mark Stout）口中的「Q實驗室」，指的是〇〇七電影中專門為特務打造武器的虛構場所。不過，類似會爆炸的牙膏或會噴火的風笛這類玩意兒，雖然在好萊塢電影中看起來挺好用的，但在真實的間諜世界中，卻很少使用這類奇特的武器。「他們用的幾乎都是很低科技的武器，例如手槍或炸彈。在當時，像那樣的雨傘槍和它所發射的小子彈，都是很了不得的發明。」

我之所以打電話給馬克・史道特，問他有關馬可夫的案件，是因為他曾經在國際間諜博物館（International Spy Museum）擔任了三年的首席歷史學家。除了印在名片上很有派頭之外，這個職務也讓他有機會接觸到一把真的能用的雨傘槍。這槍是由KGB實驗室（也就是發明最初那把槍的機構）的一個老手所打造，被放在博物館中一個名叫「間諜學校」的區域中明顯位置。旁邊還展示著KGB的另外一項發明：單發的口紅手槍。我找上史道特時，他已經離開博物館，從事比較傳統的學術工作，但他顯然仍對間諜世界懷有濃厚的興趣。「那把雨傘槍就像BB槍，用的是壓縮空氣。」他熱切的向我解釋。我在話筒中可以聽見他的椅子吱吱作響，想必他正在辦公室裡滾來滾去，偶爾停下來把身體往後仰，思考著事情。「但只能在很近的距離內發射，因為它的射程頂多只有三、四公分。在馬可夫的案子裡，他們是用傘尖頂著他的大腿，然後再發射。」

然而，對一九七八年檢查馬可夫病情的那些病理學家而言，他們既沒有間諜博物館，也沒有歷史學家可供諮詢。馬可夫不久便因為疑似急性中毒，病逝於倫敦的醫院，但他們卻找不出合理的解釋。驗屍的結果明確指出：他的大腿上有個紅腫的針孔，但看起來像是被蚊蟲叮咬，不是被刺的傷口。而卡在內部的那顆神祕子彈因為太過微小，以致檢查的技師認為那只是X光片上的一個汙點。如果不是因為另外一個保加利亞異議分子自告奮勇，說出他曾經遭遇類似狀況，整個調查工作很可能就畫上了句點。他表示自己曾在巴黎的凱旋門附近遭到攻擊，但生了一陣子的病之後就康復了，又說他當時也被刺了一下，感覺很痛。因此醫師們特別留意，不久便在他的腰眼處取出一個很小的白金圓球。由於他當時穿著一件很厚的毛衣，因此那顆子彈並未穿過他肌肉周圍的結締組織，所以大部分的毒素都沒有擴散。於是，倫敦的驗屍官立刻重新檢查馬可夫的遺體，結果從他腿上的傷口中取出一顆一模一樣的子彈。於是，他認定這是一樁謀殺案，但措詞非常謹慎：「我認為這不可能是一樁意外。」

對一般大眾而言，馬可夫的謀殺案使得〇〇七的異想世界突然成真。於是同一年，《海底城》（*The Spy Who Loved Me*）成為英國史上最賣座的電影之一。對於負責破案的調查人員來說，這個案子還有兩個謎團有待解開：首先，那個拿雨傘的男人是誰？其次，什麼樣的毒藥可以以如此微小的劑量致人於死？（這也是英國情報局和ＣＩＡ很想知道的事。）第一個謎團迄今仍未解開。來自蘇聯的投誠人士後來證實，雨傘和子彈都是由ＫＧＢ提供給保加利亞政府，但關鍵性的細節至今仍很模糊，而且至今並沒有任何人因此案遭到逮捕[1]。但有關毒藥的問題，在一個國際調查小組的努力之下，倒是有了一致的共識。這個調查小組由不同國家的病理學家和情報專家所組成，他們經過好幾星期仔細的鑑識與分析，並請教藥理學家、有機化學專家，再加上一條重達九十公斤的豬的協助，才達成了他們的結論。

在這個過程中，他們所面對的第一個挑戰是：如何判定有多少毒素進入馬可夫體內。從他的大腿內取出的那顆子彈，直徑不到一．五公釐，上面有兩個精心鑽出的洞孔，總容量估計約四百五十毫克。（如果你拿一枝原子筆在一張白紙上輕輕點一下，所留下的小墨水點便相當於那顆子彈的大小，因此你得用顯微鏡才能看到上面的洞孔。）知道劑量之後，事情就比較好辦了，因為世上只有少數物質能在如此微量的情況下致人於死。這使得調查小組得以立即排除臘腸桿菌、白喉桿菌，或破傷風桿菌等細菌製劑。（這些細菌都會引發明顯的症狀或免疫反應。）此外，鈽和釙等放射性同位素也不太可能，因為它們雖然可以致命，但被害者要過了很久才會死亡。至於砷（砒霜）、鉈和神經毒氣「沙林」，則沒有這麼強的毒性。眼鏡蛇的毒液雖然可能造成類似的反應，但至少需要兩倍的劑量才能達到這個效果。因此，只有一類毒素可能在這麼短的時間內，使得馬可夫出現那些讓他喪命的症狀：種子內所含的毒素。

幾千年來，劊子手和刺客一直設法用植物種子來提煉可以取人性命的毒素。植物中含有各式各樣的毒素，但種子裡的毒素有一個好處：易於儲存，而且毒性很強。當年毒死蘇格拉底的毒芹，和可能害死亞歷山大大帝的白藜蘆毒素，都是來自它們的種子。番木鱉樹（Strychnine tree，又稱馬錢子）的種子由於毒性很強，外型很像鈕釦，贏得了「嘔吐鈕釦」的稱號。有許多謀殺案的受害者，包括一位土耳其總統，和那些被維多利亞時期的連環殺人魔湯瑪斯・克利姆（Thomas Cream）所毒害的年輕婦女，都死於番木鱉鹼。在馬達加斯加島和東南亞地區，每年有成千上百人因為食用生長在鹽沼裡的一種樹木（號稱是「自殺樹」）的堅果而死。莎士比亞也知道種子可以殺人；大多數學者都認為，被灌入哈姆雷特父親耳朵中的「毒液」，必然是莨菪（henbane，又稱天仙子）種子的萃取物。同樣的，推理小說迷也知道柯南・道爾小說中那險些使得福爾摩斯和華生喪命的「魔鬼腳」（devil's foot），指的是西非毒扁豆。這些植物的毒性全都來自生物鹼，但馬可夫案的調查人員很快便將矛頭指向一種更少見、更致命且更難追查的毒素。它和嘉實多機油公司（Castrol Motor Oil Corporation）的產品有關；巧的是，該公司的口號「不只是油而已」（It's More Than Just Oil），更說明了這種毒素的來處。

嘉實多是靠生產機油起家的，其公司名源自它用來提煉機油的一種植物：蓖麻（Castor oil plant）。蓖麻是一種非洲多年生灌木，是甘遂樹（spurge）的親戚，它把大多數的能量都儲存在一種濃濃的油脂裡；這種油具有可以在極端溫度下保持黏稠的罕見能力。（嘉實多公司現在的產品包括各式石油製品，但至今仍以蓖麻油做為高性能賽車的潤滑油。）但除了油脂之外，蓖麻種子還含有一種很奇特的「貯藏蛋白」（storage protein），稱為「蓖麻毒素」。化學家們都知道這種毒素的分子結構呈怪異的雙鏈狀。在種子發芽時，這些分子結構會像其他貯藏蛋白一樣瓦解斷裂，提供氮、碳和硫等養分，讓幼芽能夠快速生長。但在動物（或一個保加利亞異議分子）的體內，這種怪異的分子結構能夠穿透並摧毀活的細胞；它的其中一個鏈會刺破細胞表面，另外一鏈則會在細胞內斷開，破壞細胞中的核醣體（ribosomes，細胞中一種很微小的粒子，有了它們，細胞中的基因才能產生作用[2]）。因此，在生物化學中，蓖麻毒素屬於「核醣體抑制蛋白質」（簡稱RIP）的一種。蓖麻毒素透過血液散布體內後，會使細胞相繼死亡，以致連科學期刊都以有些敬畏的口吻來形容它：「目前已知最致命的物質之一」、「最奇妙的毒藥之一」，或「具有強烈毒性」。更過分的是，它還含有一種很強的過敏原，因此中毒的人在死前還會出現猛打噴嚏、流鼻水，以及嚴重發疹等令人難堪的症狀[3]。

理論上，馬可夫腿上的那顆子彈所含的蓖麻毒素，足以把他全身好幾倍的細胞都殺死。不過，調查人員沒有證據可以證實他的確是死於這種毒素，因為他死得很快，他的身體還來不及製造出可供辨識的抗體。況且，人們雖然知道蓖麻毒素足以致死，但文獻上很少看到中毒的案

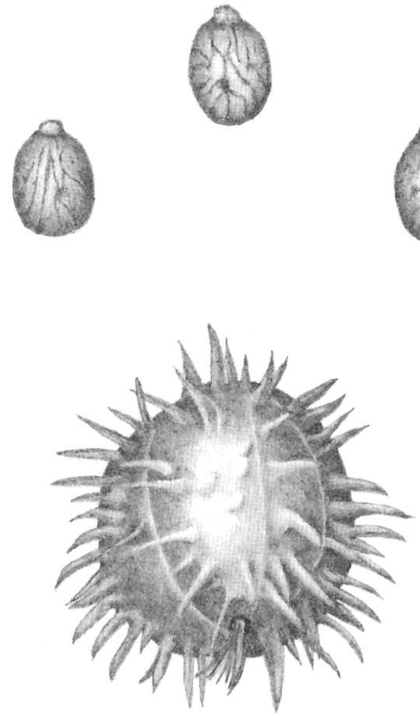

圖 11.1：蓖麻種子（*Ricinus communis*）。美麗的外表讓珠寶製造商趨之若鶩，蓖麻有斑點的種子內含珍貴的油，以及世上最致命的毒素——蓖麻毒素。蓖麻種子多刺的保護殼在乾燥時會爆開，並將裡頭的每一粒豆子拋飛到離母株十一公尺遠的地方。ILLUSTRATION © 2014 BY SUZANNE OLIVE.

例，也不曾有醫師描述過患者中毒的症狀。於是，負責研究的那些病理學家便決定做一個實驗。他們找了一批蓖麻種子，從中萃取出蓖麻毒素，然後把它注射在一隻不知情的豬身上，結果那隻豬不到二十六小時就像馬可夫一樣慘死。參與此案的一位醫師表示：「那些捍衛動物權利的人士，一定會大驚失色。」但後來他們發現保加利亞科學家的做法更殘忍。他們先把較低的劑量注射在一個囚犯身上，結果那人沒死；於是，他們據之調整用在馬可夫身上的劑量。後來，當他們確定所用劑量足以殺死一隻成年的馬兒時，便對馬可夫下手了。[4]

媒體對馬可夫謀殺案的報導，讓人們發現種子可以用來殺人；犯罪分子也注意到這點，於是蓖麻毒素便成了恐怖分子喜歡使用的武器。近年來，不斷有人把塗抹了蓖麻毒素的匿名信，寄給白宮、美國國會、紐約市長和其他許多政府機構，有時甚至癱瘓郵政系統數個星期。二〇〇三年，倫敦警方突襲一群疑似蓋達組織分子時，起出了二十二顆蓖麻種子、一個咖啡研磨機，和一些足以用來進行簡易萃取作業的化學設備。（除此之外，他們還查獲了一批蘋果籽和一些櫻桃籽粉末，這兩者都含有微量的氰化物。）由種子提煉的毒素之所以一直受到歡迎，是因為它們不僅效果強，而且很容易到手。當我想買一些蓖麻種子時，只要稍微在網路上搜尋一下，便能找到幾十種可以公開販售的蓖麻。由於蓖麻的種子可以煉油，並當做裝飾，因此人們至今仍然會加以種植。在熱帶地區，蓖麻已經成為很常見的路邊野草。我拿了一張信用卡，再用滑鼠按了幾下，就有一批蓖麻種子送上門來。它們看起來頗為美麗，每顆約拇指指甲那麼大，外皮平滑光亮，上面還有斑駁的酒紅色渦狀花紋；它們的顏色有深有淺，從赭色到粉紅色都有，往往會用來當成珠子，做成項鍊、耳環和手環。事實上，一些有毒的種子都因為顏色鮮豔（用來示警）而受到串珠業者青睞，例如雞母珠、珊瑚刺桐種子、馬眼豆（horse-eyes）和幾種蘇鐵屬植物。但蓖麻種子和其他有毒的種子之所以仍然受到歡迎，還有一個原因。那是現代製藥業所遵循的原則，也是十九世紀的哲學家尼采和童書作家路易斯．卡羅所說過的一個道理。

關於尼采，人們所記得的，主要是他對宗教和道德的看法，但他也說過以下格言：「凡殺不死我的，會讓我更強壯。」他原本指的是人生，但這句話同樣適用於種子的毒性。路易斯．卡羅也說過類似的話；他書中那位知名的角色愛麗絲曾提醒道：如果一個瓶子上標示著「毒藥」，就不要喝「太多」。他之所以加上「太多」這樣的字眼，意思就是：如果你只喝「一點點」，不但不會感到不舒服，甚至還可能對你有些好處呢。這往往是有毒種子的特色；如果劑量不至於致命，許多這類毒素都可以用來做成藥物，治療一些嚴重的疾病。愛麗絲的瓶子裡裝的不是毒藥，而是一種可以使人縮小的藥水，使她可以在「仙境」裡進行下一階段的冒險。尼采的例子就更值得注意了：他在寫下那句名言之後不久，就精神崩潰了。現代的學者認為他是得了腦癌，而這是目前醫界以種子萃取物來治療的疾病之一。

在毒物學上，蓖麻毒素是一種「細胞毒素」，也就是說它會殺死細胞。它和槲寄生、肥皂草和雞母珠的種子所含的類似化合物一樣，具有很大的潛能，可執行一種小規模的刺殺行動：把癌細胞殺掉。科學家們將這類核醣體抑制蛋白質黏附在對抗腫瘤的抗體上，已成功的在實驗室和臨床試驗中殲滅了癌細胞；其中，由槲寄生所萃取的藥物，更有效治療了數萬名癌症病患。當然在這個過程中，他們必須面對雙重的挑戰：如何決定適當的劑量，以及如何確保毒素不會擴散至身體的其他部位。

蓖麻毒素是否會廣泛運用於癌症治療，目前還是個未知數。如果會，則它將成為自有醫藥以來，許許多多由種子和植物製成的藥物之一。野生的靈長類動物，包括黑猩猩和卷尾猴，經常會用一些具有藥性的種子、葉子和樹皮，來治療自己的疾病。研究人員曾經在中非共和國看到一隻大猩猩把大象糞便中的曼氏阿諾樹（junglesop）種子挑出來；當他們發現那些種子含有很強的生物鹼，而且當地的醫生也用該樹的葉子和樹皮來治療腳痛和胃病等疾患時，一點都不感到意外。熱帶地區普遍都可以看到這樣的現象：靈長類動物會搜尋雨林裡的某些植物，幫助牠們驅除寄生蟲，或緩解因為受傷生病引起的疼痛。人類學家普遍認為，我們的祖先也會做同樣的事情。事實上，科學家們在亞馬遜做研究時就發現，古代從事打獵和採集的先民會用一些植物治療自己的疾病，而這些植物和猴子所用的那些非常相像。人類這種自古即有的習慣不僅是傳統醫學的基礎，也是今日新的藥物能夠不斷被研發出來的原因。*

為了了解種子在現代醫學中的重要性，我聯絡了美國國家衛生研究院的藥物研發專家大衛・紐曼（David Newman）。他告訴我，二十世紀中期之前，很大一部分的藥物都來自植物，其中許多是取自種子當中的化合物。即便在人工合成藥物、抗體和基因治療非常發達的現在，美國獲得使用許可的新藥中，仍有將近百分之五是直接萃取自植物；歐洲的比例甚至更高。我最近在整理有關種子藥性的研究時，稍微搜尋了一下，便得到超過一千二百頁的資料，其中包括全球三百名科學家所做的各種實驗[5]。種子萃取物在各種疾病的治療中，都占有一席之地，其中包括帕金森氏症（野豌豆和刺毛黧豆）、愛滋病（黑豆、商陸）、阿茲海默症（毒扁豆）、肝炎（水飛薊）、靜脈曲張（七葉樹）、牛皮癬（主教花）和心肺衰竭（毒毛旋花子）。這些化合物中有許多就像蓖麻毒素一樣，既是毒物也是解藥。另外一個眾所周知的例子，則來自巴拿馬天蓬樹種子。

新鮮的巴拿馬天蓬樹種子看起來很像杏仁（它們的西班牙文名稱almendro即是「杏仁」的意思），只是它長得細細長長、黑黑亮亮。我第一次把它們拿來烤時，立刻注意到它們有一種香香甜甜的氣味，也正是因為這種氣味，使它們在十九世紀時受到香水業者的矚目，並以「香豆」（tonka beans）之名成為很受歡迎的香草替代品，並用來為菸斗的菸絲和蘭姆酒增添香氣。有市售的香豆來自亞馬遜河流域的巴拿馬天蓬樹，是我在中美洲所研究的那種天蓬樹的近親。

＊作者註：採集藥物自我治療，固然是野生靈長類動物普遍都有的行為，或許也因此催生出許多傳統藥物，但不可輕易為之，因為就像蓖麻種子所含的蓖麻毒素一樣，植物的種子和其他部位所含有的許多化合物，如果劑量不對，都具有強烈的毒性。

一陣子，買賣香豆的利潤頗高，以致奈及利亞和西印度群島都出現了面積廣闊的香豆園。有一位法國化學家分離出香豆中的活性成分，並根據該樹的印度名稱 cumarú 稱之為 coumarin（香豆素）。此時香豆的前景一片看好，但是到了一九四〇年代時，科學家們發現香豆素對肝臟細胞具有毒性。衛生機構也警告民眾：即便少量攝取，也可能有害健康，不久便完全禁止業界以香豆做為食品添加物。從此以後，香豆的消耗量自然便直線下降，只有一些比較大膽的廚子仍會在一些具有特色的巧克力、冰淇淋和其他甜點中，添加一些香豆屑。

我在和我的論文指導教授，以及與我合力撰寫天蓬樹論文的史帝夫・布朗思斐（Steve Brunsfeld），一起坐下來品嘗一些烤過的香豆時，已經知道了這件事。雖然史帝夫得過肝癌，但我們並沒有因此而卻步。從事植物研究工作就得要品嘗一些奇怪的東西，因為味道和香氣經常有助於辨識植物；不過，我們只吃了幾小口。我覺得那味道很像是香草、肉桂的綜合體，最後還帶點柑橘的香氣，但史帝夫的描述更加簡潔。他噘起留著小鬍子的嘴巴，說道：「這玩意吃起來像家具清潔亮光劑。」史帝夫就是這樣；他的評語總是犀利、有趣、一針見血。然而，很諷刺的是，當時我們都不知道他的癌症已經復發，而且已經擴散到他身體的其他部位了。再過幾個月，他的醫生可能就會開始用當時我們拿來開玩笑的那種化合物來治療他了。

自香豆的極盛時期迄今，科學家們已經發現許多種植物都含有微量香豆素。桂皮會散發出肉桂的香氣，是因為它含有香豆素；從田野中割下的乾草之所以聞起來如此清香，是因為裡面包含了黃花茅或草木樨，而這兩者都含有香豆素。但科學家們也發現，當含有香豆素的植物開始腐爛，會出現一個奇怪的現象：原本只對肝臟不利且毒性溫和的香豆素，在遇到藍黴和其他一般真菌後，居然能夠稀釋動物的血液，且毒性足以殺死一頭成年母牛[6]。至此他們終於明白，為什麼腐敗的飼料有時會導致家畜成群死亡。不過，在研究人員明白如何改變香豆素的化學結構後，除蟲公司和製藥業便開始大發利市，增加了數十億美元的商機。

這些專家將香豆素的化學結構改變後，為了向贊助這項研究的威斯康辛校友研究基金會（Wisconsin Alumni Research Foundation）致敬，便將它取名為warfarin。這種新藥很快便成為全球使用最廣泛的老鼠藥；老鼠在吃了含有warfarin的誘餌後，會出現貧血、流血，以及失控的內出血現象。但如果把很小的劑量用在人身上，便可以稀釋人體的血液，防止血管內形成危險的血栓——這是罹患癌症以及接受癌症治療的病人，最常出現且最致命的副作用之一。目前warfarin是以「可邁丁」（Coumadin）的名稱販售；醫師通常都會讓正在接受化療的癌症病人服用可邁丁，尤其是癌細胞已大幅擴散的時候（就像史帝夫的情況）。此外，它也被廣泛用在中風患者和心臟病病人身上。它問世之後的五十多年間，一直是全球最暢銷的藥物之一。

史帝夫在和我一起研究巴拿馬天蓬樹期間，一直在與癌症奮戰。這是生了病的植物學家所必然要面對的狀況：他們存在標本室裡、放在顯微鏡下用來研究的植物，有一天或許可以用來製成治療他們疾病的藥物。史帝夫從未告訴我，他是否有服用 warfarin，但這不是第一次他所做的研究與他所服用的藥物有關。他曾經花許多時間研究柳樹（阿斯匹靈最初就是萃取自柳樹），並且曾幫一家生物科技公司找到許多野生的假藜蘆，而這種百合科植物的種子（有毒）、葉子和根部，都含有可以抗癌的生物鹼。

然而，到了最後，再多的藥物也無法回天了——史帝夫在我論文口試前幾個星期便過世了。無論在實驗室或私生活中，他都不願意在身後留下什麼未竟之事，因此即便已經到了別人早就喊停的時刻，他還是一直硬撐著繼續工作。儘管他再怎麼樣也無法延長自己的生命，但他還是在離開人世之前得到了一些答案，知道他所做的研究有何意義。對一個像他那樣好奇的人而言，這至少可以讓他稍感安慰。他走後，我經常想到他，想到我們之間的友誼、我們共度的那些時光、他絕佳的幽默感，以及他的敏銳與聰明。他具有一種罕見的能力，可以穿透無關緊要的資訊（他稱之為「狗屎」），直指事物的核心。這樣的能力有助於人與人之間的對話，對科學研究工作來說也很重要，因為在自然界，即便是看起來很簡單的概念，絕大多數也不那麼簡單。

從表面上看，植物讓自己的種子具有致命毒性是很合理的事。就像有些植物會為了適應環境，而演化出辛香物質、咖啡因等具有防禦作用的化合物，毒素只不過是更進一步的延伸。畢竟，植物如果要保護自己的種子，最好的方式莫過於把任何企圖吃掉種子的生物殺死。但實際上，從讓攻擊者「不舒服」到更進一步讓牠們「沒命」，這個演化的過程是很複雜的。當種子受到攻擊時，植物的當務之急便是讓對方住手，因此才會有這麼多種子吃起來是苦澀、有刺激性或辛辣的。這會讓吃種子的動物立刻感到不舒服，並因此掉頭而去，從此不敢再試，甚至可能會把這個經驗告訴別的動物。相形之下，毒素被動物吃下後，可能要好幾個小時或幾天才會發作，這種方式一點都無法阻止動物的攻擊行為。因此，蓖麻種子雖然有蓖麻毒素，但因為這種毒素沒有味道，因此理論上動物還是有可能把它的種子全部吃掉、咬壞，等到離開之後才毒發身亡，並且到死也不明白原因。（當然也無從學到「蓖麻種子不可以碰！」的教訓，更無從將這個訊息傳遞給別的動物！）如此看來，那些會造成不適的化學物質可以嚇阻一大票的動物，使牠們不敢再吃種子，但那些會致死的毒素卻只能殺掉個別幾隻動物，使得植物必須一再面臨掠食者的威脅。這讓我們不禁納悶：是什麼樣的刺激，使得有些植物把它們的毒素愈變愈強，達到像蓖麻毒素這樣幾乎不太合理的程度？

「關於這點，目前似乎還沒有定論。」戴瑞克．波利在回答我的問題時表示。我已經有一陣子沒有跟他連絡了，但每當我碰到自己無法解答的疑惑時，這位「種子研究之神」總是可以提供我許多資料。他解釋：同樣的毒素作用在不同的動物身上，所產生的效果並不一樣。有些毒素之所以產生，目的只是要讓某一種動物感覺肚子有點痛（讓牠下次再也不敢吃那種種子），但另外一種動物吃了之後卻可能喪命。此外，大型的動物吃下某種毒素後可能要好幾天才會死亡，但昆蟲吃了之後可能幾秒鐘就斃命了，如此一來也可以發揮立即制止掠食者的效果。「也可能這整件事情只是一個偶然。」他若有所思的表示，接著他再次提到蓖麻種子的例子。「蓖麻毒素是種子在發芽初期很容易提取的一種貯藏蛋白，它所具有的毒性，可能只是附帶產生的作用而已。」

諾愛拉．麥許尼基在研究辣椒裡的辣椒素時，發現這種化合物原本只是為了要對抗真菌，後來卻對昆蟲、鳥類等各種生物乃至哺乳類（包括人類在內）的味蕾統統產生了影響。種子毒素的作用也同樣複雜，或許要有一個像諾愛拉這樣有決心的博士研究生，才能讓我們一窺究竟。但所有有毒的種子必然都有一個共通點：無論它們的毒性變得多強，製造它們的植物必然也想出了某種方式來散播它們。這是因為，如果種子不能被散播出去，那麼再怎麼保護它們的安全也沒有意義。以蓖麻為例，為了達到這個目的，它想出了兩個解決辦法：首先，它的豆莢會爆開，把成熟的種子彈出去，最遠可以到達距母株十一公尺的地方；其次，它的種皮「外面」附有一小包很營養的物質，可以吸引螞蟻前來。無論在世界上哪一個角落，成熟的蓖麻附近總是可以看到這樣的景象：豆莢爆開、種子飛散，成千上萬隻螞蟻忙著把它們拖回地下的巢穴。到了那兒之後，牠們便把種子外面可食用的部分吃掉，然後就把仍然完好的種子留在那兒，安全無虞，隨時準備發芽。令人驚訝的是，到目前為止還沒有人想到要研究種皮外面的那些果肉是否有毒，或者螞蟻是否已經發展出對蓖麻毒素的免疫力。無論如何，這都是一種很聰明的方法，它使得蓖麻種子雖然含有致命的劇毒，卻不至於影響它們的散播能力。相反的，巴拿馬天蓬樹的種子之所以含有香豆素，就比較難以解釋了。

雖然必須在有黴菌滋生或經過化學方式調整的情況下，香豆素才會變成老鼠藥，但天蓬樹的種子是靠囓齒類散播，裡面怎麼會含有像香豆素這樣的化合物呢？就算它的結構沒有經過調整，還是會破壞老鼠的肝臟。香豆素的毒性最初就是在以老鼠做實驗時發現的；那些老鼠在吃了添加香豆素的飼料後，體重都減輕了，肝臟也長出了腫瘤，最後都夭折了。到目前為止，還沒有人研究過野生的老鼠是否也會發生同樣的情況，但那些生活在巴拿馬天蓬樹下的刺豚鼠、松鼠和棘鼠所攝取的香豆素，想必比任何動物都多。然而，這些囓齒類動物卻仍舊大啖並偶爾幫忙散播這些種子，並沒有明顯受害。牠們是否已經發展出了免疫力？還是牠們的肝臟會在沒有種子的季節自動修復？也可能牠們確實很早就死在巢穴或地洞裡，只是沒有被人發現罷了。答案究竟如何，沒有人知道，不過還有一個可能，而且這種說法更引人入勝。

許多植物都含有香豆素，但以天蓬樹種子（零陵香豆）的濃度最高。（這是為什麼歐洲的香水業者仍繼續從這些種子，而非他們後院的綠草中提取香豆素。）有沒有可能巴拿馬天蓬樹的香豆素含量正在逐漸增加當中？它們是否正在發展某種新的化學防禦策略？目前天蓬樹的種子確實是由齧齒類動物散播，但並不一定永遠都是如此。從天蓬樹的角度來看，齧齒類會製造許多麻煩，而且也不可靠，因為刺豚鼠和松鼠會把牠們所看到的每一顆種子，都吞吃、破壞掉，只散播那些被牠們遺忘的種子。如果天蓬樹提高香豆素濃度的目的，確實是為了要把牠們趕走，這也不是植物種子第一次針對齧齒類進行防禦。別忘了，辣椒素（這只是其中一個例子）會讓那些吃辣椒種子的老鼠辣到嘴巴，但對那些能夠幫忙散播種子的鳥類，卻完全沒有作用。不過，話說回來，巴拿馬天蓬樹必須要像辣椒一樣，擁有另外一個散播種子的管道，才有本錢把那些齧齒類動物趕走。而我們在叢林裡走過成千上百個樣線，在實驗室裡分析了成千上萬個樣本之後發現：事實正是如此。

種子的移動力

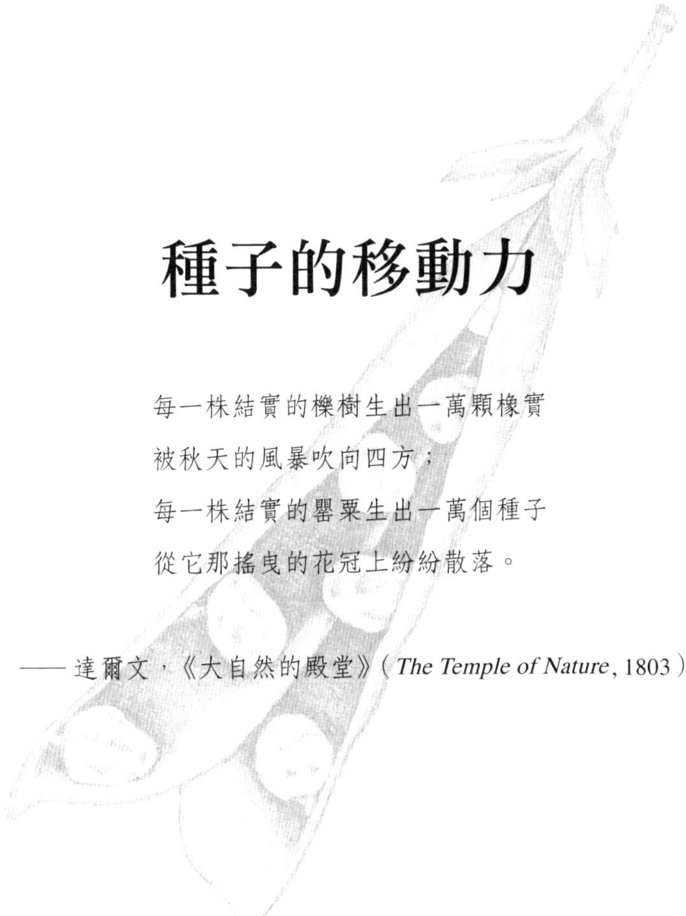

每一株結實的櫟樹生出一萬顆橡實
被秋天的風暴吹向四方；
每一株結實的罌粟生出一萬個種子
從它那搖曳的花冠上紛紛散落。

——達爾文，《大自然的殿堂》（*The Temple of Nature*, 1803）

令人難以抗拒的果肉

大自然造出蘋果、桃子、李子和櫻桃，是為了供我們享受嗎？這是毋庸置疑的，但它這麼做只是為了達到自己的目的。對所有前來為這些美果散播種子的生物而言，它們的肉是何等的賄賂或工資！而大自然也刻意讓種子無法被消化。這樣，雖然果實被吃掉了，胚芽卻沒有，只是被種下去罷了。

——約翰．巴勒斯（John Burroughs），《鳥兒與詩人》（*Birds and Poets*, 1877）

「蝙蝠耶！」荷西吸了一口氣。這是我們共事這麼久以來，我第一次看到向來冷靜寡言的他，表現出有些驚奇的模樣。我們前面的地上有巴拿馬天蓬樹的種子，稀稀疏疏的形成了一堆。之前我們如果能找到一、兩個就覺得很幸運了，但這堆卻有三十來個，真是名符其實的豐收。但我們知道，方圓八百公尺之內根本沒有成熟的巴拿馬天蓬樹，而齧齒類動物是不可能從那麼遠的地方，把這一堆種子帶過來的。我跪了下來，和荷西一起開始收集這些種子，把它們一個個單獨放在一個標有數字的塑膠袋內。這些種子還很新鮮，它們的硬殼外面還有一層薄薄的綠色果肉，但已經被咬成一縷一縷，看起來溼溼的。這時，我心裡已經有數；我抬起頭，果然看到一棵枝葉低垂、高達四公尺的年輕油棕。那是中美洲體型最大的果蝠最喜歡棲居的地方。

這種以水果為食的大蝙蝠，雙翼展開後的寬度可達四十五公分，因此有足夠的力氣可以攜帶巴拿馬天蓬樹的種子。在飛行的時候，牠們的翅膀顯得非常巨大，以至於那只有十公分長的身軀，看起來倒像是臨時裝上去的。這些果蝠通常是以無花果、花朵或花粉為食，但我們眼前所看到的景象顯示：牠們也吃巴拿馬天蓬樹的種子。但牠們不像松鼠和刺豚鼠那樣，會把找得到的種子都吃掉並破壞掉，因為牠們只對種殼外面那層薄薄的、飽含水分的果肉感興趣（難怪會被稱為「果蝠」）。一隻倒掛著的果蝠，可以在幾分鐘之內，就用牠尖利的牙齒吃掉種殼上的果肉，然後把仍然完好的種子丟在下面的林地上。

在我看來，吃巴拿馬天蓬樹的果實，就像在咬一顆淡而無味、已經過熟，而且已經被太陽曬得有點硬的甜豆一般。但對棲息在這兒的那隻（或那些）蝙蝠而言，它卻是了不起的美味，值得牠一次又一次冒著被潛藏在天蓬樹附近的貓頭鷹、蝙蝠隼和巨蟒撲殺的風險，飛到那兒，而且來回一共飛了三十趟。但也正是因為有這樣的風險，牠才會出現這樣的行為。如果沒有風險，這些蝙蝠就會優哉游哉的待在天蓬樹上，大啖它的果實，然後直接把種子丟在母株下面，使得那些種子雖然沒有受到損傷，但也無法散播他方。（猴子在白天也會這麼做，那些體型較小、搬不動沉重天蓬樹果實的蝙蝠也是。）但在掠食者環伺的情況下，任何體型夠大的蝙蝠都會把牠的戰利品帶回棲木，在安全無虞的情況下享用。這樣的做法逐漸形成一個特殊的種子散播模式，以致後來我和荷西即便沒有看到這些蝙蝠，也可以知道牠們的一舉一動[1]。

在繼續行進之前，我再度看了一眼上方空蕩蕩的棕櫚葉，那是我們很熟悉的一幅景象；之前，為了證實我們的直覺是否準確，荷西和我曾經這樣抬頭觀看了將近二千次，比對棕櫚葉的位置和種子所在的地點。那些種子無論是一個、一對或一堆（就像這次一樣），它們出現在一株蝙蝠棲木下面的機率，是其他地點的兩倍。（這些蝙蝠之所以選擇棲息在棕櫚葉上，是有道理的：那些下垂的葉子，可以使牠們不至於被來自上方的掠食者發現。此外，如果地面上有任何動物想爬到樹上，那細長的樹幹就會搖晃，發出警訊。）無論在小片的林地或廣闊的原始林，我們都看到同樣的模式。回到實驗室後，我又利用基因指紋鑑別技術，取得了更多的資料[2]。在追蹤特定種子從母株到蝙蝠棲木的路徑後，我發現，只要有天蓬樹結了果子，無論再遠，蝙蝠都會飛過去；即便長在草原中央的天蓬樹，也能吸引飢餓的蝙蝠前去，為它們把種子散播到數千英尺外更好的棲地。在現今大面積的雨林逐漸消失的情況下，這個現象讓我相信，巴拿馬天蓬樹（以及依賴它維生的許多物種）或許可以在這個到處都是農場和牧場、林地變得破碎的殘缺時代存活下去。

我們沿著樣線走回去，走到筆直的森林邊緣時，眩目的陽光便照眼而來，只見前方一片茂盛的草原橫亙在綿延起伏的山巒上，上面點綴著一些殘餘的林木，其中幾株是巴拿馬天蓬樹。我們對這一帶很熟，因此看到這裡的地主馬可士．皮內達先生（Marcus Pineda）領著一頭驢子走過附近的田野時，並不感到意外。他對我們揮了揮手，並轉身朝著我們走了過來。皮內達先生擁有許多土地，而且至今仍然親自耕作，砍樹、修補圍籬、照料一大群牛隻，樣樣都來。他走近時，我聞到綁在驢子馱鞍上黃色罐子裡的液體，在晃盪時所散發的化學味。皮內達說他正要去噴灑藥劑，以除掉長在他牧場上的一些歐洲蕨（一種長得很快、不可食用的蕨類）。但我們知道他還有別的消息要說，否則不會特地繞道來和我們打招呼。最後，他終於開口了。

「教皇死了。」他只說了這麼一句。馬可士．皮內達住在靠尼加拉瓜邊界，一座地形崎嶇的偏遠農莊，給我的印象是，他總是充滿了男子氣概（他總是戴著一頂牛仔帽，滿布風霜的臉上神情強悍，並且總是斜著眼睛看人）。但這個消息顯然對他打擊很大，一旁的荷西也深受震撼；有好幾分鐘的時間，我們三個人一起站在那沉悶的暑氣中，低著頭默默無語。在百分之七十以上的人口是羅馬天主教徒的哥斯大黎加，教皇約翰．保祿二世（Pope John Pall II）是個英雄人物；但他不只是個宗教領袖而已。由於他時常造訪拉丁美洲，對這個地區表現出真正的關懷，再加上他的個人魅力，因此他廣受教會內外人士愛戴。

身為一個科學家，我對約翰．保祿也頗有好感。畢竟他不僅赦免了伽利略，也比之前的任何一位教皇，更加努力的弭平基督教教義與進化論之間的歧異。他在向宗座科學院（The Pontifical Academy of Sciences）發表演講時，曾經指稱達爾文的理論「不只是一個假設」，甚至暗示〈創世紀〉是一個寓言，而非「科學論文」。這場演講非常簡短，但他如果詳細說明，或許會提到〈創世紀〉這一章當中，有許多與生物有關的暗喻。舉例來說，關

圖12.1：阿爾布雷希特．杜勒（Albrecht Dürer）於一五〇四年所做的版畫〈亞當與夏娃〉含括了一切：無花果樹葉、一棵樹、一條蛇，以及誘惑的終極指標：果實。WIKIMEDIA COMMONS.

於亞當與夏娃的那些章節，並不只是在描述人類和原罪的起源而已；它們同時也講述了一個很精彩的、有關種子散播的故事。

自從文藝復興時期以來，藝術家手下的這一幕場景，讓我們留下了不可磨滅的印象：亞當和夏娃在「分別善惡樹」下共享一顆美味的蘋果，他們身旁的一根樹枝上也掛著一條蛇。認真的植物學家指出，這麼大的蘋果是從十二世紀開始才變得比較常見，因此亞當與夏娃吃的那個果實或許是石榴，而非蘋果。無論是什麼，那條狡猾的蛇選擇了一個完美的誘餌，因為水果之所以被演化出來，唯一的目的就是要誘惑生物。對於一隻飢餓的動物來說，蘋果裡面的小核籽或棗子中央的果核，看起來或許無關緊要，比不上那令人難以抗拒的果肉，但事實正好相反。果實儘管千變萬化，但它存在的目的，只是為了替種子服務。

無論一株植物是長在伊甸園、熱帶雨林或一處空地，它花費這麼多心血所造、培育並保護的種子，如果沒有被散播出去，它等於是白費力氣。那些在樹上逐漸凋萎，或直接掉到樹下的種子，都是一種浪費。在母株的樹蔭下，它們即便發芽，也無法存活太久。（有些母株甚至會分泌毒素，滲入附近的土壤中，以防止它們的後代成為競爭對手。）

對巴拿馬天蓬樹來說，在種子外面包上薄薄的一層果肉，就能夠吸引果蝠把它們的後代帶到半英里以外的地方。「知識之樹」更有辦法；根據〈創世紀〉的記載，亞當和夏娃因為吃了

「禁果」，立刻被逐出伊甸園，也順便帶走了那個果實（至少從隱喻的角度來看是如此）。在一些圖畫上，我們可以看到這一對犯了罪的男女，手裡仍舊拿著那顆吃了一半的蘋果。如果那顆果實真是石榴，它的種子應該已經安全進入他們的消化道。無論是哪一種情況，這棵樹已立於不敗之地，因為它只用那一顆果實來吸引人，就使得自己從天上的花園到了地球表面，並且可望隨著人類散播到四面八方。

關於人類與水果，或其他作物之間的關係，目前已有許多的論述。無論走到哪裡，我們都帶著這些水果或作物。以蘋果為例，它原本是在哈薩克山區被馴化的一種植物，後來卻繁衍為數千個品種，並且成為南極洲之外，每個大陸都有種植的植物。像人類這般勤奮的將糧食作物帶到世界各地，並且有如奴隸一般，把它們種在果園或農田裡，為它們除草、照料它們。如果說

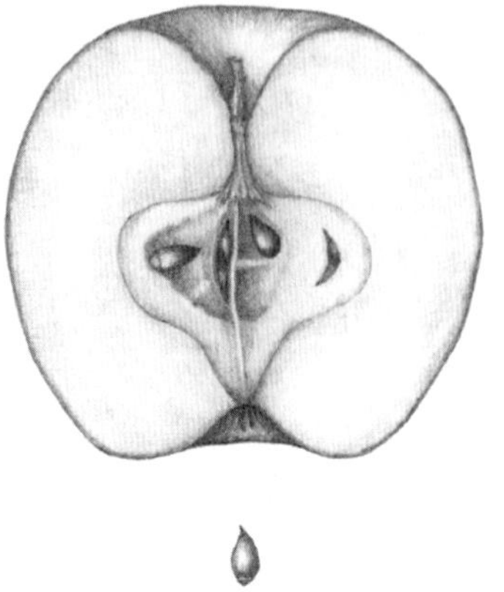

圖 12.2：蘋果（*Malus domestica*）。不論是在藝術品、《聖經》故事，或《白雪公主》當中，蘋果都是象徵誘惑的符號。此外，它也是非常稱職的水果。在大自然中，各式各樣多肉的果實都是為同一個目的而演化：引誘動物前來散播植物的種子。ILLUSTRATION © 2014 BY SUZANNE OLIVE.

我們是它們的僕人或許稍嫌誇張，但如果說這樣的行為是在替它們散播種子，則是名符其實。就像蝙蝠一樣，我們之所以這麼做，完全是出自無心。但幾乎自有種子以來，植物和動物之間，便一直以這樣的方式互動。水果之所以被演化出來，為的就是要影響我們的行為。它們發展出甜美的果肉，以及引人注意的色彩和形狀，影響的範圍已經不止於我們的農場和廚房，更延伸到我們的文化與想像的交界。這點只要看看自古以來的靜物寫生畫中，每一個籃子和盤子裡裝的許許多多葡萄、梨子、桃子、榲桲、甜瓜、柳橙和莓果就知道了。因著我們對它們的追求，水果已經不只象徵著誘惑，也成為美感的符號。

大自然中的水果通常是美味的，但風味變得很快，這些特質使它們得以在適當的時機，吸引到合適的散播者。人們通常喜歡甜的水果，但除了糖分之外，植物也能夠在它們的果實中添加蛋白質和脂肪，製造出不同味道的水果，以滿足其他動物的需求。例如蓖麻籽（和其他許多種植物）外面之所以會出現那營養豐富的小囊袋，目的就是為了引誘原本屬於肉食性的螞蟻[3]。而生長在喀拉哈里沙漠（Kalahari Desert）的贊瑪瓜（Tsamma melon，西瓜的祖先），則藉著滿足熱帶地區生物普遍的需求——解渴，來吸引各方來客。但無論是哪一種情況，只有在種子已經成熟並準備離開時，果實才會出現誘人的風味。

在種子成熟之前，植物的果實會有苦味，甚至具有毒性，藉此嚇阻動物掠食。哥倫布第二次航行時，一同隨行的醫師曾經眼看一群水手在海灘上開心的吃著一種看起來像野蘋果的果子。「但吃下去之後不久，他們的臉就開始浮腫，並且嚴重發炎，使他們痛到幾乎快要發瘋[4]。」所幸，那些水手最後存活了下來。當時他們吃的可能是曼薩尼約果，也就是當地的加勒比印第安人用來製造箭毒的一種果實。這種果子即便已經成熟還是有毒，其目的可能是為了要嚇阻昆蟲或真菌，或者把所有生物都嚇跑，只供某種特定的種子散播者食用；只不過我們迄今仍不知道，那是什麼樣的生物[5]。不過，一般植物很少採用這種策略。大多數有果肉的植物，都採取和蘋果一樣的做法，在它們有能力負擔的範圍內，盡量製造出一種能夠吸引眾多散播者的果實。

「負擔能力」（affordability）聽起來或許不像植物學的名詞，但植物在求生存時，最大的考量，便是如何平衡「家庭預算」。能量、養分和水分是它們的貨幣單位，這些有限的資源必須被分配到重要的事項上；如果在散播種子上投入太多資源，可能會使種子無法得到足夠的養分或保護，也會妨礙葉子、莖部和根部的生長，以及自我防衛。在植物所打的算盤中，製造多肉的果實，成本很高。關於這一點，園丁和農夫們都有實際的經驗：那些果實較大的作物（如番茄、甜瓜、南瓜、茄子、黃瓜和青椒）都需要很多養分，在種植時必須撒一些肥料或堆肥，使它們能有更多的養分，用來製造甜美多汁的果實。野生的植物就只好視當地土壤和天氣的狀況，自己看著辦了。不過，即便在風調雨順的年頭，由於製造果實會耗掉大量養分，因此產季幾乎都非常短暫，這也讓這些果實顯得更加珍貴。

成熟的果實是大地上最稀有、甜美及營養的物品之一，因此可以吸引各種動物，不遠千里而來覓食。非洲的大象會特地跋涉好幾里路，去尋找牠們最喜歡的果子，例如苦皮樹（剛果盆地原生的一種樹木，其果實有如櫻桃大小，氣味芬芳）或「酒樹」（生長在非洲南部的一種樹木，是芒果的親戚，果實很美味）的果子。此外，科學家在一座森林中做研究時，也發現那裡的乳香樹雖然每兩、三年才結果一次，但大象們還是會一一造訪。不僅動物如此，人類為了採集野生的果子，也會不惜大費周章。喀拉哈里盆地的傳統部族桑部落（San tribe）的族人，會根據一個地方有沒有贊瑪瓜，來決定他們旅行的路線，以及每一季紮營的地點。從前西澳沙漠的澳洲土著，也會逐無花果、野番茄和框檔果（一種檀香科的樹木，其果實類似桃子）而居。當人類和野生動物喜歡同樣的水果時，也會出現彼此爭奪的現象。在烏干達，每當野地裡的omwifa樹成熟的季節，村民和山上的大猩猩都會競相前往，採摘它們那芬芳、多肉的果實，以致兩者之間頻頻發生衝突。

我們可以在許多文化現象中，看出果實對人類的吸引力。在中國人心目中，桃子、葡萄和石榴，分別是長壽、財富和多子多孫的象徵。傳統的美國人，則用鳳梨來表示對客人的歡迎。北歐人用草莓來供奉他們的愛神弗蕾亞（Freyja）。希臘人則膜拜雅典娜，因為她創造了橄欖。

在東南亞地區的傳說中，印度象神（Ganesh）最喜歡吃芒果。印度教的保護神毗濕奴，誕生於菩提樹（一種無花果屬的樹木）下；佛教的創始者佛陀，也在菩提樹下開悟。（由於這種樹是如此神聖，連分類學家都將它取名於*Ficus religiosa*。）

長久以來，「天堂」一直被描述為一個有著許多果子的地方，這點由《聖經》伊甸園裡豐饒的景象即可見一斑。在古希臘詩人赫西奧德（Hesiod）的作品中，那些有幸能夠到達希臘知名的「至福樂土」（Elysian Fields）的人，就可以享受到「一年盛產三次、有如蜂蜜一般甜美的果實」。回教的經書也提到，永恆的樂園到處都是椰棗、黃瓜、西瓜和「天堂的榲桲」等果物。中世紀的英國人，則乾脆將傳說中亞瑟王的國度稱為「阿瓦隆」（Avalon），這在威爾斯語中是「蘋果島」的意思。研究字源學的學者指出，Paradise（天堂）這個字，源自波斯語中的一個字，意思是「一個四面有牆的地方」，被古代的希伯來人拿來指稱「果園」。不過最能夠表現出人們對果實的崇敬的例子，或許是英文的fruitful和fruitless這兩個字；前者被用來形容事情的成功，後者則表示失敗。

由於果實在我們的語言和文化中擁有如此顯赫的地位，我們很容易忘記就功能上而言，那些甜美的果肉只是一個門面，是植物用來讓種子能夠出遠門的精巧手段。科學界把藉著果實散播的方式稱為「內攜傳播」（endozoochory），意思就是「在動物的體內被帶到外地」；相形之下，古希臘文的說法就優雅多了。（科學家很喜歡用那些已經沒有人使用的語言，而且偏好很長的字眼；舉個例子，我們會用chiropterochory來指蝙蝠搬運巴拿馬天蓬樹種子的行為，它的意思就是：「跟著一隻手臂像翅膀的動物一起到外地去」。）

植物很早就開始利用這種方式來散播它們的種子，幾乎是在足以勝任這項工作的大型生物開始出現之際就這麼做了。在石炭紀時，森林裡的昆蟲、兩棲類動物和早期的爬蟲類雖然不多，但當時的種子蕨和原始的針葉樹，很快就想出了各式各樣的策略，來引誘這些動物上當，其中包括把種子包在薄膜一般的小囊內（這樣或許可以吸引千足蟲），以及大如芒果的多肉種子（它的氣味可能像腐爛的肉一般惡臭，能夠吸引古代的恐龍）。到了現在，有些古代樹種的種子氣味仍然很強烈，銀杏就是一個例子；由於它的氣味太過難聞，許多城市都禁止種植雌樹。現在幾乎全世界每一棵用來觀賞的銀杏樹都是雄樹，只會製造一些沒有味道的花粉而已。

從植物學的角度來看，早期的種子植物並沒有真正可以算得上是果實的組織，但它們卻發展出了功能類似、且同樣有效的一些方法。例如，有些植物外層的種皮是甜的；有些植物則會在種子附近的葉柄或苞片上，長出果肉來。現代的針葉樹和其他裸子植物，仍舊採取這樣的做法。這點喝琴酒的人應該很清楚，因為琴酒就是由多肉而芬芳的杜松毬果做出來的。不過，雖然有不少裸子植物是靠動物散播的[6]，但我們所熟悉的果實，大部分是由「被子植物」（或稱

「開花植物」）演化出來的。既然稱為「被子植物」，當然就表示它的種子是蓋著棉被。這一層覆蓋物，後來便逐漸演化成各式各樣的果實。在此同時，散播者的數量也暴漲。在恐龍滅絕之後，鳥類、哺乳類和開花植物，都出現了分類學家所謂的「輻射形進化」（radiation）現象，也就是說牠／它們的種類快速增加；儘管從前那幾類動物（例如蜥蜴和昆蟲，甚至包括魚類在內）仍舊繼續為它們散播種子，但絕大多數植物之所以製造多肉的果實，都是為了要吸引鳥類和哺乳類動物，以便可以將它們的種子散播到外地。

要體會果實的多樣性，最好的方式就是做一個很簡單的實驗，而且這種實驗大多數人一個星期都會做個好幾次：去採買食物。在一般超市的生鮮食品區，你會看到各式各樣的水果，其種類之多，甚至連熱帶雨林也比不上。我家附近那間食品雜貨店，從一九二九年一直開到現在，介於另外兩家老店（藥房和酒館）之間，地點很好。在最近一個春天的早晨，店裡的貨架上共有七十一種水果，來自三十九個不同的類別。其中最小的是一種藍莓，只有我的拇指指甲那麼大，如今一年四季在生鮮部都可看到，但在北美洲的野地裡（這是藍莓被演化出來的地方），它們只有在秋天鳥類遷徙，和熊要大啖水果準備冬眠的時節，才會成熟。至於體型最大的水果，則是每顆重達七公斤的一種西瓜；它們的祖先贊瑪瓜只有在非洲南部的旱季才會成熟，為羚羊、土狼乃至人類等各種動物，提供必要的水分。

事實上，店裡的每一種水果都經歷類似的過程：在野地裡要等到特定季節才能看到的水果，在現代農業有效率的培育改良之下，成了人們習以為常的食物。當然，許多長在樹上的水果，如今都可以用插枝法來繁殖。同時，最終店裡所賣水果的種子，大多數都會進入人們的堆肥箱或化糞池裡；但光是它們的存在就足以顯示，植物以果實來散播種子的策略，有多麼成功。

賣場裡每天販售的這些琳琅滿目的水果，其實正在上演一場終極的種子散播行動。這些水果有許多是來自遙遠的義大利、智利和紐西蘭等地。它們不僅遠道而來，也展現了開花植物製造果實的各種方式。其中有些比較顯而易見，例如果肉香甜的蘋果；有些則是大多數人不曾真正想過的，例如柳橙和草莓。柳橙的果實，是由果皮裡充滿汁液的白絡所形成。草莓則是由花朵底部膨脹而成。這也是為什麼草莓的種子，會在果實「外面」，看起來非常特別的原因。

果實與它們的散播者之間的互動，對雙方都有影響，包括散播者的飲食習慣、遷徙模式，以及動植物雙方繁衍的時機；有時牠／它們會為了適應對方，做出特定的改變。舉例來說，從前果蝠仍以昆蟲為食時，牠們的牙齒就像切肉刀一樣鋒利平整，後來改吃水果時，牙齒就逐漸變得有稜有角，以便咬爛並磨碎果肉。長尾猴和綠猴的臉頰內，有特殊的囊袋一直通到牠們的脖子兩側，便於牠們在裡面塞進大量的果實，並在到達安全的處所時再來食用。如果你嚇到一隻正在果樹上的長尾猴或綠猴，當牠們穿過樹冠跳走時，你會看到牠們的臉部明顯的脹大。以水果為食的鳥類，為了迅速攝取大量的果實，也發展出了各式各樣的構造，例如寬大的鳥喙、可以擴張的喉嚨，以及較短的腸道等等。鸚鵡為了對付未成熟的果實裡面所含的毒素，會吃大量含有高嶺石（最初用來製成止瀉整腸藥Kaopectate的一種礦物質）的泥土。我也曾經看到黃連雀（Cedar Waxwings，亦稱雪松太平鳥）吃泥土，顯示牠們是以果實為食。除此之外，由於牠們消化莓果的速度很快，因此連牠們的糞便都是甜的（這讓牠們發展出一種很獨特的直腸，可以像牠們的腸道那樣充分吸收糖分）。

另外一方面，植物也學會如何調整它們的策略，以吸引特定的散播者[7]。鳥兒喜歡顯眼的紅色或黑色色塊（覆盆子、黑莓、小紅莓、黑醋栗、山楂、冬青或紅豆杉），但氣味更能吸引色盲的動物（大象）、夜行性動物（蝙蝠），或鼻子比眼睛靈光的生物（陸龜、負鼠）。有些果實中央的核和籽，具有極其堅硬的種皮，刮不破、嚼不壞，也不怕消化液侵蝕。

事實上，果實的種子在被散播者吃進肚子裡之後更容易發芽的例子，比更不容易發芽的例子多出一倍。當大象咀嚼南非酒樹那芳香的果實時，牠那巨大的牙齒會使果殼裡的木質堵塞物鬆動；唯有如此，種子之後才得以吸入水分並發芽。當然，種子被吃下去的好處並不見得都像這個例子一般明顯，但有許多種果實的種子在經過動物的消化道之後，都變得更容易發芽。例如，被熊吃掉的櫻桃，以及被加拉巴哥群島的陸龜吃掉的仙人掌果。

或許化學環境的改變，再加上實際的摩擦，有助種子脫離冬眠狀態。況且最後種子會被排出體外，置身於一堆溫暖而肥沃的糞便中[8]。有時，別的動物還會把種子挖出來，散播到更遠的地方。例如，樹松鼠就會把大象糞便裡的酒樹堅果挑出來，白足鼠也會把牠們在熊便裡找到的野櫻桃和山茱萸種子分散貯藏。不過最有名的例子，則與一種精品級的咖啡有關。從亞洲椰子貓（又稱「麝香貓」）的糞便裡挑出來的咖啡豆，一磅可以賣到三百美元（相當於每公斤六百五十美元）。在曼哈頓的時尚咖啡店裡，一杯甚至可以賣到將近一百美元。這樣高的價格，使得商人動起腦筋，以其他也吃咖啡漿果的動物——泰國的大象、祕魯的長鼻浣熊，和巴西的鳥腿冠雞（一種長得像火雞的鳥）——的糞便開發了許多副產品，獲取了豐厚的利潤。（不幸的是，麝香貓咖啡的風潮也使得某些業者以殘酷的手段，把動物關在籠子裡強迫餵食。我在西雅圖的石板咖啡店和那裡的工作人員談到這個話題時，咖啡師布蘭登針對這股風潮，下了一個令人難忘的結論：「從屁眼裡出來的咖啡，是給屁人喝的。」）

在植物家族中，有將近三分之一是靠甜美的果實來散播。它們之所以在不同的環境之下，相繼演化出這樣的策略，是因為這樣的方法一旦發揮了作用，成果就非常可觀。舉例來說，一隻口渴的褐鬣狗，一個晚上就可以吃掉十八個贊瑪瓜，如此一來，這些瓜的種子能夠被散播的範圍，就廣達四百平方公里。棕熊的效率更高，一隻棕熊在藍莓園幾個小時，就可以吃掉一萬六千個細小的藍莓果。由於每一個藍莓果平均含有三十三個顆種子，因此一隻飢餓的熊，一天就可以散播超過五十萬顆的種子。類似的例子還很多，有些科學家就專門研究這方面的題目；但事實上，大多數種子還是靠其他方法來散播。

對絕大多數植物來說，在它們那靜態的生命中，種子的散播是它們唯一能夠移動的時刻。這個過程可以決定什麼植物長在哪裡，而這是各個生態系統賴以建立的基本原則。因此，種子的散播對植物的演化來說具有重大意義。這也是何以近四億年來，種子植物不斷想出各式各樣的點子，來達成散播的目的。果實可以提供獎賞，但有些種子則光是搭便車。它們會用各種鉤、刺或具有黏性的物質，讓自己附著在動物的體表。（市售的「魔鬼氈」，便是以這種原理做成的。發明這種產品的人，是在看到牛蒡種子黏在狗的毛皮上時得到了靈感。）有些種子會從爆開的豆莢中發射出去，有些會掉進水裡，隨著水流一起飄移。許多人應該都有襪子沾到草籽的經驗，這時，你走起路來就會一直有刺刺的感覺，最後你終於受不了了，只好停下腳步，把那些草籽拔出來，丟到地上；這時，那些種子的目的就達到了。

在哥斯大黎加時，我和荷西發現，巴拿馬天蓬樹是藉著蝙蝠的翅膀散播種子。但早在世上還沒有蝙蝠之前，種子就已經會自己長出翅膀來了。無論是滑翔、旋轉、漂蕩或高飛，乘風而去是最古老的一種散播方式，到現在仍是最常見的一種方式。在經過這麼久的練習之後，植物已經發展出能夠讓大量種子散播到遠方的飛行（有時則是漂浮）方式，讓蝙蝠、熊或鳥兒望塵莫及。其結果不僅決定了灌木、草本和禾本植物，以及喬木的分布情況，對人類也有重大的影響。在下一章中，我們將討論種子的薄翼和絨毛，對航空學、時裝業、工業史、大英帝國以及美國內戰，所產生的影響。而就像許多有關生物的故事一般，我們最好從某個年輕的博物學家，在加拉巴哥群島所寫的筆記和日誌開始說起。

乘風破浪

植物並不以從花朵或樹上投下一顆種子為足。它在空中和地上，拋撒了大量的種子，如此一來，即便幾千顆毀壞了，或許仍有幾千顆得以進入土中，有幾百顆可以長出來，幾十顆可以成熟，並且至少有一顆可以取代母株。

——愛默生，《論文集：第二輯》（*Essays: Second Series*, 1844）

達爾文年輕時，並不是很喜歡植物，當他以博物學家的身分搭乘小獵犬號出發時，他對地質學和動物學的愛好遠勝於植物學。他曾經形容自己：「看不出雛菊和蒲公英有什麼差別。」[1]連他在劍橋的恩師，也就是推薦他接下小獵犬號這份差事的人，都承認「他不是個植物學家」[2]。但後來，達爾文卻把重心放在研究植物，並寫了幾本書，分別討論肉食植物、攀緣植物、花朵的構造，和蘭花的授粉。不過，在小獵犬號緩緩沿著南美洲的海岸航行期間，達爾文之所以蒐集各種植物，主要是因為那是他的工作之一。他甚至曾經考慮要丟掉那些標本。因此，當船隻終於抵達加拉巴哥群島時，他自然把大部分的注意力放在火山、熔岩區、陸龜和奇特的鳥類上。他寫在田野筆記上的一句話，似乎總結了他對當地植物的看法：「這裡很像巴西，只是沒有大樹。」[3]他後來描寫了登上查塔姆島（Chatham Island）第一天時的情況：「我雖然很努力，想盡量多蒐集一些植物，但後來只發現十種，而且這些看起來可憐兮兮的小野草，似乎比較像長在北極，而非赤道的植物。」[4]

不過，達爾文當時雖然對加拉巴哥群島的火山口和燕雀更感興趣，但他在蒐集植物方面所做的努力，還是得到了豐厚的報償。在接下來的五個星期當中，他蒐集到一百七十三種植物，占當時已知植物物種近四分之一，並將它們做成了標本。在後來那幾年，這些植物對他的演化理論有很重要的貢獻。事實上，由於達爾文在小獵犬號航行期間，就已經開始思考物種的起源：「為什麼每個地方都有它獨特的動物和植物？」因此，到底加拉巴哥群島的經驗，對達爾文的理論有多大的影響？對於這點，學者們至今仍有不同的看法。

不過，從達爾文在登上加拉巴哥群島第五天所寫的筆記當中的一句話，我們就能略窺一斑：「我當然可以辨認南美洲的鳥類。植物學家辨得到嗎？」當時他顯然已經開始思考：加拉巴哥群島的植物的祖先來自何處？結果，他在查塔姆島所發現那些「看起來可憐兮兮的野草」

當中，有一種植物正好能夠解答他的疑問。幾年後，他的友人約瑟夫・胡克（Joseph Hooker）檢查那些標本時，立刻發現這株植物及其南美洲的親戚之間的相似性與差異性。如今植物學家把這種植物稱為「達爾文棉」（Darwin's cotton，學名為*Gossypium darwinii*）。它抵達加拉巴哥群島的經過，適足以說明種子能夠到達多遠的地方、它們為什麼要這麼做，以及它們到了那裡之後會發生什麼事。

研究棉花的科學家們，並不需要為這種植物取一個拉丁學名，他們就直接沿用羅馬人對它的稱呼*Gossypium*。棉花在古代就已經是普世熟知的布料，最早是亞歷山大大帝的軍隊從印度帶回歐洲，不久便遍及地中海各地以及阿拉伯半島以南的地區（當地人稱之為qutun，這乃是棉花的英文名稱cotton的起源）。阿茲特克人、印加人，和哥倫布遇見的阿拉瓦克印第安人（Arawak Indians）都曾使用棉花。哥倫布航行在加勒比海地

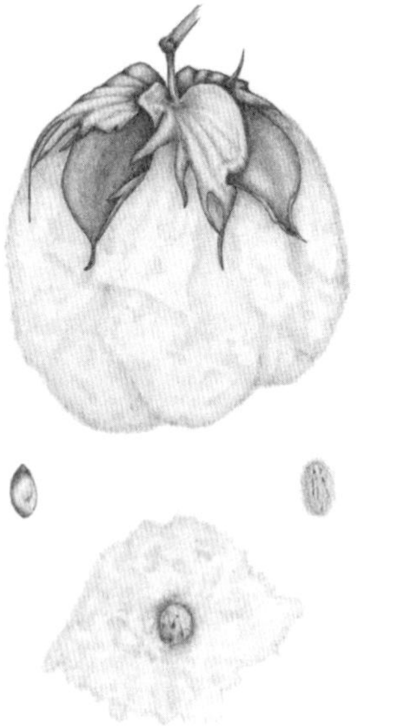

圖13.1：棉花（*Gossypium* spp.）。如果把一個棉鈴內的棉絨，一根一根連結起來，長度將超過三十二公里。它們被紡成紗線後，將支撐起一大工業，並形塑諸多帝國的歷史，誘發工業革命與美國內戰。上圖所示是完整的棉鈴，下方則是被裁剪開來的毛絨狀種子。
ILLUSTRATION © 2014 BY SUZANNE OLIVE.

區時，無論他在何處上岸，都看到人們將棉花編織成各式各樣的物品，例如魚網、吊床和婦女的裙子（他形容那些裙子「大小只夠遮住她們的重要部位」[5]）。哥倫布在他第一次航行的日誌中，曾經提到棉花十九次。他指出：「他們並不需要自己種植，因為它就像玫瑰一樣，會在野地裡自己長出來。[6]」

事實上，光是在全球熱帶地區，就有四十多種野生的棉花。其中有些種子的構造很簡單，但只要是有棉絮的種類，當地人就知道該如何把它們的纖維紡成棉線。現在棉花已經成為全世界最受歡迎的纖維，總產值達四千二百五十億美元，使它成為史上最有價值的非糧食作物。由於它是如此普遍，我們會忘記它被演化出來的目的，並不是要被人類織成長袍、頭巾、吊床，和T恤等各種物品；包覆在棉花種子外那層精巧、蓬鬆的絨毛，是為了幫助種子隨風而去。

如果你想了解隨風散播的概念，只要在春天時，任由草坪的野草抽高生長，然後再帶著你的小孩去那裡散步就行了。我兒子諾亞自從會走路以來，就喜歡把成熟蒲公英的頭狀花序採下來，拿得高高的，然後提出一個令人難以抗拒的請求：「吹！」根據我的計算，這時只要輕輕一吹，立刻就會有二百多個種子飛起來，然後便像一個個小小的降落傘般飄下來，令人賞心悅目。你如果想要抓住它們，可能要跑到距母株一．五、三或甚至六公尺遠的地方去；如果那天有風，你勢必一個也抓不到。

如今蒲公英到處都是，無論在倫敦、東京或開普敦，都可以看到它的蹤影，而吹蒲公英的儀式，也已經成為大家了解植物空氣動力學（種子和風聯手演出的戲碼）的方式。蒲公英御風而行的訣竅在於，它的種子上有一根細細長長的軸，上面綴滿勻稱、有彈性，而且間距適中的絨毛，使它可以得到最大的浮力。但棉花則是藉著另外一種構造升空。為了了解這種構造，我決定做一件事，這是自伊萊·惠特尼（Eli Whitney）發明知名的軋棉機以來，很少人會做的事。

野生的棉花是多年生的灌木或小喬木，枝條細瘦，葉子是灰綠色的，上面有毛。人工栽培的品種，則是一年生的植物，長得很快，樹形比野生種矮小；其他方面則大致相同。兩者都屬於錦葵科（這一科的植物很多，包括虱母子草、秋葵等，但最知名的則是蜀葵、木槿等豔麗的觀賞花）。棉花的花朵也很美，花心是紫色的，周圍鑲著一圈薄薄的、檸檬黃色的花瓣。它的果實呈圓莢狀，成熟時會爆開，並且翻過來，露出裡面白色的絨毛，使得收成期的棉花田，看起來像是堆滿了雪球，或某種奇特的綿羊。十四世紀時，英國的旅行家約翰·孟德維爾爵士（Sir John Mandeville）曾經在文章中表示，亞洲有一種樹會長出葫蘆狀的果實，裡面有很小的綿羊，讓他的讀者大為驚奇。我們不清楚他所指的是不是棉花（他在別的文章中，對棉花的描述比較精確），但這樣的印象卻從此深植人們心中[7]。不久就有人繪聲繪影的說：棉花是「植物羊」。一些插畫家也把它們畫成一群小羊，從枝條頂端伸出毛茸茸的脖子往下探，要吃地面上

圖 13.2：中世紀旅行家約翰．孟德維爾爵士等人所說的故事，讓人們誤以為棉花是來自「植物羊」，也就是從某種亞洲樹種的果實採摘下來，形如綿羊的生物。繪者名不詳（約十七世紀）。WIKIMEDIA COMMONS.

的草。

我和孟德維爾一樣，住在一個氣候涼爽多雨、不適合種植棉花的小島上。幸好，我不需要像中世紀的英國人那樣，得跑到印度才能看到棉花原本的模樣。現在的手工藝品店就有賣未經過加工、還在枝條上的棉鈴，而且價錢也不貴。這些棉鈴是供人製作花圈和插花之用，但由於它們每一顆都訴說著有關種子演化的奇妙故事，因此任何一個有心要研究植物、又有足夠勇氣的科學家，自然會想試著把它們解剖開來，一探究竟。於是，我準備好鑷子、小刀，和一台很清晰的顯微鏡探針後，便從枝條上剪下一個中型的棉鈴，朝著浣熊小屋走去。

我將棉鈴的柄朝下放在書桌上，這時它看起來的確像隻綿羊，那白色、毛茸茸的背部，就像老舊的法蘭絨一般柔軟。然而，當我用手指用力捏住那團絨毛時，卻可以感覺到埋在深處那一粒粒凸起的種子。這個棉鈴大小是七．五乘五公分，重四公克，體積和我之前曾經在這張桌上拆解牠身上羽毛的小鷦鷯差不多（當時我正在寫一本有關羽毛的書）。那隻鷦鷯同樣輕盈、小巧，而且身體的構造也是為了要飛翔。我用鑷子辛辛苦苦的又夾又拔，花了整整兩個小時，才把它身上超過一千二百根細小的羽毛，一根一根的拔下來；但比起處理棉鈴的工作，這根本不算什麼。我用手工軋棉機軋了不到一分鐘，就發現我連一根纖維都不可能拔下來；這些纖維非常緊密的交織在一起，我只要拉動其中一根，也會同時拉動其他幾十束糾結的毛。我原本打算像處理鷦鷯的羽毛那樣，把棉籽和棉絨分開，計算那些纖維的數量，加以分類，並測量它們的長度，但這下可泡湯了。

最後，我只好動用剪刀。但即便如此，我還是用力剪了幾十下，才把它們全都剪下來。最後的成果，便是一堆糾結的棉絮，和一堆可憐兮兮的種子。那些種子表面還殘留著一坨坨凹凸不平的纖維，看起來倒像是一群身上的毛被剪得亂七八糟的羊。

在顯微鏡底下，我看到了問題的根源。在每一顆種子的表面，都長著一層濃密的絨毛，看起來像是一塊剪得很短的草皮。那層絨毛很厚，以致我無法分辨哪裡是種皮，而絨毛又是從哪裡長出來的。我查了一下戴瑞克．波利的種子百科全書，看到「棉花」那個條目，才明白了箇中原因：原來種皮和絨毛兩者是一體的。像棉花這樣的植物，種皮比較特殊，其作用不在保護種子，而在幫助種子散播。為了能夠飛翔和飄浮（這一點我們很快就會談到），種皮裡每個原本要用顯微鏡才看得見的微小細胞，都變成了超過五公分長的巨大細絲，難怪它們這麼不容易解開。由於每一根絨毛只有一個細胞那麼寬，因此，一顆大小有如一片乾豌豆瓣的棉籽所長出的絨毛，很可能超過二萬根。一顆棉花果實內，平均有三十二顆種子，因此每一個棉鈴內的棉絨，就多達五十萬根以上。如果把它們一根一根連結起來，長度將超過三十二公里。

據說惠特尼之所以能得到靈感，設計出那台有名的軋棉機，是因為他看到一隻貓在穀倉旁邊的場子朝著一隻雞撲過去，結果那隻雞嘎嘎嘎的叫著飛奔而去，留下那隻貓在那兒，兩隻爪子上各沾著幾簇羽毛。軋棉機的原理也相同，它是用裝在大型滾筒上的許多鉤子，把棉籽上的纖維抓下來。惠特尼在一七九三年得到專利的那個機型，原本只有一個簡陋的木箱、一個手搖曲柄，和一個滾筒；但在有蒸汽機與電力的時代，很快就經過改良，到現在已經成了由電腦操控的龐然巨物，可以在兩分鐘之內，就把重達二百二十七公斤的一大包棉花分類、清洗、乾燥，並壓縮妥當。在這整個過程中，棉花仍然清楚展現了，它們之所以被演化出來的用意。

在每一台軋棉機當中，都有一縷縷雲狀棉絮不停的飄浮、旋轉著，以致一位十九世紀的人士形容它們，像是一場「猛烈的暴風雪」。棉籽上那些由單一細胞形成的絨毛，在重量極輕的情況下（確實輕到幾乎難以察覺），卻形成了極大的表面積。無論是被風或機器吹起來，那些絨毛都會停留在空中，四處飄動。而這正是種子的目的所在。

風力散播的方式，會造成生物學家所謂的「種子分布圖」（seed shadow）。這是因為種子即便有最好的空氣動力學構造，也無法在風力多變的空中停留太久，因此便形成一種可以預期的模式：大多數種子都掉落在母株附近，距離母株愈遠的地方，掉落的種子就愈來愈稀少。至於它們最遠能到哪裡，目前尚無定論。這是因為真正能夠遠距散播的例子太少見，因此無從研究。

在極少數有關這方面的研究中，有一項是針對一種名叫「加拿大蓬」的紫菀屬雜草進行的。研究人員使用一架遙控飛機，在上面裝設具有黏性的種子網，藉此追蹤大氣中加拿大蓬種子散播的軌跡。結果，他們發現有些種子隨著上升氣流升空後，至少可以到達一百二十公尺高空[8]。在這樣的高度，風即使沒有很大，也可以把它們吹到數千英里或公里之外。不過，我們已經知道種子可以飄到比這高得多、遠得多的地方。曾經有人在喜馬拉雅山海拔六千七百公尺高的岩縫中，發現被風吹到那兒的不明種子，那已經遠遠超過植物能夠生長的範圍。沒有人知道這些種子旅行了多遠，但它們的數量已經足以形成一個食物鏈的底層：真菌使這些種子腐爛，跳蟲把真菌吃掉，然後一些很小的蜘蛛又以這些跳蟲為食[9]。

然而，最能夠證明種子可以遠距散播的，不是在高山頂上或大氣層上方出現的種子，而是物種分布地區之廣（達爾文隨著小獵犬號航行時，對這個現象深感興趣），以及一個簡單的事實：那些生長在偏遠地區的植物，如加拉巴哥群島上的棉花，必定是從其他地方散播過去的。我們從達爾文的筆記中，看不出他究竟從何時開始思索有關種子散播的問題，但他在搭乘小獵犬號回到英國之後，不到幾年，便開始把各式各樣的東西，例如芹菜種子和整株的蘆筍，浸泡在一整瓶或一整箱的海水中。大多數植物經過一個月的浸泡之後，仍然可以很順利的發芽，有些甚至可以耐得住四個月以上的浸泡。但只有少數種子，在過了幾天之後，仍然可以浮在水面上。這點讓達爾文頗為失望。不過，他因此推估，種子如果隨著一般的大西洋洋流漂浮，至少可以散播到四百八十三公里以外的地方[10]。同時，他也認為，種子有可能在被風吹到海面上之後，再漂到遠方的海灘上，在那裡被太陽曬乾，然後再被風吹到內陸。

達爾文在做這些實驗時，用的都是英國庭園中常見的植物，例如高麗菜、紅蘿蔔、罌粟花和馬鈴薯。他根據這些實驗結果，審慎的下了一個結論：植物之所以能夠在加拉巴哥群島這類小島上繁殖，可能是它們的種子透過洋流、風力和鳥類，遠距散播的結果。但他對種子究竟能夠到達多遠的地方，以及它們抵達之後的命運，仍抱持懷疑的態度：「一顆種子落在合適的土壤上，而且能夠長大成熟，這樣的機率該有多低呀！[11]」如果他當初是用棉花來做實驗，或許他的態度就會更樂觀一些。

事實證明，棉花種子上的蓬鬆絨毛，除了能讓它在空中飄盪之外，也能吸收氣泡，讓它可以在水面上漂浮至少兩個半月。這些濃密、纖細的絨毛，也可以防止水分滲進種皮裡，因此棉花種子即使沉到水裡，也可以在鹹水中存活三年以上。目前已經有基因資料顯示，「達爾文棉」乃是源自南美洲海岸的物種，因此研究人員已經很清楚，它是如何從南美大陸到達九百二十六公里外的加拉巴哥群島：最初的那一顆種子，應該是被一場風暴（用散播的術語來說，就是「一個極端的氣象狀況」）吹到海上，隨著湍急的南太平洋洋流（Humboldt Current，亦稱「秘魯寒流」）漂流好幾個星期，然後才被沖到加拉巴哥群島的某處岩岸上。之後它可能就像達爾文所推測的，被一陣風吹到了內陸。除此之外，還有一個更有趣的可能性：棲居在乾燥低地加拉巴哥群島特有的燕雀，習慣用種子的絨毛來築巢，因此「達爾文棉」有可能是在「達爾文的燕雀」嘴裡度過它最後一段旅程。

種子要透過風力或水力的散播，找到適合生長的地方，聽起來似乎機會渺茫，但經過長期的努力嘗試之後，這兩種策略都已經有了成果。如今依賴風力散播的植物，比依賴其他各種方法的植物加起來還多。雖然它們的種子通常只能散播到幾英寸，或幾英尺以外的地方，但在洋流的幫助下，像「達爾文棉」這類的例子，其實並不少見——至少有一百七十種植物，經由類似的途徑抵達了加拉巴哥群島[12]。事實上，這樣的例子一點也不稀奇，因為棉花在傳到加拉巴哥群島之前，就已經橫越相當於大西洋寬度兩倍的距離，從非洲抵達南美洲了。

生物地理學家形容，這個現象是「奇蹟中的奇蹟」[13]，但事實的確如此，而且證據很明確，因為美洲的棉花品種含有兩種早期非洲棉的基因。棉花傳到美洲後，除了對當地生態帶來影響，在其他許多方面也造成重大的衝擊。十九世紀全球的重大事件都與棉花有關：產業機械化、全球化運動、英國崛起、奴隸制度和美國內戰。

在現代社會形成的過程中，棉花扮演了非常重要的角色。歷史學家稱它為「革命性的纖維」，以及「工業革命的推動者」[14]；它是第一個全球大量生產的商品，惡名昭彰的「三角貿易」（trade triangle）也因它而起。三角貿易指的是，美國的棉花園、英國的棉花工廠，以及非洲的奴隸輸出港口之間的一種貿易關係：原棉運往東邊，棉花製品運往南邊，採棉的奴隸則運往西邊。誠如馬克斯所言：「沒有奴隸制度，就沒有棉花；沒有棉花，就沒有現代工業[15]。」馬克斯是在一八四六年寫下這段話，當時棉花貿易已經占美國出口總額的百分之六十，比例高得驚人。英國也有五分之一的工人在棉花工廠工作。有一百多年的時間，原棉和棉花製品一直是歐洲和美國主要的出口項目。但棉花種子的纖維對社會和經濟所產生的影響，其實很早就出現了。

當年哥倫布在加勒比海看到棉花時，不免以為這是他已經抵達亞洲海岸的又一佐證。這是因為一千多年以來，棉布一直被視為亞洲的布料，生產於印度，再沿著各貿易路線，往東輸往日本，往西運到非洲和地中海。當時光是波斯一地每年所進口的印度棉布，就多達二萬五千到三萬隻駱駝所能載運的數量。另一部分則經由威尼斯銷往歐洲。在當時歐洲人的眼中，除了香料之外，棉布生意的利潤也頗為豐厚。在亞洲，許多地區都有棉布買賣。

歷史學家常說，如果把方向反過來，所謂「絲路」，應該被稱為「棉路」才對，因為當時中國的商人從絲路返鄉時，往往都會帶著大量的印度棉布。但儘管如此，棉布還是供不應求，以致後來中國決定自行生產棉花。十四世紀時，中國皇帝頒布一項嚴格的法令，規定凡是耕地面積超過一畝的農民，都必須將一部分土地用來種植棉花。葡萄牙和荷蘭的船隊為了尋找香料，而抵達亞洲的港口時，發現棉布在貿易上的重要性；因為比起歐洲銀幣，他們用印度的印花棉布所能換到的香料反而更多，尤其是在那些生產肉荳蔻和丁香的偏遠島嶼。於是，紡織品的買賣，便逐漸成為荷蘭人另一項很賺錢的生意。但真正開創棉花新紀元的，則是英屬東印度公司。

十八世紀下半，三個因素改變了棉花經濟的現況：時裝、新發明，以及政治。當時的印花棉布（calico，來自印度的濱海城市卡利卡特〔Calicut〕）和其他印花布料，不僅圖案媲美昂貴的絲綢，價格也低廉很多，因此受到歐洲逐漸興起的中產階級人士[16]歡迎，也讓他們對於顏色和時尚有了一些概念。在這種情況下，儘管羊毛和麻布業者大力阻撓（他們不僅要求政府制定保護性的法令，還會聚眾鬧事，甚至在倫敦街頭攻擊那些穿印花棉布的婦女，將她們身上的衣服剝光），印度棉布的進口量還是迅速激增。原本從事香料買賣的東印度公司，見此光景也改弦易轍，做起紡織品的生意來。他們的市場除了歐洲之外，還包括英國在全球各地的殖民地，如非洲、澳洲和西印度群島等。

由於印度布料如此暢銷，各國紛紛開始加以仿效，一連串劃時代的發明也應運而生，其中包括詹姆斯．哈格里夫斯（James Hargreaves）的紡紗機、山繆爾．匡普頓（Samuel Crompton）的走錠細紗機，和理查．阿克萊特（Richard Arkwright）的水力紡紗機。由於製程機械化，英國製的棉布不僅品質變好，價格也變低了，以致英國的工業城鎮便取代了印度的村莊，成為全球的棉布生產中心。至此，工業革命已然啟動。而這一切都是拜棉花種子之賜，正如同咖啡豆刺激了咖啡產業的創新一般。

在政治方面，由於人們對棉布的需求與日俱增，英國為了擁有穩定的貨源，便將勢力擴展到印度。在英國工廠逐漸搶走棉布生意，損害印度經濟的同時，東印度公司也以脅迫和征服的手段，逐漸控制了印度次大陸。難怪印度的聖雄甘地要穿上自家紡製的棉衣，做為反抗英國統治的象徵。他表示：「為了國家，每一個印度人都有責任自己紡棉織布。」至今，印度國旗的中央仍有一個抽象的紡輪圖案。這段期間，歐洲的棉花製造業成了史上第一個高度機械化產業，原本的農業經濟形態也轉型為工業經濟。他們從南方進口原料，再將成品出口到全世界。這樣的模式足足持續了兩個世紀，不僅使得歐洲帝國的勢力更加強大，也迅速帶來了經濟的繁榮。然而，在美國，這樣的模式卻引發了戰爭。

哥倫布在新大陸發現的棉花，和亞、非兩洲的棉花[17]不同。它的纖維比較長，種子的黏性也比較強，因此處理起來頗為費工。不過，哥倫布還是對他發現的這種棉花讚美有加，說它長得很快、無須照料，而且一年到頭都可以收成；這是典型的哥倫布式自誇。但事實上，他對這種棉花的熱中，也不是沒有道理。美洲棉由於棉絮較長，所紡出來的棉紗品質較為優良，因此目前全球的棉花有百分之九十五以上，都來自同一種美洲棉。不過，就像我先前實驗所顯示的，要將它們的種子和纖維分離並不容易，因此，儘管當時全球的棉業非常興盛，美洲棉一直都不是主要的作物。但在惠特尼發明了那台著名的軋棉機之後，處理美洲棉的效率立刻為之提高，產量也增加了。只不過，當時這位年輕的發明家萬萬沒想到，他的發明除了以上好處之外，也造成了一些後果。

惠特尼發明了軋棉機之後，獲得了當時美國國務卿湯瑪斯·傑佛遜所授與的專利權（傑佛遜在看了機器的設計藍圖之後，立刻為自己的莊園蒙蒂塞洛訂了一台），但他卻從來不曾從這項發明中獲利。這台機器由於構造簡單，因此很容易仿製。惠特尼雖然對仿冒者提出了告訴，但不久他就發現，美國南方鄉村地區的法庭，並不同情來自北方都市的專利權所有人。事實上，當時他只要能夠拿到一小部分應該屬於他的權利金，無疑就可以成為鉅富。在他獲得專利權之後，美國南方地區的棉花出口量，在十年之間便暴漲至原來的十五倍。此後，每十年產量便增加一倍。到了十九世紀中期，全球的原棉有將近四分之三是靠美國南方的莊園供應，使得剛剛獨立建國的美國，成了一個富裕、有影響力且具有國際聲望的國家。

沒有歷史學家會否認惠特尼在法律上確實吃了大虧，但比起他的發明所造成的後果，他的遭遇並不算什麼。軋棉機雖然簡化了棉花加工的程序，但種植棉花仍然需要大量的人工。因此，在美國棉業迅速興盛，且利潤豐厚的情況下，原本已經逐漸式微的非洲奴隸市場，又再度活絡起來。到了一七九〇年代，非洲奴隸的買賣（大西洋三角貿易中陰暗的一環）到達了史無前例的巔峰，每年都有多達八萬七千名奴隸，越過大西洋中央航線抵達美國[18]。一八〇八年時，美國國會禁止自國外進口奴隸，但國內的人口買賣仍然十分盛行。一八〇〇年到一八六〇年間，奴隸人數成長了四倍。在某些地區，販賣採棉奴隸的生意，甚至和販售棉花一樣火紅。

棉花業與奴隸制度的緊密結合，成了當時美國南方地區的經濟特色，最後終於導致南北戰爭爆發。這場內戰於一八六五年結束，是美國史上死傷最慘重的一場衝突，一百多萬人因此喪命、受傷或流離失所，美國南北兩地也因此在社會和政治上陷入長久分歧，但以棉花為主的經濟形態並未改變。內戰過後，南方的棉花園以佃農協作的方式取代奴隸制度，結果不到五年，棉花的產量就恢復到戰前的水準，成為美國最大宗的出口物資，這種情況一直持續到一九三七年才結束。這段期間，惠特尼的境遇也不壞。儘管他的軋棉機專利過了有效期限，且仍然一文不值，但他卻靠著另外一門生意發了一筆大財：製造毛瑟槍、步槍和手槍。諷刺的是，「惠特尼兵工廠」所生產的武器，是美國內戰期間使用最普遍的武器之一。

種子和戰爭聽起來或許很不搭調，但除了棉花的絨毛之外，種子的另外一個分布策略也曾經對戰爭造成影響。這要從歷史上的第一次空襲事件說起。一九一一年，義大利與土耳其作戰期間，一位義大利飛行員擅自駕駛一架偵察機，飛到利比亞沙漠的一處土耳其營地上空，然後迅速往下俯衝，丟下四顆小小的手榴彈。在這次事件中並沒有人受傷，但雙方都斥責他的行為

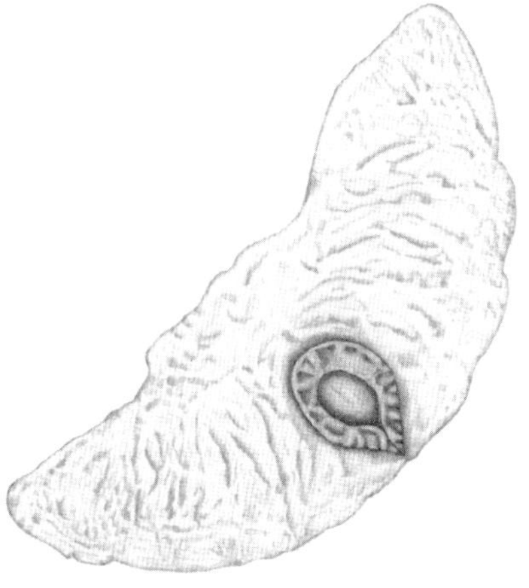

圖13.3：爪哇黃瓜（*Alsomitra macrocarpa*）。爪哇黃瓜種子的邊緣，可以展開成一片寬大極薄的翅膀，可說是自然界最強大的機翼之一，就連最小的微風也能讓它飄浮起來，並且持續滑翔好些距離，而且是以數英里而非數英尺計。ILLUSTRATION © 2014 BY SUZANNE OLIVE.

違反了軍事禮儀，令人震驚。不過，責難的聲浪很快就平息了，因為戰略學家們開始意識到這種新式攻擊的潛力。從此，戰爭便進入了新的紀元，那位投擲手榴彈的飛行員也從此在軍事史教科書的註腳中留名；不過，很少人記得他當時所駕駛的那架飛機形狀有多麼奇特。它不是萊特兄弟或亞伯托・桑托斯・杜蒙（Alberto Santos-Dumont，巴西的航空先驅）所設計的那種雙翼飛機，也不是奧托・李林塔爾（Otto Lilienthal）所使用的像鳥一樣的滑翔機。它有一個尾扇，和一個形狀優美的翅膀。只要在印尼住過的人，應該都會覺得這架飛機的外型很眼熟，因為在印尼的雨林中，有成千上萬這種形狀的東西在樹冠裡飄盪。可以說，這架飛機基本上就是一個飛行的種子，是爪哇黃瓜流線型種子的放大版。

過去，大多數航空界的先驅都師法鳥類和蝙蝠，但奧地利的伊弋・艾垂奇（Igo Etrich）並不一樣，他選擇仿效更古老的翅膀版本。我在狄米歐那兒看到的那一類化石顯示：在幾億年前，有些種子就已經長出了翅膀。在經過這麼多年的飛行演練之後，這些植物已經把種子裡的組織變得更薄、更寬，形成各式各樣的「安定翼」和「螺旋槳」，例如梅花草屬植物（Parnassus）的種子有蜂巢狀的脊，飛燕草的種子有狀如蛋糕裙的翅膀，大家比較熟悉的槭樹和岩楓的種子則具有會旋轉的構造。不過，吸引艾垂奇注意的，卻是另外一種種子。它只有一個斜向後方的翅膀，其寬度達十五公分，卻只有一層細胞那麼薄（就像棉花的纖維一樣），能夠提供浮力，卻毫無重量。這便是爪哇黃瓜的種子。

爪哇黃瓜長在印尼的森林中，藤蔓細細的、沒什麼特色，但會沿著樹幹爬到有陽光的樹梢。很少有西方植物學家看過爪哇黃瓜的模樣，但早在他們發現這種植物之前，就已經聽說過有關它的種子的事了。

爪哇黃瓜的果實形狀很像南瓜。當果實的一端裂開時，會有成千上百的種子飛出來，而且經常飄到距離雨林很遠的地方。有些水手曾經在甲板上看到過它們，當時船隻已經出海好幾英里了。這些種子之所以能夠飛得這麼遠，是因為它們具有「被動穩定性」（passive stability），而且下降的角度很小（這兩個特性都很吸引航空工程師）。所謂「被動穩定性」，指的是在飛行時自我修正的能力，也就是在開始出現搖晃的現象時，恢復平衡的能力。爪哇黃瓜種子的翅膀具有彈性，以及讓它可以不斷重新調整浮力中心點的輪廓，因此天生就有這樣的穩定性。所謂

「下降的角度很小」，是指它每飛行一秒鐘，高度僅下降不到半公尺。（槭樹種子在旋轉時，下降的速度是它的兩倍多[19]。）

艾垂奇雖然把他所設計的飛機稱為「鴿式機」（Taube，此字在德語中是「鴿子」的意思），但他也明白表示，他是根據一種種子的形狀來設計的。從此，爪哇黃瓜在航空界便有了一群忠心的粉絲。鴿式機的特色是機身有尾翼，打破了翅膀的弧度，但艾垂奇的夢想是，建造一架酷似爪哇黃瓜種子的飛機，拿掉尾翼，把駕駛艙放在一整個沒有被分割的機翼表面。第一次世界大戰後，這樣的理念雖然已經不是飛機設計主流，但在接下來的七十五年間，仍有一些比較特立獨行的設計師，不斷試圖打造出一架像是「飛行中的翅膀」的飛機，結果便出現了「B-2精神號」（B-2 Spirit），一架至今仍是史上公認技術最先進、造價最昂貴、殺傷力也最大的飛機。

這架飛機是由諾斯洛普．格魯曼（Northrop Grumman）公司所生產。它有一個更為人所知的俗名：「隱形轟炸機」（Stealth Bomber）。它的外型就像瓦哇黃瓜的種子一樣，浮力很大、阻力很小，因此可以飛行近一萬一千二百六十五公里而無須補充燃料。除此之外，由於它沒有尾翼或任何凸出的機翼，所以能夠躲過幾乎所有空中防衛系統的偵測。儘管到目前為止，B-2機只生產了二十一架（每架造價超過二十億美元），但它仍被視為美國軍火的里程碑。它可以攜

圖13.4：格魯曼B-2精神號，其更為人知的稱號是「隱形轟炸機」，是受到爪哇黃瓜種子的飛行羽翼所啟發。WIKIMEDIA COMMONS.

帶核子武器，也可以載運傳統彈藥。光是一架B-2機所能殲滅的人口，就多過美國內戰的死亡人數。它是航空工程的傑作，非常壯觀，但似乎不太符合爪哇黃瓜種子翅膀的精神，因為後者之所以被演化出來，是為了散播生命，而非終結生命。

軍用飛機的製造是一門非常競爭的工業，所有的軍火製造商都想製造出可以取代隱形轟炸機的戰機。B-2機那類似種子翅膀的機翼，使它具有空氣動力學上的優勢，因此性能傲視同儕，也使得這項計畫能夠獲得源源不絕的經費。飛機製造業的競爭有助於飛機設計的創新，但也不免讓我們想到，一個有關種子散播的問題：翅膀和絨毛，究竟哪一個比較好？為了解答這個問題，有一天我便帶了一把二．五公尺高的折疊梯、一把卷尺，和一個興致勃勃、熱愛種子的學齡前兒童，做了一個小小的實驗。

在一個溫暖的夏日早晨，我和諾亞朝著後院走去，打算玩一個被我們稱為「拋擲種子」的遊戲。遊戲規則很簡單：我負責爬上梯子，把一連串的種子拋出去，諾亞則負責追它們，並將橘色的調查旗插在它們降落的地點，然後我們再拿卷尺測量它們飛行的距離。我們從棉花種子開始，但結果令人有些失望。即使風力不算太小，那顆種子也只飄了不到五公尺，就掉落在草地上。當然，這已經比直接落地好多了，但要讓棉花種子飄洋過海，顯然非得有強風不可。棉籽的纖維雖然又多又輕，但種子本身體積頗大。因此，有些專家認為它們最大的優勢，在於能夠漂浮在水面上。（難怪那些絨毛最長的品種都生長在海岸附近，就像達爾文棉一樣。）

繼棉花種子之後，我們開始測試蒲公英，結果是九公尺。接著又測試附近一棵白楊樹的種子，它一路飄到森林邊，一共飄了三十五公尺。

輪到測試有翅膀的種子時，我小心翼翼的從一個信封裡拿出了一顆爪哇黃瓜種子。（我曾寫了幾封信，向雅加達附近的一座植物園索取這種種子，但他們從來沒有回覆。後來我便設法向一位好心的種子收藏家買了幾顆。）看著它的模樣，我可以明白艾垂奇為何會從它那裡得到靈感。這個種子的大小就像一隻攤開的手掌，薄得像一張葉子，上面有一個拇指大小的金色圓盤，四周鑲著一片半透明的薄膜。在微風中，這層薄膜顯得皺皺的，就像羊皮紙一樣。它看起來像種子界的「東方不敗」，而且一副急欲高飛的模樣，但它的首次飛行卻以失敗收場。

「太遜了！」諾亞的表情明顯帶著不屑。因為那顆種子一路搖搖晃晃，沒飛多遠就宣告墜地，就像一架機頭過重的紙飛機。我爬到折疊梯的最高處，又試了五次，但只有一次，它真正飛了起來，像隻緊張的小鳥一般，一會兒下降、一會兒又突然轉向，總共飛了將近十五公尺。這個成績已經優於棉花種子，但實在不像是一架幾十億美元的飛機會模仿的對象。

我爬到梯子頂上做最後一次嘗試時，看得出諾亞已經逐漸對這個遊戲失去興趣。這一回，那顆種子再度一會兒下沉、一會兒飄浮的逐漸接近地面，眼看就要落地，但突然間，它似乎受到某種看不見的力量牽引，瞬間便乘風飛了起來。諾亞大聲歡呼，我則趕緊跨下梯子，追了過去。

我們跟著它，跑到了後院盡頭，只見它一邊高飛、一邊旋轉，在一連幾次搖搖晃晃、急劇下降之後，便飛過了果園的圍籬。一隻在浣熊小屋屋簷下築巢的家燕，也飛了過來一探究竟，繞著那顆仍在上升的種子轉了兩圈。我們一邊笑著，一邊驚奇的看著那顆種子飛過森林上方，並在一股更快速的氣流帶領下，開始加速飛升。

「它飛走了！諾亞！」我聽見自己大喊。「我們再也看不到它了！」

他仍拿著橘色的旗幟，而我手中也還握著那把卷尺，但那一刻，我們已經忘記比賽這回事了。我們只是目送那顆種子飛走，心中充滿喜悅，因為我們看到一個美麗的東西正在做它原本該做的事。那天早上，我們父子兩人就這樣一直站在那裡，仰頭笑看天空上那一小片薄薄的種子不斷高飛遠颺，直到它飛出我們的視線為止[20]。

結語

種子的未來

誠如白天之後便是黑夜，
冬天過後便是夏日，
戰爭之後便是和平，
豐年之後便是飢荒，
沒有不變的事物，
這是宇宙的通則。

——古希臘哲人赫拉克利特（Heraclitus，西元前六世紀）

每個家族都有自己的傳說。我父親的祖先來自挪威，是勤儉刻苦的漁民，成天划著小木船往返於峽灣。到了現在，我們家雖然沒有人以捕魚為生，但仍然喜歡釣魚。我們的家庭照片中，幾乎每一張都可以看到有人手裡拿著一條死鮭魚。至於我母親的家族，則是她所謂的「大雜燴」，也是很典型的美式大熔爐，曾經出過幾個鄉下醫生、一個馬賊，和一個國會議員（但他後來在和人決鬥時被殺死了）。我和伊萊莎結婚後，便加入一個有著悠久農耕傳統的家族。關於她家族的故事，我到現在還並不完全清楚，但其中有許多似乎與西瓜有關。

「北美洲第一個四倍體西瓜，是我種出來的。」伊萊莎的爺爺羅伯特·韋佛（Robert Weaver）告訴我這件事時，眼裡閃著欣喜的光芒。現年九十四歲的他仍然充滿活力，並且清楚記得他們當年種西瓜時的所有細節：他們如何為無數的花朵人工授粉、如何想推廣這種西瓜，卻四處碰壁等等。「我還跑去見了博皮（Burpee）兄弟。」他指的是當時經營著名種子公司的家族。「但他們根本不懂什麼叫染色體！」

「四倍體」這個名詞，指的是一個細胞的細胞核裡，有四套染色體。正如同孟德爾所發現的，植物通常含有兩套染色體，分別來自它的父親和母親，這種情況便是遺傳學家所謂的「二倍體」。但有時候細胞在分裂時會出差錯，以致植物製造出的種子當中，含有比正常數量多一倍的染色體。在自然界，這是生物之所以會發生變異，並出現新的特徵、衍生出新品種的原因。巴拿馬天蓬樹就是四倍體的植物，達爾文棉也是。

但在二十世紀中期，植物育種專家發現可以用化學方法使染色體增加一倍[1]。此外，他們也發現：如果把一株四倍體的植物和它的二倍體母株雜交，就會生出不孕的雜交種。這樣的做法就稱為「回交育種」（back-crossing）。*用這種方法培育出來的西瓜，外表看起來正常，吃起來也香甜，裡面卻沒有種子。對消費者來說，這種西瓜吃起來很方便。對於種子公司而言，這是他們取得控制權的大好機會，因為這樣一來，農民和園藝人士就沒有種子可留，必須每年向他們購買新的種子。

各種無籽西瓜在今天的西瓜市場上，已經占了百分之八十五以上的比例，但羅伯特在他的家族企業開始獲利的幾十年前，就把手上的股分賣掉了。當我問他，他的妹夫在無籽西瓜的生意上賺了多少錢時，他說：「好幾百萬美元。」不過他的語氣中並沒有一絲後悔。羅伯特之所以放棄西瓜生意，是因為他把家搬到了西邊，在一個小島上住了下來。他說，在那裡，「孩子們可以赤腳走路到學校」。他們用漂流木蓋了一棟房子，並在屋前闢建了一座園子。園裡的土壤非常肥沃。有一次，他種的一株馬鈴薯居然長出近十一公斤的塊莖。

就許多方面而言，羅伯特當年的經驗正是今天有關種子爭議的寫照。他從小就從事耕作，後來又反璞歸真，回到鄉間過活。但在這當中，他也看到基因改良的誕生。現在，基因改良的手法已經遠遠超出讓染色體倍增的範疇。如今遺傳學者已經有能力添加、去除、調整、轉移（甚至還可能製造）特定的基因，讓植物出現特定的特徵。這當中具有無窮的可能性，但也帶來了一些困擾。農民們現在如果仍像當年一樣，留下作物的種子或讓作物自然授粉等等，就會面臨專利權的爭議。除此之外，有人也擔心混合不同品種基因的做法，可能會對自然環境和人體健康造成影響，甚至還可能有道德上的問題。

在科技發達的現代，已經出現愈來愈多讓我們產生疑慮的新技術，包括無人飛機、生物複製技術和核子武器等等；如今，基改種子也名列其中之一。對於操控種子基因的做法，有些人欣然接納（尤其是那些可以從中獲利的人），但也有許多人心懷疑慮，甚或完全無法認同。對於這個問題，不可能有一個讓大家都滿意的解決辦法，但如果你已經讀到了這裡，顯然你對種子也有了許多想法。我希望大家都能共同體認，這些問題確實值得討論。

韋佛後來再也不曾以農耕為業，但園藝一直是他們家庭生活的重心。他和太太把這份愛好傳給了他們的子女，而後者又傳給了伊萊莎這一代。如今，諾亞也熱愛園藝。韋佛家族聚會時，總不免談論誰種了什麼、現在長得如何等等。偶爾有人拿出幾包種子時，也總會有人趕緊寫下它們的名字，找一張紙包起來，然後彼此交換一些被看好的品種。就像獅子山共和國的芒德人喜歡「嘗試新的稻米」一般，世界各地的園藝人士都熱中於交換種子，並經常在自家的庭

＊其關鍵在於染色體的分配。染色體套數是偶數的植物，可以輕易的把一半的染色體傳給它們的花粉或卵子細胞，然後再與另外一半結合，形成種子。但如果把二倍體和四倍體植物雜交，就會生下含有三套染色體的個體，而這個數字的染色體無法被平均分配。三倍體的植物可能很健康，卻無法生育，不能製造出可以發育的花粉或卵子，因此無法形成種子。

園或農地上試種。因著這樣的傳統，種子的故事將不斷有新的發展。

我在保種交流會採訪慧利時，她告訴我，她把爺爺的牽牛花種下去之後，感覺他就好像一直陪在她身邊似的。那一整個夏天，她都看到他在樹籬上那些紫色的花朵中對她眨眼，或在溫室裡向外張望。我們的情況也是如此。伊萊莎也會在我們的菜園裡種植她爺爺鍾愛的高麗菜（在她的貯備種子名單中編號第四號），或她阿姨克莉絲的羽衣甘藍（那是一個只有一條腿、名叫麥克諾的蘇格蘭愛爾蘭人送給她阿姨的）。有時，她也會種她們家最喜歡的一種四季豆「奧勒岡巨人」（Oregon Giant）；而除非你有留存種子，否則這個品種現在已經很難找到了。我不禁想像，她的親戚們或許也有人正在種「伊萊莎的萵苣」。那是本地用來做沙拉的一種萵苣，是幾年前伊萊莎去她的社區菜園播種時發現的品種。

演化之神的行事風格很像園丁，在經過一連串的實驗後，祂只把最成功的例子留下來。種子目前雖然很成功，但這種現象不一定永遠不變。就像從前孢子植物退居配角一般，種子將來有一天可能也會讓位給某種新的事物。事實上，這個過程可能已經開始了。舉個例子，蘭花科植物共有超過二萬六千個已知品種，是地表最多樣化且高度進化的植物家族。然而，它們的種子卻幾乎不能算是種子。

如果你打開一株蘭花的莢果，裡面的種子就會像一陣煙般噴發出來。這些種子都是很小的微粒，必須用顯微鏡才能看見；而且它們基本上沒有種皮，也沒有防禦性的化學物質，或任何可辨識的營養成分。它們是植物的嬰兒沒錯，但套用凱蘿．巴斯金的話，這些嬰兒並沒有被放在箱子裡，也沒有帶便當。事實上，它們只有落在含有能與它們共生的幾種真菌的土壤中時，才能發芽並成長。也因此，蘭花種子對人類沒有什麼用處——它們既無法提供燃料、果實、食物或纖維，也不能用來做成提神劑，或有用的藥物。在成千上萬種蘭科植物中，只有一個品種的種子具有商業價值，那便是香草。如果蘭科植物沒有美麗的花朵，我們可能根本不會注意到它們的存在。

古植物學家們，例如比爾．狄米歇，是透過化石來觀察植物的特徵、品種，和一整個族群的興衰，因此他們會從較長期的觀點來看待植物的演化現象。比爾並不認為種子的時代很快就會結束。「蘭科植物都是一些白吃白喝、坐享其成的傢伙。」他告訴我。它們除了仰賴真菌之外，大多數品種都是附生植物，必須靠其他植物支撐。同時，它們那美麗的花朵也很少含有花蜜或可以取得的花粉，如果不是它們所附生的植物提供了可靠的報酬，它們將完全無法吸引昆蟲來傳粉。然而，目前蘭科植物還是占了全球植物總數將近十分之一，因此，我們有理由相信它們所用的策略很有效。它們的種子雖然構造簡單，有如粉塵一般，卻發揮了良好的效果。

這提醒我們，複雜是進化的表徵，而不是結果。種子所具有的種種精巧、出色的特質（包括營養成分、耐力和防衛機制），只有在它們能夠造福未來世代的前提下才能繼續留存。但種子的存在，具體呈現了生物世代相傳的努力。就某種意義而言，這也是它們之所以具有如此深刻的文化意涵的原因。種子讓我們具體感受到過去與未來之間的連結，提醒我們它們與人類的關係，也呈現了季節與土壤的自然節奏。

去年秋天，我和諾亞到我母親那座已經雜草蔓生的花園裡，收集了風鈴草和粉紅色錦葵的種子，把它們帶回家，準備種在浣熊小屋前面的一塊空地上。在一個早春的午後，我們把那一小塊地上的泥土鏟鬆，又拔除了一些野草後，便把那些種子拿了出來。諾亞仔細的檢查它們，並發表他的看法。那些錦葵種子是黑色的小粒，被包在蜘蛛網狀的囊袋裡，風鈴草的種子則非常細小，像是一粒粒金色的粉末。到了要播種的時候，諾亞將它們大把、大把的撒在翻過的泥土上，接著又加上他自己準備的東西：他先前吃點心時特意留下來的四顆爆米花。

幸好，我們播種的時機非常理想。那天下午雨下個不停，把種子都沖進了土裡；之後，天氣便放晴了，一連好幾天都陽光普照。那些錦葵種子很快就發芽了，一株株幼苗紛紛從土裡探出頭來，新生的葉子上還黏著一片片種皮。

到現在，兩個星期已經過去了。此刻，當我正在書寫之際，可以聽到伊萊莎在我辦公室的窗戶外，指著那些錦葵幼苗對諾亞說道：「你看，那裡也有一株。看到了嗎？」

諾亞說他看到了，之後便很自豪的把它們指給我看。那一株株美好的綠色小苗，讓那一整塊地都亮了起來。等到這本書付梓的時候，它們應該就已經開花了。

附錄A

俗名／學名對照表

下表含括了文中提到的所有植物物種的俗名、學名及科名。

俗名	學名	科名
Acacia 相思樹	*Acacia* spp.	Fabaceae（豆科）
Adzuki bean 紅豆	*Vigna angularis*	Fabaceae（豆科）
Afzelia 緬茄樹	*Afzelia africana*	Fabaceae（豆科）
Almendro 天蓬樹	*Dipteryx panamensis*	Fabaceae（豆科）
Almond 杏仁	*Prunus dulcis*	Rosaceae（薔薇科）
Apple 蘋果	*Malus domestica*	Rosaceae（薔薇科）
Arm millet 臂形草	*Brachiaria* spp.	Poaceae（禾本科）
Asparagus 蘆荀	*Asparagus of cinalis*	Asparagaceae（天門冬科）
Aster 紫菀	*Aster* spp.	Asteraceae（菊科）
Autumn crocus 秋水仙	*Colchicum autumnale*	Colchicaceae（秋水仙科）
Avocado 酪梨	*Persea americana*	Lauraceae（樟科）
Balanites 乳香樹	*Balanites wilsoniana*	Zygophyllaceae（蒺藜科）
Barley 大麥	*Hordeum vulgare*	Poaceae（禾本科）
Basil 羅勒	*Ocimum basilicum*	Lamiaceae（唇形科）
Bishop's flower 主教花	*Ammi majus*	Apiaceae（傘形科）
Bent-grass 翦股穎	*Agrostis* spp.	Poaceae（禾本科）
Bitterbark 苦皮樹	*Sacoglottis gabonensis*	Humiriaceae（香膏科）

俗名	學名	科名
Blackbean 黑豆	*Castanospermum australe*	Fabaceae（豆科）
Blackberry 黑莓	*Rubus* spp.	Rosaceae（薔薇科）
Black currant 黑醋栗	*Ribes nigrum*	Grossulariaceae（茶藨子科）
Blueberry 藍莓	*Vaccinium* spp.	Ericaceae（杜鵑花科）
Bluegrass 早熟禾	*Poa* spp.	Poaceae（禾本科）
Bodhi fig 菩提樹	*Ficus religiosa*	Moraceae（桑科）
Burdock 牛蒡	*Arctium* spp.	Asteraceae（菊科）
Cacao 可可	*Theobroma cacao*	Malvaceae（錦葵科）
Calabar bean 毒扁豆	*Physostigma venenosum*	Fabaceae（豆科）
Canadian fieabane 加拿大蓬	*Conyza canadensis*	Asteraceae（菊科）
Canary grass 金絲雀虉草	*Phalaris* spp.	Poaceae（禾本科）
Canna lily 美人蕉	*Canna indica*	Cannaceae（曇華科）
Canola (rape) 油菜	*Brassica napus*	Brassicaceae（十字花科）
Carob 角豆樹	*Ceratonia siliqua*	Fabaceae（豆科）
Cashew 腰果	*Anacardium occidentale*	Anacardiaceae（漆樹科）
Cassia 桂皮	*Cinnamomum cassia*	Lauraceae（樟科）
Castor bean 蓖麻種子	*Ricinus communis*	Euphorbiaceae（大戟科）
Celery 歐芹	*Apium graveolens*	Apiaceae（傘形科）
Cheat grass 絹雀麥	*Bromus tectorum*	Poaceae（禾本科）

俗名	學名	科名
Chestnut 栗樹	*Castanea* spp.	Fagaceae（山毛櫸科）
Chickpea (garbanzo bean) 雞豆／鷹嘴豆	*Cicer arietinum*	Fabaceae（豆科）
Chigua 哥倫比亞蘇鐵	*Zamia restrepoi*	Zamiaceae（澤米鐵科）
Chili pepper 辣椒	*Capsicum* spp.	Solanaceae（茄科）
Chinese sicklepod 決明子	*Senna obtusifolia*	Fabaceae（豆科）
Climbing oleander 毛旋花	*Strophanthus gratus*	Apocynaceae（夾竹桃科）
Coconut 椰子	*Cocos nucifera*	Arecaceae（棕櫚科）
Coffee 咖啡	*Coffea* spp.	Rubiaceae（茜草科）
Congo jute 剛果黃麻	*Urena lobata*	Malvaceae（錦葵科）
Coral bean 珊瑚刺桐	*Adenanthera pavonina*	Fabaceae（豆科）
Corn (maize) 玉米	*Zea mays*	Poaceae（禾本科）
Cotton 棉花	*Gossypium* spp.	Malvaceae（錦葵科）
Cowpea 豇豆	*Vigna unguiculata*	Fabaceae（豆科）
Cranberry 小紅莓	*Vaccinium* spp.	Ericaceae（杜鵑花科）
Cucumber 小黃瓜	*Cucumis sativus*	Cucurbitaceae（葫蘆科）
Cycad 蘇鐵	*Cycas* spp.	Cycadaceae（蘇鐵科）
Dandelion 蒲公英	*Taraxacum officinale*	Asteraceae（菊科）
Darwin's cotton 達爾文棉	*Gossypium darwinii*	Malvaceae（錦葵科）
Date palm 棗椰樹	*Phoenix dactylifera*	Arecaceae（棕櫚科）
Dwarf mallow 圓葉錦葵	*Malva neglecta*	Malvaceae（錦葵科）

俗名	學名	科名
Eggplant 茄子	*Solanum melongena*	Solanaceae（茄科）
False hellebore 假藜蘆	*Veratrum viride*	Melanthiaceae（黑藥花科）
Feather grass 針茅	*Stipa* spp.	Poaceae（禾本科）
Fescue 羊茅	*Festuca* spp.	Poaceae（禾本科）
Fig 無花果	*Ficus* spp.	Moraceae（桑科）
Forget-me-not 勿忘我	*Myosotis* spp.	Boraginaceae（紫草科）
Frankincense 乳香	*Boswellia sacra*	Burseraceae（橄欖科）
Fringed grass of Parnassia 梅花草	*Parnassus fimbriata*	Celastraceae（衛矛科）
Garbanzo bean (chickpea) 鷹嘴豆	*Cicer arietinum*	Fabaceae（豆科）
Ginkgo 銀杏	*Ginkgo biloba*	Ginkgoaceae（銀杏科）
Goat grass 山羊麥	*Aegilops* spp.	Poaceae（禾本科）
Gorse 金雀花	*Ulex* spp.	Fabaceae（豆科）
Groundnut 花生	*Vigna subterranean*	Fabaceae（豆科）
Guar 關華豆	*Cyamopsis tetragonoloba*	Fabaceae（豆科）
Hairy panic grass 毛葉黍	*Panicum effusum*	Poaceae（禾本科）
Hawkweed 山柳菊	*Hieracium* spp.	Asteraceae（菊科）
Hawthorn 山楂	*Crataegu* spp.	Rosaceae（薔薇科）
Hazel 榛樹	*Corylus* spp.	Betulaceae（樺木科）
Henbane 莨菪（天仙子）	*Hyoscyamus niger*	Solanaceae（茄科）
Hibiscus 木槿	*Hibiscus* spp.	Malvaceae（錦葵科）

俗名	學名	科名
Holly 冬青	*Ilex* spp.	Aquifoliaceae（冬青科）
Hollyhock 蜀葵	*Alcea* spp.	Malvaceae（錦葵科）
Horse chestnut 七葉樹	*Aesculus hippocastanum*	Sapindaceae（無患子科）
Horse-eye bean 黑豆	*Ormosia* spp.	Fabaceae（豆科）
Indian lotus 蓮花	*Nelumbo nucifera*	Nelumbonaceae（蓮科）
Iris 鳶尾花	*Iris* spp.	Iridaceae（鳶尾科）
Javan cucumber 爪哇黃瓜	*Alsomitra macrocarpa*	Cucurbitaceae（葫蘆科）
Jojoba 荷荷芭	*Simmondsia chinensis*	Simmondsiaceae（油蠟樹科）
Junglesop 曼氏阿諾樹	*Anonidium mannii*	Annonaceae（番荔枝科）
Kale 羽衣甘藍	*Brassica oleracea*	Brassicaceae（十字花科）
Kola nut 可樂果	*Cola* spp.	Malvaceae（錦葵科）
Larkspur 飛燕草	*Delphinium* spp.	Ranunculaceae（毛茛科）
Lentil 扁豆	*Lens culinaris*	Fabaceae（豆科）
Madrona 石楠	*Arbutus menziesii*	Ericaceae（杜鵑花科）
Maize (corn) 玉米	*Zea mays*	Poaceae（禾本科）
Manzanillo 曼薩尼約果	*Hippomane mancinella*	Euphorbiaceae（大戟科）
Maple 槭樹	*Acer* spp.	Sapindaceae（無患子科）

俗名	學名	科名
Marula 非洲酒樹	*Sclerocarya birrea*	Anacardeaceae（漆樹科）
Maté 瑪黛	*Ilex paraguariensis*	Aquifoliaceae（冬青科）
Maygrass 金黃草	*Phalaris caroliniana*	Poaceae（禾本科）
Milk thistle 水飛薊（乳薊）	*Silybum marianum*	Asteraceae（菊科）
Mistletoe 槲寄生	*Viscum* spp.	Viscaceae（槲寄生科）
Moth mullein 毛瓣毛蕊花	*Verbascum blattaria*	Scrophulariaceae（玄參科）
Mulga grass 三芒草	*Aristida contorta*	Poaceae（禾本科）
Mung bean 綠豆	*Vigna radiata*	Fabaceae（豆科）
Naked woollybutt 畫眉草	*Eragrostis eriopoda*	Poaceae（禾本科）
Nardoo 大柄草	*Marsilea* spp.	Marsileaceae（蘋科）
Nutmeg 肉豆蔻	*Myristica fragrans*	Myristicaceae（肉豆蔻科）
Oak 櫟樹	*Quercus* spp.	Fagaceae（山毛櫸科）
Oil palm 油棕	*Elaesis guineensis*	Arecaceae（棕櫚科）
Okra 秋葵	*Abelmoschus esculentus*	Malvaceae（錦葵科）
Omwifa（無中譯）	*Myrianthus holstii*	Urticaceae（蕁麻科）
Paintbrush 火焰草	*Castilleja* spp.	Orobanchaceae（列當科）
Pea 豌豆	*Pisum sativum*	Fabaceae（豆科）
Pepper (black or white) 胡椒	*Piper nigrum*	Piperaceae（胡椒科）
Pepper (chili) 辣椒	*Capsicum* spp.	Solanaceae（茄科）

俗名	學名	科名
Pincushion protea 風輪花	*Leucospermum* spp.	Proteaceae（山龍眼科）
Poison hemlock 毒參	*Conium maculatum*	Apiaceae（傘形科）
Poplar 楊樹	*Populus* spp.	Salicaceae（楊柳科）
Quandong 檀香木	*Santalum acuminatum*	Santalaceae（檀香科）
Quince 榲桲	*Cydonia oblonga*	Rosaceae（薔薇科）
Rape (canola) 油菜	*Brassica napus*	Brassicaceae（十字花科）
Raspberry 覆盆子	*Rubus* spp.	Rosaceae（薔薇科）
Ray grass 鼠尾粟	*Sporobolus actinocladus*	Poaceae（禾本科）
Rock rose 岩薔薇	*Cistus* spp.	Cistaceae（半日花科）
Rosary pea 雞母珠	*Abrus precatorius*	Fabaceae（豆科）
Silk tree 合歡樹	*Albizia julibrissin*	Fabaceae（豆科）
Soapwort 石鹼草	*Saponaria officinalis*	Caryophyllaceae（石竹科）
Sorghum 高粱	*Sorghum* spp.	Poaceae（禾本科）
Soybean 大豆	*Glycine max*	Fabaceae（豆科）
Squash 南瓜	*Cucurbita* spp.	Cucurbitaceae（葫蘆科）
Star grass 龍爪茅	*Dactyloctenium radulans*	Poaceae（禾本科）
Sugarcane 甘蔗	*Saccharum* spp.	Poaceae（禾本科）
Suicide tree 自殺樹（海芒果）	*Cerbera odollam*	Apocynaceae（夾竹桃科）
Sumac 漆樹	*Rhus* spp.	Anacardiaceae（漆樹科）
Sweet clover 草木樨	*Melilotus* spp.	Fabaceae（豆科）

俗名	學名	科名
Sycamore 岩楓	*Acer pseudoplatanus*	Sapindaceae（無患子科）
Tagua 塔瓜堅果樹	*Phytelephas* spp.	Arecaceae（棕櫚科）
Tara 塔拉樹	*Caesalpinia spinosa*	Fabaceae（豆科）
Tea 茶	*Camellia sinensis*	Theaceae（山茶科）
Tomato 番茄	*Solanum* spp.	Solanaceae（茄科）
Tonka bean 香豆	*Dipteryx odorata*	Fabaceae（豆科）
Tsamma melon (watermelon) 贊瑪瓜	*Citrullus lanatus*	Cucurbitaceae（葫蘆科）
Velvet bean 刺毛黧豆	*Mucuna pruriens*	Fabaceae（豆科）
Vernal grass 黃花茅	*Anthoxanthum odoratum*	Poaceae（禾本科）
Vetch 蠶豆	*Vicia* spp.	Fabaceae（豆科）
Wallace's spike moss 華萊士的卷柏	*Selaginella wallacei*	Selaginellaceae（卷柏科）
Watermelon (Tsamma melon) 西瓜	*Citrullus lanatus*	Cucurbitaceae（葫蘆科）
Wheat 小麥	*Tricetum* spp.	Poaceae（禾本科）
Wild oat 野燕麥	*Avena* spp.	Poaceae（禾本科）
Willow 柳樹	*Salix* spp.	Salicaceae（楊柳科）
White hellebore 白黎蘆	*Veratrum album*	Melanthiaceae（黑藥花科）
Yew 紅豆杉	*Taxus* spp.	Taxaceae（紅豆杉科）

附錄B

種子保育單位

本書（原文版）部分收益將捐作保育種子（野生種及人工育種皆然）多樣性之用。若你想直接為此盡一份心力，可考慮捐款給以下機構。

Seed Savers Exchange
3094 North Winn Road
Decorah, IA 52101, USA
Phone: (563) 382–5990
www.seedsavers.org

Organic Seed Alliance
Po Box 772
Port Townsend, WA 98368, USA
Phone: (360) 385–7192
www.seedalliance.org

Global Crop Diversity Trust
Platz Der Vereinten Nationen 7
53113 Bonn, Germany
Phone: +49 (0) 228 85427 122
www.croptrust.org

The Millennium Seed Bank Partnership
Royal Botanic Gardens, Kew
Richmond, Surrey TW9 3AB, UK
Phone: +44 020 8332 5000
www.kew.org

註釋

序：「注意！」

1：這艘「邦提號」（HMS Bounty）帆船雖然以船員叛變而聞名，但它那趟航程其實是和植物有關。當時，在英國皇家學會會長約瑟夫．班克斯爵士（Sir Joseph Banks）的建議下，布萊船長奉命把活的麵包樹，從大溪地（麵包樹的原生地）運送到西印度群島。這是因為西印度群島上的奴隸愈來愈多，當地農園的主人希望能用麵包樹果實做為奴隸的糧食，以便節省成本。布萊船長回到英國後，又領著「天命號」（HMS Providence）再度出發，完成先前未竟的任務，將二千多株健康的麵包樹幼樹送到了牙買加。這些樹木被移植之後雖然長得很好，但並未完成最初被賦予的任務，因為主事者忽略了一個細節：那些非洲奴隸覺得玻里尼西亞群島的麵包果很噁心，根本不願意吃。

2：這部分請參見Cummings 2008和Hart 2002，裡面有關於基改作物的深度分析。

前言：強悍的能量

1：Krauss 1945.

2：據估計，種子植物的數目在二十萬到超過四十二萬之間（Scotland and Wortley 2003）。這裡所引用的數字，來自全球幾個最大的植物園（包括倫敦的邱園、紐約植物園，以及密蘇里植物園）目前正在進行的一項合作研究計畫（The Plant List 2013, Version 1.1, archived at www.theplantlist.org）。

第一章：一日之所需

1：爬蟲學家以高速攝影機所記錄的影片再再顯示，毒蛇攻擊的範圍僅限於牠身長三分之一或二分之一以內的地方（可參考Kardong and Bels 1998）。然而，即便是很有見識的人在描述毒蛇攻擊的距離時，也常會過度誇大（請參見Klauber 1956，裡面有一些很精彩的例子）。不過，由於我親眼看過一條粗鱗矛頭蝮發動攻擊的情況，因此我寧可相信誇大一點的說法，因為當那些毒牙朝你撲過來時，似乎什麼事都可能會發生。

2：巴拿馬天蓬樹是豆科家族的成員，學名是*Dipteryx panamensis*（亦稱*D. olefera*）。請原諒我引用自己的文章，不過如果你想進一步了解，巴拿馬天蓬樹在中美洲雨林所扮演的關鍵物種角色，請參見Hanson et al. 2006, 2007 and 2008。

3：我還有一個不可告人的動機。在開始研究巴拿馬天蓬樹之前，我研究的是山地大猩猩和棕熊。這兩種動物在生物界號稱是「有魅力的巨型動物」。我心想，在我研究巴拿馬天蓬樹時，說不定有機會可以推廣「有魅力的巨型植物」這個稱號。畢竟，還有什麼名詞更適合描述這個高達四十五公尺、木材堅硬如鐵，而且髮型很像瑪姬．辛普森的關鍵物種呢？

4：酪梨樹現在都是由人工栽培。這種樹在幾千年前就被馴化了，但後來它的祖先，也就是生長在中美洲森林的野生酪梨樹，不知道什麼時候就消失了。有學者認為：新熱帶地區許多果實碩大的數種之所以逐漸絕跡，是因為幫它們散播種子的動物消失了，如大犰狳、雕齒獸、長毛象、嵌齒象，以及其他已經絕種的更新世巨型動物（Janzen and Martin 1982）。野生的酪梨由於種子個頭很大，必定需要體型較大的動物替它們散播。（當然，這個角色目前已轉由人類扮演，而且成效斐然，因此現在除了南極洲之外，每個大陸都有酪梨樹！）

5：植物學家都說，那些無法在乾燥環境中存活的種子是「很難搞」的種子。在溫帶和有季節變化的地區，植物很少採用這樣的策略，但在熱帶雨林中大約有百分之七十的樹木種子都是如此。這是因為在雨林中，快速發芽比長期冬眠更加有利，但這樣的種子很難貯存。美國國家種子銀行的克莉絲汀娜·華特絲就形容這些「難搞的種子」是「被寵壞的小孩」，不過她嘗試用液態氮將分離出來的種子胚芽急速冷凍，目前已經有了一些成果。

6：酪梨種子因為從來不會乾透，所以不會真正進入冬眠期；因此，它們基本上只參與整個吸水期的最後一個階段，吸進去的水分只有一點點。乾燥的種子所吸收的水分，通常是它們重量的二到三倍。

7：植物的細胞分裂，是在一種名叫「分生組織」（meristem）的特殊組織中進行。這個組織主要位於正在生長的根莖部位頂端。當咖啡豆的細胞膨脹，把根莖的頂端推到外面遠離咖啡因時，分生組織就得以進行分裂，植物也得以透過細胞的分裂而成長。這是很好的方法。

8：泰奧弗拉斯托斯，一九一六。

9：舉例來說，巴拿馬天蓬樹種子那堅硬如鐵的殼，主要就是由內果皮（果實最裡面那一層）形成的。

10：正因為種子在植物的演化過程中扮演了極其重要的角色，所以有許多類植物都是依照種子的特性來區分，包括裸子植物、被子植物（或稱開花植物）、單子葉植物（只有一個子葉的被子植物），和雙子葉植物（有兩個子葉的被子植物）。就連物種與物種之間，以及近似族群彼此之間的關係，也往往是靠種子的結構來做精細的區分。

第二章：生命的杖

1：我們再度發現了當地的原生物種：巨大的帕盧斯蚯蚓（*Driloleirus americanus*）。長久以來，學者們一直以為牠已經隨著帕盧斯草原式微而滅絕了。雖然最近發現的樣本體型較小，但據說這種有白化現象的大蚯蚓，體型最長可以到一公尺，且身上會散發出明顯的百合花香氣。

2：過去，英文cereal（穀麥片）這個字，指的是一年生禾本科植物所生產的可食用種子，而grain這個字則泛指類似蕎麥（與大黃同科）或藜麥（甜菜和菠菜的親戚）等植物的種子。但由於家樂氏和C.W. Post這兩家公司實在太過成功，因此cereal這個字現在已經和早餐食物密不可分，而grain則被用來統稱禾本科和近似禾本科的作物。這實在可惜，因為cereal這個字源自羅馬神話中，美麗的農業女神的名字Ceres，所以更能代表穀物。

3：嚴格來說，禾本科植物的「穀子」其實是一個很小、很小的果實，被稱為「穎果」，但經過演化後，果肉已經變硬，扮演起種皮的角色，即使用放大鏡也看不出它和種子之間的分別。因此，一般來說，穎果事實上就是種子了。

4：禾本科植物是在始新世的乾旱時期演化出來，已經發展出適合生長在空曠平原的一些特徵。它們靠風力傳粉，從根部長起，並且貼近地面。這讓它們在被牛羊吃掉或被野火燒掉之後，得以很快復原。它們的葉子甚至含有很像玻璃的矽晶，其目的在磨損那些以它們為食的動物（如野牛、馬兒等等）的牙齒。

5：禾本科植物的種子看來雖小，但和它們母株的體型相比其實算是挺大的，而且是植物在能量上一筆可觀的投資，尤其是對一年生植物而言。

6：關於這方面的化學原理，請參見Le Couteur和Burreson的著作《Napoleon's Buttons》第四章，裡面有非常有趣的說明。

7：根據瑞罕的說法，現代主張生食的人之所以能夠存活，純粹是因為他們在生鮮食品店裡可以買到充足的食物，但即便如此，他們還是有營養不良的情況。在大自然中，食物資源分散且具有季節性，人們如果不把食物煮熟，藉此提升其營養價值，就會餓死。（請參見Wrangham 2009。）

8：古人懂得如何用火之後，除了烹煮食物之外，也能夠用煙霧把蜜蜂從巢裡薰出來，藉此採蜜。有關這方面的發展，以及人類與一種名叫黑喉響蜜鴷（Greater Honeyguide）的鳥共演化的過程，請參見Wrangham 2011。

9：人類學和考古學的研究有許多這方面的資料，詳細內容請參見Clarke 2007、Reddy 2009、Cowan 1978、Piperno et al. 2004、Mercader 2009，以及Goren-Inbar et al. 2004。

10：這裡所說的是廣義的「直立人」，但有些學者傾向把他們分成早期在非洲出現的「匠人」（*H. ergaster*），和晚期在亞洲出現的「猿人」。根據同位素鑑定的結果，以及化石上牙齒磨損的痕跡，我們可以推知，比直立人早很多的「人族」（hominin），例如「南方古猿」，已經開始食用禾本科植物了。有學者認為，他們當時一年到頭都以溼地的禾本科植物富含纖維的根部為食。在這種情況下，他們在有種子的季節，很可能也會吃那些比根部更有營養的種子。

11：只選擇少數幾種作物來種植的方式比較有效率，也比較方便。此外，還有證據顯示：當時的氣候突然變得又乾又冷，因此他們會傾向種植一些產量比較豐富的作物（Hillman et al, 2001）。

12：那些推廣永續農業的人已經開始研發大粒種的多年生禾本科作物，來取代一年生的穀類。這種做法如果成功，將大大有助於水土保持和碳吸存（carbon sequestration）的實施，也能減少農民對肥料和除草劑的依賴（Glover et al. 2010）。

13：詳細內容請參見Diamond 1999, 139和Blumler 1998。

14：Fraser and Rimas 2010, 64.

15：黑死病是由鼠疫桿菌導致，人和老鼠在被體內有這種細菌的跳蚤叮咬之後就會得病。跳蚤在感染了這種細菌後雖然終究也會死亡，但依舊可以存活許多週；這段期間，鼠疫桿菌就會在牠們的中腸內繁殖。

16：Harden 1996, 32.

17：有關蛇河水壩的歷史，詳見Peterson and Reed 1994和Harden 1996。

18：所謂「完全蛋白質」，包含了九種人體需要卻無法自製的適量氨基酸，必須透過飲食攝取。大多數肉類和奶類的蛋白質都是「完全蛋白質」，但許多素食都缺乏一或多種必要氨基酸。

第三章：有時，你會想來顆堅果

1：玉米糖漿是直接提煉自玉米裡的澱粉，在任何賣場販售烘焙材料的區域都買得到。它和高果糖玉米糖漿不同，後者是用酵素再加工以增強甜度的製品。如果你想了解有關高果糖玉米糖漿和玉米產業的問題，我大力推薦你看二〇〇八年出品的，一部很好看的教育性紀錄片《國王玉米》（*King Corn*）。

2：在十九世紀之前，人們主要都把巧克力當成飲料，而且不喜歡其中所含的脂肪，所以商家會用由荷蘭的范胡騰家族（van Houten）所改良的一種方法——「鹼處理法」來加工，以去除可可碎粒當中的可可脂，讓巧克力更好喝。直到後來，巧克力業者才在整顆研磨的巧克力豆中加入可可脂，做成現代的巧克力棒。如果你想知道更多有關巧克力的精彩歷史與科學，請參見Beckett 2008和Coe and Coe 2007。

3：這個名詞寫在產品標籤上，雖然不怎麼好聽，卻很精確。椰子的液態胚乳中並沒有明確的細胞，只有一群細胞核和一灘細胞質而已。其他種子的胚乳在發育初期可能會有細胞核自由來去的現象，但只有椰子在成熟後仍然維持這種怪異的結構。

4：椰子用來散播的構造雖然很了不起，但它最厲害的地方在於它對人類很有用。在濱海的熱帶地區，幾乎所有的土著部落都會用到椰子，而且無論他們到哪裡都會帶著它。有跡象顯示，椰子樹源自東南亞，但早在植物學家研究它們的原產地之前，它們就已經遍及南太平洋、非洲和南美洲了。

5：杏仁樹的栽培雖然非常普遍，但真正生根發芽卻是在加州的中央谷地（Central Valley）。當地的杏仁園有好幾千座之多，每年產量占全球百分之八十以上。在加州，幾乎所有的杏仁種植業者都隸屬於藍鑽合作社（Blue Diamond Cooperative）。透過該社高明的行銷手法，杏仁已經取代葡萄，成為加州最有價值的作物。

6：目前用來生產市售芥花油的芥菜品種，是由加拿大的曼尼托巴大學（University of Manitoba）的研究人員培育出來的。這種芥菜的種子榨出來的油，味道較好，酸度較低。芥花油的英文名字Canola是「Canadian oil, low acid」（低酸度的加拿大油）的縮寫。

7：北美洲和歐洲所生產的鈕釦，一度有多達百分之二十是以切割並打磨過的塔瓜堅果製成，直到二次大戰後，廉價的塑膠製品上市時，情況才改觀。不過，最近用塔瓜堅果做的鈕釦又重新受到時裝界的歡迎。如果你想進一步了解這種美麗的種子，請參見Acosta-Solis 1948和Barfod 1989。

8：薩克斯在其二〇〇八年的著作《腦袋裝了2000齣歌劇的人》（*Musicophiliami*）中提到，蘇格蘭人曾用另外一個更生動的名詞，來稱呼那些一直縈繞在我們腦海中揮之不去、令人抓狂的曲調：「吹笛手的蛆蟲」（the piper's maggot）。

9：PGPR也含有甘油，這種油有時是以大豆提煉而成。

10：關華豆膠雖以用做增稠劑聞名，但對消防隊員、輸油管操作員，或設計船身和魚雷的人而言，它還有一個完全不同的用途。如果少量使用，它能夠製造出「滑溜水」

（slippery water），可大大減少摩擦力。一名物理學家曾經形容，關華豆膠（和類似的聚合物）的分子像兩個同時被耍動的溜溜球一樣不斷盤繞、展開，使得動盪的液體無法黏附在鄰近的表面上。科學家們至今還不太清楚其中的原理，不過這種現象可以讓液體在管線中流動得更快。美國海軍已經開始研究如何用它提高船身的移動效率，並減少船隻、潛水艇和魚雷的噪音。

11：美國地質學家一度認為賓夕法尼亞世本身就是一個完整的年代，但它現在被視為是石炭紀中的一段時期。

第四章：卷柏所知道的

1：種子的前身出現在泥盆紀晚期，其中包括有類似胚珠構造的原始種子蕨和古羊齒蕨。羊齒蕨是古代的一種樹木，是最早有雄性與雌性孢子的木本植物之一。

2：嚴格來說，這些大型的孢子後來演化成植物學家所謂的「胚珠」。胚珠是一種生殖構造，包括卵子和其外圍的好幾層組織。

3：我們很容易認為卷柏和其他現代的孢子植物不過是植物群中的配角，但它們其實還是挺有成就的。儘管大多數植物已經不再利用孢子來繁衍，但孢子還是持續存在了幾億年，而且有些種類，尤其是蕨類，甚至比從前更多樣化。

4：有好幾種裸子植物具有看起來像是果實的組織，但它們可能是種子的一部分（例如紅豆杉的假種皮是紅色的，看起來好似莓果），也可能是從周遭的鱗片衍生出來（例如杜松的漿果）。這些組織或許也具有散播種子的功能，但並不能算是真正的果實，因為它們是從另外一些組織衍生出來的。

5：請參見Friedman 2009。

6：這個名詞不僅令人困擾，也會誤導視聽！是的，被子植物確實會開花結果，但許多裸子植物也會，包括現存和已經絕種的。正如它們的名稱所暗示的，這幾類植物主要是根據它們種子的特性（有沒有心皮）來區分。

7：Pollen 2001, 186.

第五章：孟德爾的孢子

1：儘管孟德爾是在一八五六年開始進行雜交的研究，但他在之前兩年已經開始測試當地的三十四個豌豆品種，好確定它們真的可以繁殖。最後他選擇了其中最可靠的二十二個品種來做實驗。

2：最近有個研究顯示：微小的蟎和跳蟲可能會幫忙運送苔蘚的精子，有助它們受精（請參見Rosentiel et al. 2012）。沒有人知道牠們為何要這麼做，但這說明了孢子植物的繁殖方式還有許多待了解的地方。

3：大柄草（nardoo）便是一個很有趣的例外。它是一種浮在水面上的蕨類植物，像卷柏一樣，也擁有雄性與雌性的孢子。體型較大的雌性孢子就像一個小包，在經過磨碎、清洗、烘烤之後可以做成糕餅。儘管味道很差，而且如果沒有經過適當處理，會具有頗強的毒性，但從前卻是當地好幾個土著部落在荒年時的重要食物來源。據說，著名的澳洲探險家羅伯特・歐哈拉・勃克（Robert O-Hara Burke）和他的好幾個同伴，都是因為吃了沒有經過適當烹煮的大柄草而喪命（請參見Clark 2007）。

4： 孟德爾一共追蹤了豌豆種子和豆藤本身七個特徵的遺傳狀況，其中包括：種皮是皺的還是平滑的、種子的顏色、種皮的顏色、豆莢的形狀、豆莢的顏色、花朵的位置和莖的長度。但這有些複雜，於是我只提第一個，也是最有名的一個特徵：種子是皺皺的、還是平滑的。

5： 因為原始資料太少，大多數的孟德爾傳記中都含有不少臆測成分。雨果．伊爾提斯（Hugo Iltis）所寫的版本（一九二四年的德語版，一九三二年的英語版），是目前最重要的一本。作者在書中毫無掩飾的表現出對孟德爾的景仰，但因為他曾經實地訪問那些真正認識孟德爾的人，因此較具參考價值。

6： 如果說孟德爾的論文曾被送給達爾文，卻不曾被拆閱，聽起來或許會是個很精彩的故事，但這種說法明顯不是事實。曾經有人仔細搜索過達爾文保存良好的圖書文件，但並未在當中找到任何一份孟德爾的論文。此外，達爾文也從未在文章或書信中提及孟德爾的研究。一八六二年，孟德爾參觀倫敦世界博覽會時，達爾文正好待在家中，儘管兩人相距不到三十多公里，卻沒理由相信他們曾經碰過面。

7： 過去，大多數作物和地方品種都是經過很長的時間，才逐漸被培育出來，但到了十七、十八世紀的啟蒙時期，植物育種技術就開始變得愈來愈複雜，步調也愈來愈快。有關這方面的歷史，請參見Kingsbury 2009。

8： 這種小米釀出的酒之所以好喝，是因為它含有一個雙隱性基因，使得種子裡的澱粉具有黏性。如果和其他品種雜交，這個基因就會消失。許多可食用的禾本科作物都會產生這樣的變異，包括稻米、高粱、玉米、小麥和大麥。這是一種隱性的特質，但有人認為這樣的品種很美味（例如moshi、botan等品種的糯米）。

9： 大致上來說，孟德爾對遺傳學的貢獻在於，他發現了「分離定律」（分別來自父母親的一對對偶基因）和「自由組合定律」（對偶基因傳給下一代時，不會互相干擾）。他也創造了「顯性基因」和「隱性基因」這兩個名詞。

10：無融合生殖（apomixis）是指植物所進行的好幾種無性生殖方式。以山柳菊、蒲公英，以及紫菀科中的許多成員為例，它們的卵子在成形的過程中由於減數分裂不完全，因此所產生的種子雖然可以存活，但基本上都是母株的複製品。進行無融合生殖的物種，雖然無法取得一般基因混合的好處，卻能夠任意的繁殖，無須仰賴傳粉媒介（而且它們大多數在緊急情況下，都能夠以正常的方式繁殖）。如果一個物種適應良好，這種策略也可以很成功。這點從草坪上的蒲公英繁衍之快，便可以看得出來。

11：這是C. W. Eichling所說的話，請參見Dodson 1955。

12：Bateson 1899。英國知名植物學家威廉．貝特森（William Bateson）在對皇家園藝學會發表演說時，曾說過這句話。他同時表示：「我們最先要了解的是，一個品種和它的近親雜交後會發生什麼事，而且必須以統計學的方式檢視它們雜交後所產生的後代。這樣出來的結果，才會有科學價值。」詭異的是，他說了這番話之後一段時間，其他科學家便有了和孟德爾一模一樣的發現。後來貝特森大力支持孟德爾的理論，並創造了「遺傳學」（genetics）這個名詞。

13：第二年，我把雜交後的豌豆種下去，後來總共收成了一千二百一十八個豌豆。其中表皮光滑的豌豆和表皮皺皺的豌豆數量，比例是二．四五比一，和當初孟德爾所得的結果近似，但並不完全相同。兩者之間的差異，可能是因為我的樣本較小所致，但也有可能是因為，這些豌豆的花粉受到附近伊萊莎園子裡幾個品種的豌豆所汙染。

第六章：瑪土撒拉

1： 若要了解馬薩達之役如何從歷史上一個並不重要的事件，變成壯烈的英雄事蹟，請參見Ben-Yehuda 1995，裡面有很精彩的分析。

2： 根據羅馬歷史學家約瑟夫斯的說法，當時西卡里人為了顯示他們直到最後都糧食充足，因此並沒有把全部的糧食都燒掉，這或許可以解釋為什麼在馬薩達找到的椰棗種子，有些被火燒焦了，有些則否。

3： 在馬薩達的金幣被發現之前，在「猶太人起義」（the Great Revolt）期間所鑄造的若干錢幣究竟來自何處，一直被認為是「猶太貨幣學上最費解的問題之一」。（參見Kadman 1957和Yadin 1966。）

4： 在羅馬人敉平了猶太人起義，以及好幾十年後再度發生的暴動之後，猶太王國便迅速沒落。他們以出口為主的經濟瓦解了，村鎮也相繼荒廢；同時，由於氣候形態改變的緣故，連小規模的椰棗種植都變得很困難。在這種情況下，這個一度享有盛名的椰棗品種終於完全消失了。一八六五年，英國教士兼探險家亨利·貝克·崔斯特拉姆（Henry Baker Tristram）在造訪當地時，曾傷感的表示：「耶律哥城（Jericho）從前之所以號稱『棗椰樹之城』，就是因為有著許多棗椰樹。但現在連最後一棵棗椰樹也消失了。平原上再也看不到它們優雅的羽狀樹葉搖曳生姿的景象。」（Tristram 1865）

5： 伊蕾恩在把瑪土撒拉種下去之前，曾經把它浸泡在植物荷爾蒙和酵素肥料中（這是要讓脆弱的種子發芽時的標準作業程序），但瑪土撒拉是自行發芽的。

6： 以色列現在所栽培的椰棗，都源自二十世紀進口的最佳栽培品種。基因測試顯示，瑪土撒拉和這些品種都沒有關係。它和埃及一個名叫hayani的古老品種很像。這或許只是巧合，但倒很符合「猶太人在逃出埃及時，把椰棗也帶了出來」的傳說。

第七章：存進種子銀行

1： 羅伯特·席佛斯（Robert Sievers）所率領的團隊，在比爾與梅琳達·蓋茲基金會（Bill & Melinda Gates Foundation）二千萬美元經費的贊助下，已經培育出活的痲疹疫苗。這種疫苗被放在「生物玻璃瓶」中，浮在肌醇上時可以存活長達四年的時間。

2： 凱瑞·佛勒（Cary Fowler）在「六十分鐘」（60 Minutes）節目中所說的話。請參見二〇〇八年三月二十日，CBS新聞節目「末日地窖之旅」（A Visit to the Doomsday Vault），網址www.cbsnews.com/8301-18560_162-3954557.html。

3： 千禧種子銀行（Millennium Seed Bank）目前貯存了三萬四千多種、二十億顆以上的種子，其中包括英國百分之九十以上的原生種子植物。他們計畫在二〇二五年前保存全球百分之二十五的植物種子，並且把重點放在瀕臨滅絕的稀有植物上。目前此處所收藏的種子中，已經至少有十二種在野外滅絕了。

4： 參見Dunn 1944。

5： 瓦維洛夫不僅了解人工育種的多樣性，也找出了他所謂的「種源中心」（centers of origin）。全球共有八個種源中心，是各重要作物最初被馴化、至今品種最多，且野生種仍未滅絕的地區。這樣的概念仍是植物育種及植物學研究的重要原則。

6： 這個惡名昭彰的運動是由特羅菲姆．李森科（Trofim Lysenko）所領導。他們提出了一套不成熟的理論來對抗孟德爾的遺傳學，主張從環境所得的性狀會遺傳，使得蘇聯的農業和生物學研究發展落後了一個世代。

7： 儘管歷經李森科學說和第二次世界大戰的摧殘，瓦維洛夫的種子銀行仍屹立不搖，但長久以來，其所隸屬的研究所卻面臨經費短缺、逐漸式微的命運。該研究所有一個無可替代的果園，裡面有超過五千種果樹和莓果，但最近有關單位卻決定將其全數砍除，用來興建住宅。

8： 同樣的，植物野生種愈來愈少的危機也是人類活動所造成，因為人類不僅剝奪了野生植物的生長地、造成氣候變遷，還不時引進具侵略性的物種。

第八章：又咬，又啄，又啃

1： 現代的老鼠雖然會吃植物的許多部位（偶爾還會吃蟲子或肉），但老鼠會演化出特殊的牙齒就是為了要吃種子。至今，種子仍是各種老鼠最常吃的食物。

2： 就功能上而言，這幾種植物的果核就是種子；但嚴格來說，這層殼是由內果皮硬化而成。

3： 散播生態學有一整個分支專門探討這個概念。遠離母株的小樹，可以避免被掠食動物吃掉，也無須與其父母和手足競爭，同時也能躲開潛伏在母株附近、專門針對特定物種下手的病毒和其他病原體。

4： 加拉巴哥群島的燕雀研究，如今已邁入第五個十年了。這是生物學界迄今對演化過程所進行過最深入的研究，由普林斯頓大學生物學教授彼得和蘿絲瑪莉．葛蘭特（Peter and Rosemary Grant）賢伉儷主持。這項研究有助揭露物競天擇的過程和其他因素（遺傳、行為和環境），如何共同創造出各個物種，並使其得以存續。我大力推薦強納森．溫納的《雀喙之謎》（1995），和葛蘭特夫婦撰寫的《How and Why Species Multiply》（2008）。

第九章：豐富的滋味

1： 這首歌謠源自費城。十八世紀時，那裡的小販在沿街叫賣這種特殊的辛香燉肉時，都會唱這首歌。傳統的費城胡椒肉湯可以用各種肉類來料理，從牛肚到烏龜肉都行，但一定得放進一大把黑胡椒。

2： 這些年平均股利包括所有的現金和香料，再加上該公司創立直到一六四八年間的股票增值。一六四八年時，荷蘭東印度公司的股票市值高達五百三十九荷幣。如果想更進一步了解這家公司非凡的歷史，請參見de Vries and van der Woude 1997。

3： Young, 1906, 206.

4： 這種想法現在聽起來雖然荒謬可笑，但哥倫布會認為「香料群島」可能不容易找到，其實也不能怪他，因為在十八世紀中期以前，東南亞二萬五千座的島嶼中，產肉荳蔻樹的不到十個，產丁香的也只有五個。

5： 這個白色的組織稱為「胎座」，它會製造辣椒素，並保留大約百分之八十，而將近百分之十二的辣椒素會轉移到種子，剩下的則會進入果實組織，且大多數都待在果實頂端。如此動物一開始咬就可能會咬到這些辣椒素，並因而放棄，不致對植物造成太大的傷害。

6： 這是概括的說法，但總有例外。事實上，大自然中有各式各樣會動的植物，例如會迅速關閉葉片的捕蠅草、葉片會捲縮的敏感植物，以及會緩慢移動、令人無法察覺的無花果樹。不過，在種子已經散播出去並發芽之後，大多數植物還是處於靜止不動的狀態。

7： Appendino 2008, 90.

第十章：最讓人開心的豆子

1： 這句話摘自威廉．尤克斯（William Ukers）的翻譯，裡面提到一個常用來繁殖康乃馨和其他石竹科植物的方法：只要抓住靠葉節點（leaf nodes）的地方，就能輕鬆將植物嫩枝從主莖上折下來插枝。

2： 現今關於狄克魯的故事，大多都來自尤克斯一九二二年的經典著作《咖啡大小事》（*All About Coffee*）。我曾經請人重新翻譯狄克魯的一些書信，和部分十九世紀法國歷史，也查了尤克斯書中所提到的許多細節，但還是無法證實狄克魯所乘坐的那艘船，是否曾經遭遇海盜攻擊！

3： 這首詩最初出現在蘭姆和其姊姊合著的詩集《給孩子的詩》（*Poems for Children*）中。學者們根據兩人風格上的差異，以及若干筆記和書信內容，判定這首詩應該是蘭姆所寫。

4： 法屬西印度群島各地的咖啡園最初種的都是狄克魯繁殖出來的咖啡幼樹，中南美洲地區或許也是如此。至今仍無從得知這些咖啡幼樹究竟傳了多遠，但根據巴西流傳的一個故事（同樣與竊盜和誘惑有關），巴西的咖啡樹至少有一部分是來自法屬圭亞那。據說，從外地來的一位葡萄牙軍官和法屬圭亞那總督的妻子發生戀情，當這位軍官要離開該地前往巴西時，她送了他一份很特別的禮物：一束芳香的花朵，裡面藏著在當地受到嚴密看守的咖啡樹的樹枝和種子。

5： 參見 Hollingsworth et al. 2002。

6： 雖然可口可樂和百事可樂的配方都是高度的商業機密，但這兩家公司在進入汽水市場時，所謂的「可樂」原本就含有可樂果的萃取物。現在這兩種可樂當中是否還有這種物質仍有爭議，但最近有人檢測過一般口味的罐裝可口可樂，發現裡面並沒有可樂果的蛋白質（D'Amato et al. 2011）。

7： 咖啡因被視為絕佳的萬用殺蟲劑，但類似咖啡蟲（coffee-borer beetle）等特殊昆蟲卻已經發展出對咖啡因的免疫力。牠們再怎麼吃咖啡豆也不會有事，因此有時會對作物造成很大的損害。

8： 咖啡因究竟如何從種子跑到土壤中，目前仍不得而知；它有可能是直接滲透，甚或經由根部傳送。在咖啡因回收系統的最後一個階段，有些咖啡因會從胚乳跑到子葉中以便保護種子，不讓它們受到攻擊，並使得回收過程重新開始。

9： 咖啡花蜜所含的咖啡因量，顯然受咖啡樹和蜜蜂共演化所影響。花蜜如果含有太多咖啡因就會變苦、甚至有毒，並且嚇跑蜜蜂；但咖啡花中的咖啡因含量剛剛好，可以增強蜜蜂的記憶，使牠們不斷回來索討。

10：引用自《英國順勢療法評論》期刊（*British Homeopathic Review*），參見Ukers 1922, 175。

11：由於在這段時期，人們的工作時間很快就變得愈來愈長，因此專家們為它取了另外一個很有意思的名稱：「勤勞革命」（Industrious Revolution）。

12：當時在醫院中每人每年攝取的啤酒量甚至高達一千零九十五公升，可以想見當時的醫院覺得給病人喝啤酒比較省錢。關於歐洲人從中世紀到文藝復興時期的喝啤酒習慣，請參見Unger 2004，裡面有很精彩的描述。

13：Schivelbusch 1992, 39.

14：一六九九年，英國海軍部在逮捕基德船長時，沒收了一批珠寶、貴金屬和貿易品。這些東西後來在倫敦海洋咖啡屋（London's Marine Coffee House）拍賣，所獲款項被用來為貧困的水手興建養老院（參見Zacks 2002, 399-401）。

15：這件事時常被提起。儘管這樣的畫面非常吸引人，但我們只要聽過勞夫．瑟雷斯比（Ralph Thoresby）的陳述，就很容易知道這並非事實，因為他當時人就在現場。他說牛頓是在解剖完海豚「之後」，才去希臘咖啡館（Thoresby 1830, vol.2, 117）。更有趣的事實或許是：那隻海豚是在附近的泰晤士河裡抓到的！

16：富蘭克林在法國非常受歡迎。波蔻布咖啡館的人在聽聞他死訊時的反應，最能證明上述事實：他們在室內懸掛黑布以示哀悼，並且朗誦悼詞。那裡的顧客還在一尊富蘭克林的胸像上，放了一頂用以下物品製成的冠冕：櫟樹葉子、柏樹枝、天文圖、地球儀，和一條咬著自己尾巴的蛇（不朽的象徵）。

第十一章：雨傘殺人事件

1：紀錄片工作者里查．康明思（Richard Cummings）認為，馬可夫案是由一個刺殺小組犯下，其中包括載送嫌犯逃跑的那名計程車司機。那把掉在地上的雨傘，只是用來分散馬可夫的注意力；真正射出致命子彈的，是一個原子筆大小的器械。

2：在細胞中鬆開的這一鏈會干擾RNA轉錄，使細胞無法合成細胞運作所需的蛋白質。這一鏈如果單獨存在便無法穿透細胞，自然也不會造成危害。除此之外，它的結構還很像人們經常食用的許多種種子（包括大麥）裡的貯藏蛋白。

3：警方最後能夠證實馬可夫是死於蓖麻毒素，乃是得益於發生在巴黎的一樁失敗刺殺行動。當時，由於劑量沒有完全擴散，被害者並未死亡，但進入此人血液中的微量蓖麻毒素，卻使他的身體產生了抗體。

4：Kalugin 2009,207.

5：參見Preedy et al. 2011。

6：黴菌學者（如麥許尼基）對此應該絲毫不會感到驚訝。研究顯示，植物中的許多化合物，其實是植物和真菌互相作用的結果，有時甚至完全是由寄居在植物表面或體內的真菌所製造。

第十二章：令人難以抗拒的果肉

1：能夠遠距散播巴拿馬天蓬樹種子的動物，主要是大果蝠（*Artibeus lituratus*）。牙買加果蝠偶爾也會幫忙散播，其他種蝙蝠則因為體型太小，搬不動正常尺寸的巴拿馬天蓬樹果實（參見Bonaccorso et al. 1980）。

2：我另外一項研究工作是追蹤花粉的散播，結果也很類似。在巴拿馬天蓬樹繁多的紫色花朵誘惑下，蜜蜂會不惜從這一棵樹，飛到近二・三公里外的另一棵樹去採集花粉。這樣一來，即使是單獨生長在某處的樹木的花粉，也可以得到散播。

3：這些富含油脂和蛋白質的小囊袋稱為「油質體」（eliasome），是螞蟻和植物互動的關鍵。在莎草、紫蘿蘭和金合歡等各類植物中，至少有一百種演化出油質體。螞蟻散播的距離雖然大多很短，但也曾出現散播了將近一百八十公尺的例子（Whitney 2002）。

4：Cohen 1969, 132.

5：許多植物學家認為，曼薩尼約果可能是透過嵌齒象和其他一些滅絕已久的巨型動物散播。

6：雖然人們認為開花植物才有果實，但事實上，裸子植物利用動物散播的現象，遠比被子植物更加普遍。在各科裸子植物中，有百分之六十四的植物是靠動物散播，而被子植物則只占了百分之二十七（參見Herrera and Pellmyr 2002，以及Tiffney 2004）。

7：植物學家稱這些策略為「散播症候群」（dispersal syndromes）。它們雖然方便我們將植物與動物之間的各種互動關係加以分類，但這些策略是否真能促使植物演化，各方仍有不同看法。

8：在某些狀況下，糞便對種子是有利的，但如果糞便中含太多種子，而且全都同時發芽，則它們之間便會出現激烈的競爭。這樣的現象可能會抵消糞肥帶來的好處。

第十三章：乘風破浪

1：一八四六年，達爾文寫給J・D・胡克（J. D. Hooker）的信（van Wyhe 2002）。

2：一八三六年，漢思洛（J. S. Henslow）寫給W・J・胡克（W.J. Hooker）的信，被引用於Porter 1980。

3：達爾文的加拉巴哥群島筆記（van Wyhe 2002）。

4：Darwin 1871, 374.

5：Columbus 1990, 97.

6：Cohen 1969, 79.

7：孟德維爾的原文描述那葫蘆羊「沒有羊毛」，又說它們是供人食用的，而非用來織布。他甚至宣稱自己曾經吃過一個，還說它的滋味「很美妙」。但近年的翻譯往往省略這一段內容。至於孟德維爾說棉花樹上有「柔軟的枝條」，以及「飢餓的」綿羊，似乎純屬虛構；這段敘述之所以會傳揚開來，有部分原因是維基百科將它納入了介紹「孟德維爾」的詞條中。

8：Dauer et al. 2009.

9：請參見Swan 1992，裡面有關於這種由風所形成的高海拔生態系統的精彩描述。作者稱之為「風成生物群落」（Aeolian biome）。

10：達爾文後來發現，乾燥的整株植物可以漂浮的距離遠比種子更長，於是他將數字提高為一千四百八十七公里。

11：Darwin 1859,228.

12：D．M．波特（D. M. Porter,1984）認為，其中一百三十四種是被風吹到那裡，另外三十六種則是漂流過去的，但有些（如棉花）則混合了這兩種方式。

13：de Queiroz 2014, 287.

14：Yafa 2005, 70; Riello 2013, 2.

15：McLellan 2000, 221.

16：只要到現今的布料店看一下標籤，你就會發現亞洲和近東地區在棉花史上扮演了多麼重要的角色。除了來自卡利卡特的calico印花棉布之外，你也會看到madras薄棉布（源自印度的馬德拉斯市）、chintzes擦光印花棉布（源自印度語中代表「油漆」或「潑濺」的字）、khakis卡其布料（源自巴基斯坦的烏爾都語中表示「土色」的字）、gingham條紋或格紋棉布（源自馬來語中表示「條紋」的字），以及seersucker泡泡紗（源自波斯語中表示「牛奶與糖」的字，因為這種布料同時具有光滑與皺凸的特質）。

17：新大陸的長纖維棉花是由兩個舊大陸種雜交而來。它們是遺傳學家所謂的四倍體棉花，其染色體數量是正常的兩倍。在已知的五個品種中，高地棉（*G. hirsutum*）目前的全球市占率最高，海島棉（*G. barbadense*）的纖維最長，但較難種植，目前主要用來製作高檔布料，在市場上通常以「埃及棉」或「秘魯皮馬棉」的商品名販售。

18：參見Klein 2002。

19：槭樹翼果下降的速度，雖然比爪哇黃瓜種子快，但它們也曾經激發設計飛機的靈感。洛克希德．馬丁（Lockheed Martin）公司所製造的Samarai無人駕駛偵察機，就是模擬槭樹種子在空中迴旋的設計。澳洲的科學家最近也公布了他們設計的一款旋轉機具，可以利用森林大火上方的空氣，將該處的大氣狀況傳輸回實驗室。也有人根據槭樹種子的構造建造了單槳直升機，但這種直升機通常缺乏穩定性，不足以載人飛行。

20：看著爪哇黃瓜的種子飛翔很令人興奮，但是當它飛出我們的視線時，我也覺得有些不安。萬一它發芽了怎麼辦？儘管這種熱帶地區的藤蔓植物極不可能在涼爽的氣候中滋長，但我還是忍不住想，它將來是否有可能成為類似葛根那樣的植物，並危害美國西北太平洋沿岸地區的生態？

結語：種子的未來

1： 這裡所用的化學物質是秋水仙素（colchicine），是秋水仙的種子和球莖裡所含的一種生物鹼。

詞彙表

acellular endosperm 非細胞胚乳：椰子裡的一種特殊物質，在雜貨店裡被稱為「椰子水」。它包含了在營養的細胞質中自由漂浮的細胞核。椰子成熟時，會形成細胞壁，而大多數的非細胞胚乳會轉變成椰子、的果肉（即固態的胚乳）。有些種子的胚乳在發展初期就會歷經短暫的非細胞階段，但只有椰子擁有如此大量的非細胞胚乳，並能維持非常久的時間。

adenosine 腺甘酸：在生化學上擁有眾多重要功能的化合物。在大腦中，它扮演了傳送疲勞訊號，並將身體導向睡眠的重要角色。

alkaloid 生物鹼：由植物以及部分海洋生物所產生的眾多氮化合物。它們通常具有化學防禦的功效，而用它製成的物品，包含興奮劑（如咖啡因）、藥物（如嗎啡），以及毒藥（如番木鼈鹼）等，都會對人體造成極大影響。

allele 等位基因：基因的形式之一，取決於DNA中的差異，並造成該基因有不同表現，如皺皮豌豆與表皮光滑的豌豆，或人們的棕髮與紅髮。

angiosperm 被子植物：所謂的「開花植物」，會將其種子用薄皮包覆起來形成心皮（參見下方詞條「心皮」）。現存大多數植物都是被子植物。

apomixis 單性生殖：植物的無性生殖，發生在卵子細胞被賦予完整成對的染色體，無需花粉受精之時。由此方式生出的種子，便成為實質上與母株基因毫無二致的後代。眾多的植物家族都在偶然間演化出這個策略，但紫菀屬植物或許是當中最常使用這個策略的植物，包括蒲公英，以及讓孟德爾感到非常困惑的山柳菊。

caffeine 咖啡因：在一些植物中（特別是咖啡、茶、可樂果，以及可可豆）發現的一種生物鹼，可用於抵禦昆蟲及其他害蟲的攻擊，用於土壤中也可做為除草劑與發芽抑制劑，人們則用來當作興奮劑。

carbohydrate 碳水化合物：指的是生化學上，由碳、氫、氧等原子所組合成的各種化合物。一般而言，這些東西就叫做「糖」，但它們可被用來做為貯存在種子裡的能量（如澱粉），以及昆蟲的外殼（稱為甲殼素）等各式各樣的東西。

Carboniferous 石炭紀：古生代的第五個時期，在泥盆紀之後，始於三億六千萬年前，終於二億八千六百萬年前（包含密西西比世〔Mississippian〕與賓夕法尼亞世）。

carpel 心皮：被子植物的明確特徵是從環繞及包覆住種子的葉子或苞片演化而來，不僅形成保護層，更促使植物在防禦、授粉與散播上做出一連串的調整。單一或一枚以上的心皮組成了一般被子植物花朵的雌性生殖器官，包括子房、柱頭與花柱。

caryopsis 穎果：一種通常被認為是禾本科植物「種子」的果實。

cereal 穀類植物：一種一年生、會長出穀物的禾本科植物，如小麥、大麥、黑麥、燕麥、玉米、稻米。

chromosome 染色體：承載著動植物基因資訊的結構。染色體包含了雙螺旋狀的DNA分子與其周圍的蛋白質，是決定世代之間遺傳的較大單位。在有性生殖中，個體會從兩個親代各接受到一半的染色體。

coevolution 共演化：演化過程中，一個有機體所發生的變化，刺激了另一有機體產生變化的現象。在過去，專家學者認為共演化乃是兩個物種相互影響的過程，但現在公認這個過程要微妙複雜得多。參與共演化的物種不局限於兩種，而且物種所產生的改變可能會隨著地理與時間因素而不同。

copra 椰肉：椰子的「肉」，由固態的細胞胚乳形成。

cotyledon 子葉：植物幼苗胚胎上的葉子。園藝人士對它們應該很熟悉，因為它們是種子發芽時最先長出來的葉子。有些種子裡的子葉特別肥大美味（例如花生仁的那兩半），是我們比較常見的子葉。

Cretaceous 白堊紀：中生代的最後時期，接著是侏儸紀，始於一億四千六百萬年前，終於六千五百萬年前。

cytotoxin 細胞毒素：一種確實會殺死細胞的毒素，神經毒素則只會造成癱瘓，或對神經系統造成損傷。

dicot 雙子葉植物：種子有兩片子葉的開花植物。

diploid 二倍體：含有分別來自兩個親代的兩套染色體的情況。

dormancy 休眠期：一般來說，冬眠期指的是種子成熟到發芽之間停止活動的時期。但嚴格來說，真正的休眠期指的是種子積極的抗拒發芽，直到各種物理或化學條件符合它的需求為止，例如：光線、氣溫與溼度的變化，或是否有暴露在木材燃燒的煙霧中。

eliasome 油質體：附在種子上的一種小囊袋，富含油質、營養豐富，是植物用來吸引螞蟻為它散播種子的工具。

embryo 胚胎：總的來說，就是尚未出生的後代。在植物學上，指的是種子內的植物幼苗。

emulsifier 乳化劑：一種被用來做為添加劑的物質，其作用在使一種液體可以穩定懸浮在另一種液體中。在食品中，乳化物通常是懸浮在水中的油或脂肪（如美乃滋），但也可能是懸浮在脂肪中的水（如奶油）。乳化劑也可以幫助粒子懸浮在液體中，例如懸浮在可可脂中的糖粒和巧克力顆粒。

endocarp 內果皮：果實最裡面的那一層，通常會變硬，以便保護種子。

endorphin 腦內啡：中樞神經系統所分泌的多種荷爾蒙之一。一般認為，腦內啡與身體調節疼痛與愉悅這兩種反應的機制有關。

endosperm 胚乳：植物用來在種子中儲存養分的一種重要組織。嚴格來說，被子植物的胚乳是授粉後形成的「三倍體」。在裸子植物中，這個角色是由大配子體來扮演。

endozoochory 內攜傳播：字面上的意思就是，「待在動物體內，跟著它們一起到外地去」。它指的是植物讓自己的種子被動物吃下去，然後被帶到另外一個地方放下來的一種散播策略。

enzyme 酵素：是化合物，通常是蛋白質，其作用在催化生物體內的化學反應。

epicotyl 上胚軸：字面上的意思是「在葉子上面」，指的是植物幼苗在子葉上方、胚芽下方，那段像莖一般的部位。

gametophyte 配子體：字面上的意思是「製造配子的工廠」，指的是孢子植物生命週期中，負責製造卵子與精子的獨立世代。以蕨類植物為例，它們的配子體是從孢子裡長出來的一株微小植物，可以在潮溼的泥土中短暫存活。

gene 基因：染色體上的某個特定位置，此處的DNA形狀和模式會決定生物的某個特徵。

genetically modified organism (GMO) 基因改良生物：遺傳密碼經過人為改變的植物、動物，或微生物。改變的方式通常是將某些基因去掉或加以操控，或者加入其他生物的基因。

germination 發芽：種子的甦醒。嚴格來說，這個過程是從種子開始吸水（參見以下imbibation這個詞條），到胚根從種皮鑽出為止。廣義的來說，也包括植物幼苗的根與芽長出來的整個過程。

grain 穀物：穀類植物（如小麥、稻米）和其他類似的作物（如藜麥和蕎麥）。

gymnosperm 裸子植物：字面上的意思是「赤裸的種子」，是種子植物中的一大類，特徵是種子外面沒有心皮或包覆物。

hormone 荷爾蒙：調節植物或動物的生長、發育，或其他過程的一系列化合物。

hybrid 雜交種：兩個物種或同一物種的兩個不同種雜交之後的產物。

hypocotyl 下胚軸：字面上的意思是「在葉子下面」，指的是植物幼苗在子葉下面、胚根上面，那段像莖的部位。

imbibation 吸水期：種子快速吸收水分，顯示它開始要發芽的過程。

in situ 原處：在生態保育和自然科學中，經常被用來描述在一個物種原本的生長地所進行的活動。ex situ則剛好相反；它指的是在動物園、苗圃，或繁殖場裡，研究或保育某個物種的行為。

kernel 果仁：通常指穀類植物的種子，或堅果中柔軟可食的部分。

lecithin 卵磷脂：一種富含油脂的物質，萃取自若干種子（包括大豆、油菜子、棉籽和葵花籽）內的貯藏油脂，被用來做為食品中的乳化劑，也可做為降膽固醇的保健食品。

megagametophyte 大配子體：字面上的意思是「製造大配子的工廠」，指的是古老物種（如卷柏）用來製造卵子的一個獨立組織，但也可以指種子植物用來開花的部分。大配子體製造卵子後，其組織往往成為種子的一部分，例如針葉樹和其他裸子植物，就會把它們為種子準備的養分（或「便當」）放進大配子體裡面。

meiosis 減數分裂：細胞進行分裂，以製造卵子、精子或花粉的過程，和典型的細胞分裂（mitosis）不同。後者會複製所有的染色體，但減數分裂產生的細胞，所含的染色體只有正常數量的一半。

meristem 分生組織：植物中可以進行細胞分裂的部位，通常位於根和芽的頂端，但木本植物的莖和樹幹邊緣也有分生組織。

metabolism 新陳代謝：生物體內所發生的所有化學反應與過程的總和，一般被認為是生命的基礎。

monocot 單子葉植物：開花植物的一個主要類別，其特徵是種子裡只有一片子葉。

paleobotany 古植物學：研究古代植物的學科。

Pennsylvanian 賓夕法尼亞世：石炭紀裡的一段時期，指的是石炭紀前期，始於三億二千三百萬年前，終於二億九千萬年前。

perisperm 外胚乳：種子裡一種富含澱粉的貯藏組織，位於胚乳旁，但在極少數的例子中也可能取代胚乳的地位。

Permian二疊紀：古生代第六個、也是最後一個時期，位於石炭紀之後，始於二億九千萬前，終於二億四千五百萬年前。

photosynthesis光合作用：植物利用陽光，把水和二氧化碳變成可以維持生命的碳水化合物的過程，其間所製造出的副產品便是氧氣。

pip小核籽：用來指稱種子的一個名詞，通常指的是柔軟果實內又小又硬的種子。

plumule胚芽：植物胚胎的芽。

pulse：指各種豆類作物可食用的種子，包括豆子、扁豆和鷹嘴豆。

radiation輻射形進化：古老的物種迅速發展成各式新物種的現象。

radicle胚根：植物胚胎的根。

recalcitrant不耐貯型種子：不會變乾、因此不會真正進入休眠狀態的種子。

ribosome核醣體：細胞內的胞器，負責調節遺傳資料的轉譯和表現，藉以製造蛋白質。

seed coat種皮：真正的種子最外一層的物質，通常具有保護、防水或幫助散播的作用，有時會和周圍的果實組織合而為一。

spore孢子：蕨類植物、苔蘚植物、卷柏和其他古代的植物群，所使用的極小生殖單位。種子是從孢子植物演化而來。

stamen雄蕊：花朵的「雄性」器官，上面有會製造花粉的花藥。

stigma柱頭：花朵的雌蕊（花朵的「雌性」器官）上負責受粉的區域。

tetraploid四倍體：細胞中擁有四組染色體（兩個親代各提供兩組）的狀況。

Theophrastus泰奧弗拉斯托斯：亞里斯多德在呂刻昂學園的學生和繼承人，以研究植物聞名，經常被稱為「植物學之父」。

triploid三倍體：二倍體和四倍體的親代雜交所產生的子代，其細胞含有三組染色體。

參考書目

Acosta-Solis, M. 1948. Tagua or vegetable ivory: A forest product of Ecuador. *Economic Botany* 2: 46-57.

Alperson-Afil, N., D. Richter, and N. Goren-Inbar. 2007. Phantom hearths and controlled use of fire at Gesher Benot Y'aqov, Israel. *Paleoanthropology* 1: 1-15.

Alperson-Afil, N., G. Sharon, M. Kislev, Y. Melamed, et al. 2009.Spa-tial organization of hominin activities at Gesher Benot Ya'aqov, Israel.*Science* 326: 1677-1680.

Anaya, A. L., R. Cruz-Ortega, and G. R. Waller. 2006. Metabolism and ecology of purine alkaloids. *Frontiers in Bioscience* 11: 2354-2370.

Appendino, G. 2008. Capsaicin and Capsaicinoids.Pp. 73-109 in E. Fattoruso and O. Taglianatela-Scafati, eds., *Modern Alkaloids*. Weinheim: Wiley-VCH.

Asch, D. L., and N. B. Asch. 1978. The economic potential of Iva an-nua and its prehistoric importance in the Lower Illinois Valley. Pp. 300-341 in R. I. Ford, ed., *The Nature and Status of Ethnobot-any*. Anthropological Papers No. 67. Ann Arbor: University of Michigan Museum of Anthropology.

Ashihara, H., H. Sano, and A. Crozier. 2008. Caffeine and related pu-rine alkaloids: Biosynthesis, catabolism, function and genetic engi-neering. *Phytochemistry* 68: 841-856.

Ashtiania, F., and F. Sefidkonb. 2011. Tropane alkaloids of *Atropa bel-ladonna* L. and *Atropa acuminata* Royle ex Miers plants. *Journal of Medicinal Plants Research* 5: 6515-6522.

Atwater, W. O. 1887. How food nourishes the body. *Century Illustrated* 34: 237-251.

——. 1887. The potential energy of food. *Century Illustrated* 34: 397-251.

Barfod, A. 1989.The rise and fall of the tagua industry.*Principes* 33: 181-190.

Barlow, N., ed. 1967. *Darwin and Helsow: The Growth of an idea. Letters*, 1831-1860. London: John Murray.

Baskin, C. C., and J. M. Baskin. 2001. Seeds: *Ecology, Biogeography, and Evolution of Dormancy and Germination*. San Diego: Academic Press.

Bateman, R. M., P. R. Crane, W. A. DiMichele, P. Kenrick, et al. 1998. Early evolution of land plants: Phylogeny, physiology, and ecology of the primary terrestrial radiation. *Annual Review of Ecology and Systematics* 29: 263-292.

Bateson, W. 1899.Hybridisation and cross-breeding as a method of scientific investigation. *Journal of the Royal Horticultural Society* 24: 59-66.

——. 1925. Science in Russia. *Nature* 116: 681-683.

Baumann, T. W. 2006. Some thoughts on the physiology of caffeine in coffee—and a glimpse of metabolite profiling.*Brazilian Journal of Plant Physiology* 18: 243-251.

Bazzaz, F. A., N. R. Chiariello, P. D. Coley, and L. F. Pitelka. 1987. Allocating resources to reproduction and defense. *BioScience* 37: 58-67.

Beckett, S. T. 2008. *The Science of Chocolate*, 2nd ed. Cambridge, UK: Royal Society of Chemistry Publishing.

Benedictow, O. J. 2004. *The Black Death: The Complete History*. Woodbridge, UK: Boydell Press.

Ben-Ffiehuda, N. 1995.*The Masada Myth: Collective Memory and Mythmaking in Israel*. Madison: University of Wisconsin Press.

Berry, E. W. 1920. *Paleobotany*. Washington, Dc: Us Government Printing Office.

Bewley, J. D., and M. Black. 1985. *seeds: Physiology of Development and Germination*. New York: Plenum Press.

——. 1994. *Seeds: Physiology of Development and Germination*, 2nd ed. New York: Plenum Press.

Billings, H. 2006. The *materia medica of Sherlock Holmes. Baker Street Journal* 55: 37-44.

Black, M. 2009. Darwin and seeds.*Seed Science Research* 19: 193-199.

Black, M., J. D. Bewley, and P. Halmer, eds. 2006.*The Encyclopedia of Seeds: Science, Technology, and Uses*. Oxfordshire, Uk: CABI.

Blumler, M. 1998. Evolution of caryopsis gigantism and the origins of agriculture.*Research in Contemporary and Applied Geography: A Discussion Series* 22 (1–2): 1–46.

Bonaccorso, F. J., W. E. Glanz, and C. M. Sanford. 1980. Feeding assemblages of mammals at fruiting *Dipteryx Panamensis* (Papilionaceae) trees in Panama: Seed predation, dispersal and parasitism. *Revista de Biología Tropical* 28: 61–72.

Browne, J., A. Tunnacliffe, and A. Burnell. 2002. Plant Desiccation gene found in a nematode. *Nature* 416: 38.

Campos-Arceiz, A., and S. Blake. 2011. Megagardeners of the forest: The role of elephants in seed dispersal. *Acta Oecologica* 37: 542–553.

Carmody R. N., and R. W. Wrangham. 2009. The energetic significance of cooking. *Journal of Human Evolution* 57: 379–391.

Chandramohan, V., J. Sampson, I. Pastan, and D. Bigner. 2012. Toxinbased targeted therapy for malignant brain tumors. *Clinical and Developmental Immunology* 2012: 15 pp., doi:10.1155/2012/480429.

Chen H. F., P. L. Morrell, V. E. Ashworth, M. De La Cruz, et al. 2009.Tracing the geographic origins of major avocado cultivars.*Journal of Heredity* 100: 56–65.

Clarke, P. A. 2007. *Aboriginal People and Their Plants*. Dural Delivery Center, New South Wales: Rosenberg Publishing.

Coe, S. D., and M. D. Coe. 2007. *The True History of Chocolate*, rev. ed. London: Thames and Hudson.

Cohen, J. M., ed. 1969. *Christopher Columbus: The Four Ffoyages*. London: Penguin.

Columbus, C. 1990. *The Journal: Account of the First Voyage and Discovery of the Indies*. Rome: Istituto Poligrafi Co E Fflecca Della Stato.

Corcos, A. F., and F. V. Monaghan. 1993. *Gregor Mendel's Experiments on Plant Hybrids: A Guided Study*. New Brunswick, Nj: Rutgers University Press.

Cordain, L. 1999. Cereal grains: Humanity's double-edged sword. Pp. 19–73 in A. P.

Simopolous, ed., *Evolutionary Aspects of Nutrition and Health: Diet, Exercise, Genetics and Chronic Disease*. Basel: Karger.

Cordain, L., J. B. Miller, S. B. Eaton, N. Mann, et al. 2000. Plantanimal subsistence ratios and macronutrient energy estimations in worldwide hunter-gatherer diets. *American Journal of Clinical Nutrition* 71: 682–692.

Cowan, W. C. 1978. The prehistoric use and distribution of maygrass in eastern North America: Cultural and phytogeographical implications. Pp. 263–288 in R. I. Ford, ed., *The Nature and Status of Ethnobotany*. Anthropological Papers No. 67. Ann Arbor: University of Michigan Museum of Anthropology.

Crowe, J. H., F. A. Hoekstra, and L. M. Crowe. 1992. Anhydrobiosis. *Annual Review of Physiology* 54: 579–599.

Cummings, C. H. 2008. *Uncertain Peril: Genetic Engineering and the Future of Seeds*. Boston: Beacon Press.

D'Amato, A., E. Fasoli, A. V. Kravchuk, and P. G. Righetti. 2011. Going nuts for nuts? The trace proteome of a cola drink, as detectedvia combinatorial peptide ligand libraries.*Journal of Proteome Research* 10: 2684–2686.

Darwin, C. 1855. Does sea-water kill seeds? *The Gardeners' Chronicle* 21: 356–357.

——. 1855. Effect of salt water on the germination of seeds. *The Gardeners' Chronicle* 47: 773.

——. 1855. Effect of salt water on the germination of seeds. *The Gardeners' Chronicle* 48: 789.

——. 1855. Longevity of seeds. *The Gardeners' Chronicle* 52: 854.

——. 1855. Vitality of seeds. *The Gardeners' Chronicle* 46: 758.

——. 1856. On the action of sea-water on the germination of seeds. *Journal of the Proceedings of the Linnean Society of London, Botany* 1: 130–140.

——. 1859. *On the Origin of Species By Means of Natural Selection*. Reprint of 1859 First edition. Mineola, NY: Dover.

——. 1871. *The Voyage of the Beagle*. New York: D. Appleton.

Dauer, J. T., D. A. Morensen, E. C. Luschei, S. A. Isard, et al. 2009. *Conyza canadensis seed ascent in the lower atmosphere. Agricultural and Forest Meteorology* 149: 526–534.

Davis, M. 2002. *Dead Cities*. New York: New Press.

Daws, M. I., J. Davies, E. Vaes, R. van Gelder, et al. 2007.Twohundred-year seed survival of *Leucospermum and two other woody species from the Cape Floristic region, South Africa.Seed Science Research* 17: 73–79.

Dejoode, D. R., and J. F. Wendel. 1992. Genetic diversity and origin of the Hawaiian Islands cotton, *Gossypium Tomentosum. American Journal of Botany* 79: 1311–1319.

de Queiroz, A. 2014. *The Monkey's Ffoyage: How Improbable Journeys Shaped the History of Life*. New York: Basic Books.

de Vries, J. A. 1978. *Taube, Dove of War*. Temple City, CA: Historical Aviation Album.

De Vries, J., and A. van der Woude. 1997. *The First Modern Economy: Success, Failure, and Perseverance of the Dutch Economy*, 1500–1815. Cambridge, UK: Cambridge University

Press.
Diamond, J. 1999.*Guns, Germs, and Steel: The Fate of Human Societies* . New York: W. W. Norton.
DiMichele, W. A., and R. M. Bateman. 2005. Evolution of land plant diversity: Major innovations and lineages through time. Pp. 3–14 in G. A. Krupnick and W. J. Kress, eds., *Plant Conservation: A Natural History Approach*. Chicago: University of Chicago Press.
DiMichele, W. A., J. I. Davis, and R. G. Olmstead. 1989. Origins of heterospory and the seed habit: The role of heterochrony. *Taxon* 38: 1–11.
Dodson, E. O. 1955. Mendel and the rediscovery of his work.*Scientific Monthly* 81: 187–195.
Dunn, L. C. 1944. Science in the U.S.S.R.: Soviet biology. *Science* 99: 65–67.
Dyer, A. F., and S. Lindsay. 1992. Soil spore banks of temperate ferns. *American Fern Journal* 82: 9–123.
Emsley, J. 2008. *Molecules of Murder: Criminal Molecules and Classic Cases*. Cambridge, Uk: Royal Society of Chemistry.
Enders, M. S., and S. B. Vander Wall. 2012. Black bears *Ursus Americanus are effective seed dispersers, with a little help from their friends. Oikos* 121: 589–596.
Evenari, M. 1981. The history of germination research and the lesson it contains for today. *Israel Journal of Botany* 29: 4–21.
Falcon-Lang, H., W. A. Dimichele, S. Elrick, and W. J. Nelson. 2009. Going underground: In search of Carboniferous coal forests. *Geology Today* 25: 181–184.
Falcon-Lang, H. J., W. J. Nelson, S. Elrick, C. V. Looy, et al. Incised channel fills containing conifers indicate that seasonally dry vegetation
dominated Pennsylvanian tropical lowlands. *Geology* 37: 923–926.
Faust, M. 1994. The apple in paradise.*Horttechnology* 4: 338–343.
Finch-Savage, W. E., and G. Leubner-Metzger. 2006. Seed dormancy and the control of germination. *New Phytologist* 171: 501–523.
Fitter, R. S. R., and J. E. Lousley. 1953. *The Natural History of the City*. London: Corporation of London.
Fraser, E. D. G., and A. Rimas. 2010. *Empires of Food: Feast, Famine, and the Rise and Fall of Civilizations*. New York: Free Press.
Friedman, C. M. R., and M. J. Sumner. 2009. Maturation of the embryo, endosperm, and fruit of the dwarf mistletoe *Arceuthobium Americanum* (Viscaceae). *International Journal of Plant Sciences* 170: 290–300.
Friedman, W. E. 2009. The meaning of Darwin's "Abominable Mystery."*American Journal of Botany* 96: 5–21.
Gadadhar, S., and A. A. Karande. 2013. Abrin immunotoxin: Targeted cytotoxicity and intracellular traffi cking pathway. *PLoS ONE* 8: e58304. doi:10.1371/journal.pone.0058304.
Galindo-Tovar, M. E., N. Ogata-Aguilar, and A. M. Arzate-Fernández. 2008. Some aspects of avocado (*Persea americana* Mill.) diversity and domestication in Mesoamerica. *Genetic Resources and Crop Evolution* 55: 441–450.

Gardiner, J. E. 2013. *Bach: Music in the Castle of Heaven*. New York: Alfred A. Knopf.
Garnsey, P., and D. Rathbone. 1985. The background to the grain law of Gaius Gracchus. *Journal of Roman Studies* 75: 20–25.
Glade, M. J. 2010.Caffeine—not just a stimulant.*Nutrition* 26: 932–938.
Glover, J. D., J. P. Reganold, L. W. Bell, J. Borevitz, et al. 2010. Increased food and ecosystem security via perennial grains.*Science* 328: 1638–1639.
González-Di Pierro, A. M., J. Benítez-Malvido, M. Méndez-Toribio, I. Zermeño, et al. 2011. Effects of the physical environment and primate gut passage on the early establishment of *Ampelocera Hottlei* (Standley) in rain forest fragments. *Biotropica* 43: 459–466.
Goor, A. 1967.The history of the date through the ages in the Holy Land.*Economic Botany* 21: 320–340.
Goren-Inbar, N., N. Alperson, M. E. Kislev, O. Simchoni, et al. 2004.Evidence of hominin control of fi re at Gesher Benot Ya'aqov, Israel.*Science* 304: 725–727.
Goren-Inbar, N., G. Sharon, Y. Melamed, and M. Kislev. 2002. Nuts, nut cracking, and pitted stones at Gesher Benot Ya'aqov, Israel. *Proceedings of the National Academy of Sciences* 99: 2455–2460.
Gottlieb, O., M. Borin, and B. Bosisio. 1996. Trends of plant use by humans and nonhuman primates in Amazonia. *American Journal of Primatology* 40: 189–195.
Gould, R. A. 1969. Behaviour among the Western Desert Aborigines of Australia.*Oceania* 39: 253–274.
Grant, P. R., and B. R. Grant. 2008. *How and Why Species Multiply: The Radiation of Darwin's Finches*. Princeton, Nj: Princeton University Press.
Greene, R. A., and E. O. Foster. 1933. The liquid wax of seeds of *Simmondsia californica. Botanical Gazette* 94: 826–828.
Gremillion, K. J. 1998. Changing roles of wild and cultivated plant resources among early farmers of eastern Kentucky.*Southeastern Archaeology* 17: 140–157.
Gugerli, F. 2008. Old seeds coming in from the cold.*Science* 322: 1789–1790.
Haak, D. C., L. A. McGinnis, D. J. Levey, and J. J. Tewksbury. 2011. Why are not all chilies hot? A trade-off limits pungency. *Fihy Proceedings of the Royal Society B* 279: 2012–2017.
Hanson, T. R., S. J. Brunsfeld, and B. Finegan. 2006. Variation in seedling density and seed predation indicators for the emergent tree *Dipteryx panamensis* in continuous and fragmented rainforest. *Biotropica* 38: 770–774.
Hanson, T. R., S. J. Brunsfeld, B. Finegan, and L. P. Waits. 2007. Conventional and genetic measures of seed dispersal for *Dipteryx panamensis* (Fabaceae) in continuous and fragmented Costa Rican Rainforest. *Journal of Tropical Ecology* 23: 635–642.
——. 2008. Pollen dispersal and genetic structure of the tropical tree *Dipteryx Panamensis* in a fragmented landscape. *Molecular Ecology* 17: 2060–2073.
Harden, B. 1996. *A River Lost: The Life and Death of the Columbia*. New York: W. W. Norton.
Hargrove, J. L. 2006. History of the calorie in nutrition.*Journal of Nutrition* 136: 2957–2961.

——. 2007. Does the history of food energy units suggest a solution to "Calorie confusion"? *Nutrition Journal* 6: 44.

Hart, K. 2002. *Eating in the Dark: America's Experiment with Genetically Engineered Food*. New York: Pantheon Books.

Haufler, C. H. 2008. Species and speciation.In T. A. Ranker and C. H. Haufler, eds., *Biology and Evolution of Ferns and Lyophytes*. Cambridge, Uk: Cambridge University Press.

Henig, R. M. 2000. *The Monk in the Garden*. Boston: Houghton Mifflin.

Heraclitus. 2001. *Fragments*. New York: Penguin.

Herrera, C. M. 1989. Seed dispersal by animals: A role in angiosperm diversification? *American Naturalist* 133: 309–322.

Herrera, C. M., and O. Pellmyr. 2002. *Plant-Animal Interactions: An Evolutionary Approach*. Oxford: Blackwell Sciences.

Hewavitharange, P., S. Karunaratne, and N. S. Kumar. 1999. Effect of caffeine on shot-hole borer beetle *Xyleborus fornicatus* of tea *Camellia sinensis*. *Phytochemistry* 51: 35–41.

Hillman, G., R. Hedges, A. Moore, S. College, et al. 2001. New evidence of Late glacial cereal cultivation at Abu Hureyra on the Euphrates. *Holocene* 11: 383–393.

Hirschel, E. H., H. Prem, and G. Madelung. 2004. *Aeronautical Research in Germany—From Lilienthal Until Today*. Berlin: Springer-Verlag.

Hollingsworth, R. G., J. W. Armstrong, and E. Campbell. 2002. Caffeine as a repellent for slugs and snails. *Nature* 417: 915–916.

Hooker, J. D. 1847. An enumeration of the plants of the Galapagos Archipelago; with descriptions of those which are new.*Transactions of the Linnean Society of London , Botany* 20: 163–233.

——. 1847. On the vegetation of the Galapagos Archipelago, as compared with that of some other tropical islands and of the continent of America. *Transactions of the Linnean Society of London, Botany* 20: 235–262.

Huffman, M. 2001. Self-medicative behavior in the African great apes: An evolutionary perspective into the origins of human traditional medicine. *Bioscience* 51: 651–661.

Iltis, H. 1966. *Life of Mendel*.Reprint of 1932 translation by E. and C. Paul. New York: Hafner.

Janzen, D. H., and P. S. Martin. 1982. Neotropical anachronisms: The fruits the gomphotheres ate. *Science* 215: 19–27.

Jolly, C. J. 1970. The seed-eaters: A new model of hominid differentiation based on a baboon analogy. *Man* 5: 5–26.

Kadman, L. 1957. A coin find at Masada. *Israel Exploration Journal* 7: 61–65.

Kahn, V. 1987. Characterization of starch isolated from avocado seeds. *Journal of Food Science* 52: 1646–1648.

Kalugin, O. 2009.*Spymaster: My Thirty-Two Years in Intelligence and Espionage Against the West.* New York: Basic Books.

Kardong, K., and V. L. Bels. 1998. Rattlesnake strike behavior: Kinematics. *Journal of Experimental Biology* 201: 837–850.

Kingsbury, J. M. 1992. Christopher Columbus as a botanist.*Arnoldia* 52: 11–28.

Kingsbury, N. 2009.*Hybrid: The History and Science of Plant Breeding*. Chicago: University of Chicago Press.

Klauber, L. M. 1956. *Rattlesnakes: Their Habits, Life Histories, and Influence on Mankind*, vols. 1 and 2. Berkley: University of California Press.

Klein, H. S. 2002. The structure of the Atlantic slave trade in the 19Th century: An assessment. *Outre-mers* 89: 63–77.

Knight, M. H. 1995. Tsamma melons: *Citrullus lanatus*, a supplementary water supply for wildlife in the southern Kalahari. *African Journal of Ecology* 33: 71–80.

Koltunow, A. M., T. Hidaka, and S. P. Robinson. 1996. Polyembry in citrus. *Plant Physiology* 110: 599–609.

Krauss, R. 1945. *The Carrot Seed*. New York: HarperCollins.

Lack, D. 1947.*Darwin's Finches*. Cambridge, Uk: Cambridge University Press.

Le Couteur, P., and J. Burreson. 2003. *Napoleon's Buttons: 17 Molecules That Changed History*. New York: Jeremy P. Tarcher/Penguin.

Lee, H. 1887. *The Vegetable Lamb of Tartary*. London: Sampson Low, Marsten, Searle and Rivington.

Lee-Thorp, J., A. Likius, H. T. Mackaye, P. Vignaud, et al. 2012.isotopic evidence for an early shift to C4 resources by Pliocene hominins in Chad. *Proceedings of the National Academy of Sciences* 109: 20369–20372.

Lemay, S., and J. T. Hannibal. 2002. *Trigonocarpus excrescens* Janssen 1940, a supposed seed from the Pennsylvanian of Illinois, Is a millipede (Diplopida: Euphoberiidae). *Kirtlandia* 53: 37–40.

Levey, D. J., J. J. Tewksbury, M. L. Cipollini, and T. A. Carlo. 2006. A Weld test of the directed deterrence hypothesis in two species of wild chili. *Oecologica* 150: 51–68.

Levin, D. A. 1990. Seed banks as a source of genetic novelty in plants. *American Naturalist* 135: 563–572.

Lev-Yadun, S. 2009. Aposematic (warning) coloration in plants. Pp. 167–202 in F. Baluska, Ed., *Plant-Environment Interactions: Signaling and Communication in Plants*. Berlin: Springer-Fferlag.

Lim, M. 2012. Clicks, cabs, and coffee houses: Social media and oppositional movements in Egypt, 2004–2011. *Journal of Communication* 62: 231–248.

Lobova, T., C. Geiselman, and S. Mori. 2009. *Seed Dispersal by bats in the Neotropics*. New York: New York Botanical Garden.

Loewer, P. 1995. *Seeds: The Definitive Guide to Growing, History & Lore*. Portland, Or: Timber Press.

Loskutov, I. G. 1999. *Vavilov and His Institute: A History of the World Collection of Plant Genetic*

Resources in Russia. Rome: International Plant Genetic Resources Institute.
Lucas. P., P. Constantino, B. Wood, and B. Lawn. 2008. Dental Enamel as a dietary indicator in mammals. *Bioessays* 30: 374–385.
Lucas, P. W., J. T. Gaskins, T. K. Lowrey, M. E. Harrison, et al. 2011. Evolutionary optimization of material properties of a tropical seed.*Journal of the Royal Society Interface* 9: 34–42.
Machnicki, N. J. 2013. How the chili got its spice: Ecological and evolutionary interactions between fungal fruit pathogens and wild chilies. Ph.D. dissertation, University of Washington, Seattle.
Mannetti, L. 2011. Understanding plant resource use by the ≠ Khomani Bushmen of the southern Kalahari.Master's thesis, University of Stellenbosch, South Africa.
Martins, V. F., P. R. Guimaraes Jr., C. R. B. Haddad, and J. Semir. 2009. The effect of ants on the seed dispersal cycle of the typical myrmecochorous *Ricinus communis. Plant Ecology* 205: 213–222.
Marwat, S. K., M. J. Khan, M. A. Khan, M. Ahmad, et al. 2009. Fruit plant species mentioned in the Holy Quran and Ahadith and their ethnomedicinal importance. *American-Eurasian Journal of Agricultural and Environmental Sciences* 5: 284–295.
Masi, S., E. Gustafsson, M. Saint Jalme, V. Narat, et al. 2012. Unusual feeding behavior in wild great apes, a window to understand origins of self-medication in humans: Role of sociality and physiology on learning process. *Physiology and Behavior* 105: 337–349.
Mclellan, D., ed. 2000. *Karl Marx: Selected Writings*. Oxford: Oxford University Press.
Mendel, G. 1866. Experiments in plant hybridization.Translated by W. Bateson and R. Blumberg.*Verhandlungen des naturforschenden Vereines in Brünn, Bd. IV Für das Jahr 1865*, Abhandlungen: 3–47.
Mercader, J. 2009. Mozambican grass seed consumption during the Middle Stone Age.*Science* 326: 1680–1683.
Mercader, J., T. Bennett, and M. Raja. 2008. Middle Stone Age starch acquisition in the Niassa Rift, Mozambique. *Quaternary Research* 70: 283–300.
Mercier, S. 1999. The evolution of world grain trade.*Review of Agricultural Economics* 21: 225–236.
Midgley, J. J., K. Gallaher, and L. M. Kruger. 2012. The role of the elephant (*Loxodonta Africana*) and the tree squirrel (*Paraxerus Cepapi*) in marula (*Sclerocarya Birrea*) seed predation, dispersal and germination. *Journal of Tropical Ecology* 28: 227–231.
Moore, A. M. T., G. C. Hillman, and A. J. Legge. 2000. *Village on the Euphrates: From Foraging to Farming at Abu Hureyra*. Oxford: Oxford University Press.
Moseley, C. W. R. D, trans. 1983. *The Travels of Sir John Mandeville*. London: Penguin.
Murray, D. R., ed. 1986. *Seed Dispersal*. Orlando, FL: Academic Press.
Nathan, R., F. M. Schurr, O. Spiegel, O. Steinitz, et al. 2008. Mechanisms of long-distance seed dispersal.*Trends in Ecology and Evolution* 23: 638–647.

Nathanson, J. A. 1984. Caffeine and Related methylxanthines: Possible naturally occurring pesticides. *Science* 226: 184–187.

Newman, D. J., and G. M. Cragg. 2012. Natural products as sources of new drugs over the 30 years from 1981 to 2010. *Journal of Natural Products* 75: 311–335.

Peterson, K., and M. E. Reed. 1994. *Controversy, Conflict, and Compromise: A History of the Lower Snake River Development*. Walla Walla, WA: Us Army Corps of Engineers, Walla Walla District.

Piperno, D. R., E. Weiss, I. Holst, and D. Nadel. 2004. Processing of wild cereal grains in the Upper Paleolithic revealed by starch grain analysis. *Nature* 430: 670–673.

Pollan, M. 2001. *The Botany of Desire*. New York: Random House.

Porter, D. M. 1980. Charles Darwin's plant collections from the voyage of the *Beagle* . *Journal of the Society for the Bibliography of Natural History* 9: 515–525.

——. 1984. Relationships of the Galapagos flora. *Biological Journal of the Linnean Society* 21: 243–251.

Preedy, V. R., R. R. Watson, and V. B. Patel. 2011. *Nuts and Seeds in Health and Disease*. London: Academic Press.

Pringle, P. 2008. *The Murder of Nikolai Vavilov*. New York: Simon and Schuster.

Ramsbottom, J. 1942. Recent work on germination.*Nature* 149: 658.

Ranker, T. A., and C. H. Haufler, eds. 2008.*Biology and Evolution of Ferns and Lyophytes*. Cambridge, Uk: Cambridge University Press.

Raven, P. H., R. F. Evert, and S. E. Eichhorn. 1992. *Biology of Plants*, 5th ed. New York: Worth Publishers.

Reddy, S. N. 2009.Harvesting the landscape: Defining protohistoric plant exploitation in coastal Southern California.*SCA Proceedings* 22: 1–10.

Rettalack, G. J., and D. L. Dilcher. 1988. Reconstructions of selected seed ferns. *Annals of the Missouri Botanical Garden* 75: 1010–1057.

Riello, G. 2013. *Cotton: The Fabric That Made the Modern world*. Cambridge, Uk: Cambridge University Press.

Rosentiel, T. N., E. E. Shortlidge, A. N. Melnychenko, J. F. Pankow, et al. 2012. Sex-specific volatile compounds infl uence microarthropodmediated fertilization of moss. *Nature* 489: 431–433.

Rothwell, G. W., and R. A. Stockey. 2008. Phylogeny and evolution of ferns: A paleontological perspective. Pp. 332–366 in T. A. Ranker and C. H. Haufler, eds., *Biology and Evolution of Ferns and Lyophytes*. Cambridge, Uk: Cambridge University Press.

Sacks, O. 2008.*Musicophilia*. New York: Ffintage.

Sallon, S., E. Solowey, Y. Cohen, R. Korchinsky, et al. 2008.Germination, genetics, and growth of an ancient date seed.*Science* 320: 1464.

Sathakopoulos, D. C. 2004. *Famine and Pestilence in the Late Roman and Early Byzantine Empire*. Birmingham Byzantine and Ottoman Monographs, vol. 9. Aldershot Hants, Uk: Ashgate.

Scharpf, R. F. 1970. Seed viability, germination, and radicle growth of dwarf mistletoe in California.USDA Forest Service Research Paper PSW-59. Berkeley, CA: Pacific SW Forest and Range Experiment Station.

Schivelbusch, W. 1992.*Tastes of Paradise: A Social History of Spices, Stimulants, and Intoxicants*. New York: Pantheon Books.

Schopfer, P. 2006. Biomechanics of plant growth.*American Journal of Botany* 93: 1415–1425.

Scotland, R. W., and A. H. Wortley. 2003. How many species of seed plants are there? *Taxon* 52: 101–104.

Seabrook, J. 2007. Sowing for the apocalypse: The quest for a global seed bank.*New Yorker*, August 7, 60–71.

Sharif, M. 1948. Nutritional requirements of flea larvae, and their bearing on the specifi c distribution and host preferences of the three indian species of Xenopsylla *(Siphonaptera). Parasitology* 38: 253–263.

Shaw, George Bernard. 1918. The vegetarian diet according to Shaw. Reprinted in *Vegetarian Times*, March/April 1979, 50–51.

Sheffield, E. 2008.Alteration of generations. Pp. 49–74 In T. A. Ranker and C. H. Haufler, eds., *Biology and Evolution of Ferns and Lyophytes*. Cambridge, UK: Cambridge University Press.

Shen-Miller, J., J. William Schopf, G. Harbottle, R. Cao, et al. 2002. Long-living lotus: Germination and Soil □ -irradiation of centuries-old fruits, and cultivation, growth, and phenotypic abnormalities of offspring. *American Journal of Botany* 89: 236–247.

Simpson, B. B., and M. C. Ogorzaly. 2001. *Economic Botany*, 3rd ed. Boston: Mcgraw Hill.

Stephens, S. G. 1958. Salt water tolerance of seeds of *Gossypium* species as a possible factor in seed dispersal.*American Naturalist* 92: 83–92.

——. 1966. The potentiality for long range oceanic dispersal of cotton seeds. *American Naturalist* 100: 199–210.

Stöcklin, J. 2009. Darwin and the plants of the Galápagos Islands.*Bauhinia* 21: 33–48.

Strait, D. S., P. Constantino, P. Lucas, B. G. Richmond, et al. 2013. Viewpoints: Diet and dietary adaptations in early hominins. The hard food perspective.*American Journal of Physical Anthropology* 151: 339–355.

Strait, D. S., G. W. Webe, S. Neubauer, J. Chalk, et al. 2009. The feeding biomechanics and dietary ecology of *Australopithecus africanus.Proceedings of the National Academy of Sciences* 106: 2124–2129.

Swan, L. W. 1992. The Aeolian Biome.*Bioscience* 42: 262–270.

Taviani, P. E., C. Varela, J. Gil, and M. Conti. 1992. *Christopher Columbus: Accounts and Letters of the Second, Third, and Fourth Voyages*. Rome: Instituto Poligrafi Co E Fflecca Dello Stato.

Telewski, F. W., and J. D. Zeevaart. 2002. The 120-year period for Dr. Beal's seed viability experiment. *American Journal of Botany* 89: 1285–1288.

Tewksbury, J. J., D. J. Levey, M. Huizinga, D. C. Haak, et al. 2008. Costs and benefits of capsaicin-mediated control of gut retention in dispersers of wild chilies.*Ecology* 89: 107–

117.
Tewksbury, J. J., and G. P. Nabhan. 2001. Directed deterrence by capsaicin in chilies. *Nature* 412: 403–404.
Tewksbury, J. J., G. P. Nabhan, D. Norman, H. Suzan, et al. 1999. In situ conservation of wild chiles and their biotic associates.*Conservation Biology* 13: 98–107.
Tewksbury, J. J., K. M. Reagan, N. J. Machnicki, T. A. Carlo, et al. 2008. Evolutionary ecology of pungency in wild chilies.*Proceedings of the National Academy of Sciences* 105: 11808–11811.
Theophrastus. 1916. *Enquiry into Plants and Minor Works on Odours and Weather Signs*, vol. 2.Translated by A. Hort. New York: G. P. Putnam's Sons.
Thompson, K. 1987. Seeds and seed banks.*New Phytologist* 26: 23–34.
Thoresby, R. 1830. *The Diary of Ralph Thoresby*, F.R.S. London: Henry Colburn and Richard Bentley.
Tiffney, B. 2004.Vertebrate dispersal of seed plants through time.*Annual Review of Ecology, Evolution, and Systematics* 35: 1–29.
Traveset, A. 1998. Effect of seed passage through vertebrate frugivores'guts on germination: A review. *Perspectives in Plant Ecology, Evolution and Systematics* 1/2: 151–190.
Tristram, H. B. 1865. *The Land of Israel: A Journal of Travels in Palestine*. London: Society for Promoting Christian Knowledge.
Turner, J. 2004. *Spice: The History of A Temptation*. New York: Vintage.
Ukers, W. H. 1922.*All About Coffee: A History of Coffee from the Classic Tribute to the World's Most Beloved Beverage*. New York: Tea and Coffee Trade Journal Company.
Unger, R. W. 2004. *Beer in the Middle Ages and the Renaissance*. Philadelphia: University of Pennsylvania Press.
United States Bureau of Reclamation.2000. *Horsetooth Reservoir Safety of Dam Activities—Final Environmental Impacts Assessment, Ec-1300–00–02*. Loveland, CO: United States Bureau of Reclamation, Eastern Colorado Area Office.
Valster, A. H., and P. K. Hepler. 1997. Caffeine inhibition of cytokinesis: effect on the phragmoplast cytoskeleton in living *Tradescantia* Stamen hair cells. *Protoplasma* 196: 155–166.
Vander Wall, S. B. 2001. The evolutionary ecology of nut dispersal.*Botanical Review* 67: 74–117.
Van Wyhe, J., ed. 2002. The Complete Work of Charles Darwin Online, Http://darwin-online.org.uk.
Vozzo, J. A., ed. 2002. *Tropical Tree Seed Manual*. Agriculture Handbook 721. Washington, DC: United States Department of Agriculture Forest Service.
Walters, D. R. 2011.*Plant Defense: Warding off Attack by Pathogens, Herbivores, and Parasitic Plants*. Oxford: Wiley-Blackwell.
Walters, R. A., L. R. Gurley, and R. A. Toby. 1974. Effects of caffeine on radiation-induced

phenomena associated with cell-cycle traverse of mammalian cells. *Biophysical Journal* 14: 99–118.

Weckel, M., W. Giuliano, and S. Silver. 2006. Jaguar (*Panthera Onca*) feeding ecology: Distribution of Predator and prey through time and space. *Journal of Zoology* 270: 25–30.

Weiner, J. 1995. *The Beak of the Finch: A Story of Evolution in Our Time*. New York: Alfred A. Knopf.

Wendel, J. F., C. L. Brubaker, and T. Seelanan. 2010. The origin and evolution of *Gossypium. Pp. 1–18 In J. M. Stewart, et al., eds., Physiology of Cotton*. Dordrecht, Netherlands: Springer.

Whealy, D. O. 2011.*Gathering: Memoir of a Seed Saver*. Decorah, IA: Seed Savers Exchange.

Whiley, A. W., B. Schaffer, and B. N. Wolstenholme. 2002. *The Avocado: Botany, Production and Uses*. Cambridge, MA: CABI Publishing.

Whitney, K. 2002. Dispersal for distance? *Acacia ligulata seeds and meat ants Iridomyrmex viridiaeneus. Austral Ecology* 27: 589–595.

Willis, K. J., and J. C. McElwain. 2002. *The Evolution of Plants*. Oxford: Oxford University Press.

Willson, M. 1993. Mammals as seed-dispersal mutualists in North America.*Oikos* 67: 159–167.

Wing, L. D., and I. O. Buss. 1970. Elephants and forests. *Wildlife Monographs* 19: 3–92.

Woodburn, J. H. 1999. *20th Century Bioscience: Professor O. J. Eigsti and the Seedless Watermelon*. Raleigh, NC: Pentland Press.

Wrangham, R. W. 2009. *Catching Fire: How Cooking Made Us Human*. New York: Basic Books.

——. 2011. Honey and fire in human evolution. Pp. 149–167 in J. Sept and D. Pilbeam, eds., *Casting the Net Wide: Papers in Honor of Glynn Isaac and His Approach to Human Origins Research*. Oxford: Oxbow Books.

Wrangham, R. W., and R. Carmody. 2010. Human adaptation to the control of fire. *Evolutionary Anthropology* 19: 187–199.

Wright, G. A., D. D. Baker, M. J. Palmer, D. Stabler, et al. 2013. Caffeine in floral nectar enhances a pollinator's memory of reward. *Science* 339: 1202–1204.

Yadin, Y. 1966. *Masada: Herod's Fortress and the Zealots' Last Stand*. New York: Random House.

Yafa, S. 2005. *Cotton: The Biography of a Revolutionary Fiber*. New York: Penguin.

Yarnell, R. A. 1978. Domestication of Sunflower and sumpweed in eastern North America. Pp. 289–300 in R. I. Ford, ed., *The Nature and Status of Ethnobotany*. Anthropological Papers No. 67. Ann Arbor: University of Michigan Museum of Anthropology.

Yashina, S., S. Gubin, S. Maksimovich, A. Yashina, et al. 2012. Regeneration of whole fertile plants from 30,000-y-old fruit tissue buried in Siberian permafrost. *Proceedings of the National Academy of Sciences* 109: 4008–4013.

Young, F. 1906. *Christopher Columbus and the New World of His Discovery*. London: E. Grant Richards.

Zacks, R. 2002. *The Pirate Hunter: The True Story of Captain Kidd*. New York: Hyperion.

國家圖書館出版品預行編目（CIP）資料

種子的勝利：穀類、堅果、果仁、豆類、核籽如何征服植物王國,形塑人類歷史 / 索爾.漢森(Thor Hanson)著；蕭寶森譯. -- 初版. -- 臺北市：商周出版：家庭傳媒城邦分公司發行, 2015.12
面； 公分. -- (科學新視野；119)
譯自：The triumph of seeds : how grains, nuts, kernels, pulses, & pips, conquered the plant kingdom and shaped human history
ISBN 978-986-272-925-0(平裝)

1.種子

371.75 104024172

科學新視野 119

種子的勝利：穀類、堅果、果仁、豆類、核籽如何征服植物王國，形塑人類歷史

作　　者／索爾．漢森（Thor Hanson）
譯　　者／蕭寶森
企畫選書／羅珮芳
責任編輯／羅珮芳

版　　權／吳亭儀、江欣瑜
行銷業務／周佑潔、林詩富、賴玉嵐、賴正祐
總 編 輯／黃靖卉
總 經 理／彭之琬
第一事業群總經理／黃淑貞
發 行 人／何飛鵬
法律顧問／元禾法律事務所王子文律師
出　　版／商周出版
115台北市南港區昆陽街16號4樓
電話：(02) 25007008　傳眞：(02)25007759
E-mail：bwp.service@cite.com.tw
發　　行／英屬蓋曼群島商家庭傳媒股份有限公司城邦分公司
115台北市南港區昆陽街16號5樓
書虫客服服務專線：02-25007718；25007719
服務時間：週一至週五上午09:30-12:00；下午13:30-17:00
24小時傳眞專線：02-25001990；25001991
劃撥帳號：19863813；戶名：書虫股份有限公司
讀者服務信箱：service@readingclub.com.tw
城邦讀書花園：www.cite.com.tw
香港發行所／城邦（香港）出版集團
香港九龍土瓜灣土瓜灣道86號順聯工業大廈6樓A室　E-mail: hkcite@biznetvigator.com
電話：(852) 25086231　傳眞：(852) 25789337
馬新發行所／城邦（馬新）出版集團【Cite (M) Sdn Bhd】
41, Jalan Radin Anum, Bandar Baru Sri Petaling,
57000 Kuala Lumpur, Malaysia.
電話：(603) 90563833　傳眞：(603) 90576622
Email: services@cite.my

封面設計／朱疋
內頁排版／立全電腦印前排版有限公司
印　　刷／中原造像股份有限公司
經　　銷／聯合發行股份有限公司
地址：新北市231新店區寶橋路235巷6弄6號2樓
電話：(02)2917-8022 傳眞：(02)2911-0053

■2015年12月3日初版　■2024年3月11日二版1.5刷　Printed in Taiwan
定價380元

城邦讀書花園
www.cite.com.tw

 ISBN 978-986-272-925-0

商周出版

廣　告　回　函
北區郵政管理登記證
北臺字第000791號
郵資已付，免貼郵票

115　台北市南港區昆陽街16號5樓

英屬蓋曼群島商家庭傳媒股份有限公司城邦分公司　收

請沿虛線對摺，謝謝！

商周出版

書號：BU0119X　　書名：種子的勝利　　編碼：

請於此處用膠水黏貼

商周出版

讀者回函卡

線上版讀者回函卡

感謝您購買我們出版的書籍！請費心填寫此回函卡，我們將不定期寄上城邦集團最新的出版訊息。

姓名：＿＿＿＿＿＿＿＿＿＿＿＿＿＿＿＿　性別：□男　□女

生日：西元＿＿＿＿＿＿年＿＿＿＿＿＿月＿＿＿＿＿＿日

地址：＿＿＿＿＿＿＿＿＿＿＿＿＿＿＿＿＿＿＿＿

聯絡電話：＿＿＿＿＿＿＿＿＿＿　傳真：＿＿＿＿＿＿＿＿＿＿

E-mail ：

學歷：□ 1. 小學 □ 2. 國中 □ 3. 高中 □ 4. 大學 □ 5. 研究所以上

職業：□ 1. 學生 □ 2. 軍公教 □ 3. 服務 □ 4. 金融 □ 5. 製造 □ 6. 資訊

□ 7. 傳播 □ 8. 自由業 □ 9. 農漁牧 □ 10. 家管 □ 11. 退休

□ 12. 其他＿＿＿＿＿＿＿＿＿＿＿＿＿＿＿＿

您從何種方式得知本書消息？

□ 1. 書店 □ 2. 網路 □ 3. 報紙 □ 4. 雜誌 □ 5. 廣播 □ 6. 電視

□ 7. 親友推薦 □ 8. 其他＿＿＿＿＿＿＿＿＿＿＿＿

您通常以何種方式購書？

□ 1. 書店 □ 2. 網路 □ 3. 傳真訂購 □ 4. 郵局劃撥 □ 5. 其他＿＿＿＿

您喜歡閱讀那些類別的書籍？

□ 1. 財經商業 □ 2. 自然科學 □ 3. 歷史 □ 4. 法律 □ 5. 文學

□ 6. 休閒旅遊 □ 7. 小說 □ 8. 人物傳記 □ 9. 生活、勵志 □ 10. 其他

對我們的建議：＿＿＿＿＿＿＿＿＿＿＿＿＿＿＿＿＿＿＿＿

＿＿＿＿＿＿＿＿＿＿＿＿＿＿＿＿＿＿＿＿

＿＿＿＿＿＿＿＿＿＿＿＿＿＿＿＿＿＿＿＿

【為提供訂購、行銷、客戶管理或其他合於營業登記項目或章程所定業務之目的，城邦出版人集團（即英屬蓋曼群島商家庭傳媒（股）公司城邦分公司、城邦文化事業（股）公司），於本集團之營運期間及地區內，將以電郵、傳真、電話、簡訊、郵寄或其他公告方式利用您提供之資料（資料類別：C001、C002、C003、C011 等）。利用對象除本集團外，亦可能包括相關服務的協力機構。如您有依個資法第三條或其他需服務之處，得致電本公司客服中心電話 02-25007718 請求協助。相關資料如為非必要項目，不提供亦不影響您的權益。】

1.C001 辨識個人者：如消費者之姓名、地址、電話、電子郵件等資訊。
2.C002 辨識財務者：如信用卡或轉帳帳戶資訊。
3.C003 政府資料中之辨識者：如身分證字號或護照號碼（外國人）。
4.C011 個人描述：如性別、國籍、出生年月日。

請於此處用膠水黏貼